# FUNKTIONENTHEORETISCHE VORLESUNGEN.

Von

Dr. HEINRICH BURKHARDT,
O. PROFESSOR AN DER TECHNISCHEN HOCHSCHULE MÜNCHEN.

ERSTEN BANDES ZWEITES HEFT.

EINFÜHRUNG IN DIE THEORIE DER ANALYTISCHEN FUNKTIONEN EINER KOMPLEXEN VERÄNDERLICHEN.

LEIPZIG
VERLAG VON VEIT & COMP.
1912

# EINFÜHRUNG IN DIE THEORIE
DER
# ANALYTISCHEN FUNKTIONEN
EINER KOMPLEXEN VERÄNDERLICHEN.

VON

DR. HEINRICH BURKHARDT,
O. PROFESSOR AN DER TECHNISCHEN HOCHSCHULE MÜNCHEN.

VIERTE DURCHGESEHENE AUFLAGE.

MIT ZAHLREICHEN FIGUREN IM TEXT.

LEIPZIG
VERLAG VON VEIT & COMP.
1912

Druck von Metzger & Wittig in Leipzig.

## Aus dem Vorwort zur ersten Auflage.

Die zahlreich vorhandenen deutschen funktionentheoretischen Lehrbücher berücksichtigen fast alle einseitig entweder nur WEIERSTRASSsche oder nur RIEMANNsche Funktionentheorie. Neuere französische und englische Lehrbücher (PICARD, FORSYTH, HARKNESS und MORLEY) sind seit Jahren bemüht, die Kluft zwischen beiden Methoden zu überbrücken; auch bei uns sind die Vorlesungen wie die wissenschaftliche Arbeit selbst nachgerade wohl überall über sie hinausgewachsen; aber es fehlt noch an einem unseren deutschen Unterrichtsverhältnissen angepaßten Buch von mäßigem Umfang, das geeignet wäre, den Studenten von Anfang an den Zugang zu beiden Gedankenkreisen zu eröffnen. Das Fehlen eines solchen Buches machte sich mir lebhaft fühlbar, als ich auf Aufforderung der Verlagsbuchhandlung ein kurzes Lehrbuch der elliptischen Funktionen zu schreiben unternahm; ich habe mich daher entschlossen, ihm diese Einführung in die Funktionentheorie vorauszuschicken. Die RIEMANNschen geometrischen Vorstellungsweisen sind in ihm durchweg in den Vordergrund gestellt; dabei wird aber versucht, unter angemessener Einschränkung der Voraussetzungen diejenige Schärfe der Beweisführung zu erreichen, die niemand mehr entbehren kann, dem einmal in der Schule von WEIERSTRASS die Augen geöffnet sind.

Die verbreiteten Darstellungen der RIEMANNschen Funktionentheorie geben im wesentlichen eine Vorbereitung auf RIEMANNS Theorie der Integrale algebraischer Funktionen. Das war ganz sachgemäß, solange diese Theorie der einzige zur Ausführung gelangte Teil von RIEMANNS funktionentheoretischen Entwürfen war. Inzwischen ist das anders geworden: durch die Arbeiten von POINCARÉ und KLEIN sind die linearen Differentialgleichungen und die automorphen Funktionen in den Vordergrund getreten. Auch ein elementares Lehrbuch wird dieser Verschiebung des Schwerpunktes Rechnung tragen müssen; der Begriff des *Fundamentalbereiches* mit allem was daran hängt wird nicht mehr in ihm fehlen dürfen, sondern an den ja durchaus den Elementen angehörenden einfachsten Beispielen, wie $z^n$ und $e^z$, ausführlich exponiert werden müssen. Soll dafür Platz werden, so muß ein Teil des herkömmlichen Stoffes fallen; ich habe geglaubt, am ehesten die allgemeine Analysis Situs der endlichblättrigen RIEMANNschen Flächen opfern zu können.

Was die Disposition des Stoffes im einzelnen angeht, so ist sie im allgemeinen aus dem beigegebenen Inhaltsverzeichnis ersichtlich; im einzelnen darf ich vielleicht folgendes erwähnen.

Im *ersten* Abschnitt habe ich das Rechnen mit komplexen Zahlen als ein Rechnen mit Zahlenpaaren eingeführt, dabei mich aber auf eine allgemeine Theorie der Zahlensysteme mit zwei (oder gar mit mehr) Einheiten nicht eingelassen, sondern gleich die für die Theorie der „gemeinen komplexen Zahlen" charakteristischen Voraussetzungen apodiktisch hingestellt.

Der *zweite* Abschnitt enthält zunächst eine ausführliche geometrische Theorie der elementaren rationalen Funktionen einer komplexen Veränderlichen und der durch sie vermittelten konformen Abbildungen. Der Übergang von der Ebene zur Kugel durch stereographische Projektion wird zeitig vorgenommen und dann im folgenden überall, wo es zweckmäßig schien, wieder benutzt. Den Schluß des Abschnittes bildet, statt irgend eines an und für sich gleichgültigen Beispieles einer rationalen Funktion allgemeineren Charakters, die Diskussion der symmetrischen Invariante von vier Punkten als Funktion ihres Doppelverhältnisses.

Der *vierte* Abschnitt bringt die Lehre von den eindeutigen Funktionen komplexen Argumentes im wesentlichen im Anschluß an CAUCHY und RIEMANN. Nach Ableitung der Eigenschaften solcher Funktionen in Bereichen, in denen sie sich regulär verhalten, schalte ich zunächst die spezielle Diskussion der Exponentialfunktionen, sowie des Sinus und Cosinus ein. Erst dann folgt die Lehre von den isolierten singulären Punkten, in Verbindung mit dem LAURENTschen Satze, an den ich auch gleich die FOURIERsche Reihe anschließe. Bei der Behandlung des MITTAG-LEFFLERschen Satzes beschränke ich mich auf den einfachen Fall, in welchem man nicht nötig hat, die Grade der Zusatzpolynome ins Unendliche wachsen zu lassen. Anwendungen dieses Satzes auf einfach periodische Funktionen schließen den Abschnitt.

Im *fünften* Abschnitt, der von mehrdeutigen Funktionen handelt, habe ich eine Änderung der herkömmlichen Anordnung gewagt, die vielleicht nur geteilter Zustimmung begegnen wird: ich habe den Logarithmus und die zugehörige unendlichblättrige RIEMANNsche Fläche vorangestellt und seine Eigenschaften dann bei der Untersuchung auch der einfachsten Irrationalitäten ohne Scheu benutzt. Gewiß kann man diese Untersuchung führen, ohne irgendwelche transzendente Hilfsmittel zu benutzen; will man aber dann konsequent sein, so muß man auch die trigonometrische Form einer komplexen Zahl vermeiden, die doch nichts anderes ist als die Einführung ihres Logarithmus, und die Existenz der $n^{ten}$ Wurzeln komplexer Zahlen mit dem Fundamentalsatz der Algebra beweisen. Für ein Elementarbuch schien mir das zu umständlich zu sein. Übrigens wird in diesem Abschnitt die allgemeine Theorie der algebraischen Funktionen ganz beiseite gelassen; dafür sind die einfachsten Fälle um so ausführlicher diskutiert. Zum Schluß des Abschnittes werden die Eigenschaften des Logarithmus benutzt, um die Darstellung einer ganzen transzendenten Funktion durch ein unendliches Produkt aus der Partialbruchzerlegung ihrer logarithmischen Ableitung zu gewinnen.

Den *sechsten* und letzten Abschnitt habe ich „allgemeine Funktionentheorie" genannt. Erst in ihm entwickle ich die allgemeinen Begriffe der analytischen Fortsetzung, der analytischen Funktion, der RIEMANNschen Fläche, der natürlichen Grenze. Außerdem enthält der Abschnitt noch eine Darstellung des Spiegelungsprinzips.

Eine Angabe der ersten Quelle der angeführten Definitionen und Sätze habe ich unterlassen zu dürfen geglaubt. An einzelnen Stellen habe ich Hinweise auf die Literatur für solche Leser beigefügt, die eine oder die andere Frage weiter zu verfolgen wünschen, als es im Text geschehen konnte; auch dabei habe ich nicht stets die erste Quelle genannt, sondern womöglich auf solche Darstellungen verwiesen, die mir für den Anfänger geeignet zu sein schienen.

Schließlich ist es mir eine angenehme Pflicht, meinen Göttinger Lehrern und Freunden für das fördernde Interesse zu danken, mit dem sie die Entstehung des Büchleins begleitet haben.

Ansbach, den 26. März 1897.

## Vorwort zur zweiten Auflage.

Da die beiden ersten, sowie die drei letzten Abschnitte, außer in den Kreisen der WEIERSTRASS-Schüler strenger Observanz, Beifall gefunden haben, habe ich in diesen Kapiteln zu wesentlichen Veränderungen keine Veranlassung gesehen. Nur habe ich den Beweis des CAUCHYschen Fundamentaltheorems in der einfachen Form gegeben, die durch die Untersuchungen der Herren PRINGSHEIM, GOURSAT und MOORE ermöglicht ist; das brachte noch einige andere Änderungen und Umstellungen mit sich. Außerdem hoffe ich an einigen Stellen durch kleine Zusätze das Verständnis erleichtert zu haben.

Dagegen ist der dritte Abschnitt ganz umgearbeitet: für die elementaren Dinge ist auf meine inzwischen als I. 1 dieser Vorlesungen erschienene algebraische Analysis verwiesen, einige weitere Sätze, die dort nicht an ihrem Platze gewesen wären, aber hier gebraucht werden, erscheinen jetzt mit Beweisen versehen. Da für den Beweis des CAUCHYschen Satzes der Begriff des Doppelintegrals nicht mehr erforderlich ist, konnte die dadurch bedingte Vermehrung des Raumes in mäßigen Grenzen gehalten werden.

Herrn J. GRAND bin ich für Beihilfe bei der Korrektur Dank schuldig.

Zürich, den 12. Oktober 1903.

---

## Vorwort zur dritten und vierten Auflage.

Der dritten Auflage (1907) habe ich einige weitere Beispiele konformer Abbildungen und damit im Zusammenhang die Diskussion der zyklometrischen Funktionen komplexen Arguments beigefügt, um den Übergang von diesem Heft zum nächsten zu erleichtern; doch sind die Nummern der alten Paragraphen ungeändert geblieben. In der vierten ist der Satz von MORERA (§ 38, XIII) und der auf ihm beruhende Beweis des WEIERSTRASSschen Satzes (§ 50) hinzugekommen; auch habe ich im einzelnen mit Hilfe von Herrn Dr. R. KLEEBERG mancherlei nachgebessert.

München, den 11. Mai 1912.

**H. Burkhardt.**

# Inhalt.

## Erster Abschnitt.

### Komplexe Zahlen und ihre geometrische Darstellung.



## Zweiter Abschnitt.

### Die rationalen Funktionen einer komplexen Veränderlichen und die durch sie vermittelten konformen Abbildungen.

## Dritter Abschnitt.

### Definitionen und Sätze aus der Theorie der reellen Veränderlichen und ihrer Funktionen.



## Vierter Abschnitt.

### Eindeutige analytische Funktionen einer komplexen Veränderlichen.

## Fünfter Abschnitt.

### Mehrwertige analytische Funktionen einer komplexen Veränderlichen.

## Sechster Abschnitt.

### Allgemeine Funktionentheorie.

# ERSTER ABSCHNITT.

## Komplexe Zahlen und ihre geometrische Darstellung.

### § 1. Rückblick auf die allgemeine Arithmetik der reellen Zahlen.

Objekte der *elementaren Arithmetik* sind die einzelnen *ganzen Zahlen*. Sie lehrt, wie durch einfache *Verknüpfungen* je zweier Zahlen (Addition, Subtraktion, Multiplikation usf.) eine dritte gefunden werden kann. Sie leitet dann *Gesetze* ab, welche aussagen: das Resultat einer gewissen Reihe von nacheinander vorgenommenen Verknüpfungen (z. B. $a(b+c)$) kann auch durch eine Reihe anderer Verknüpfungen (im genannten Beispiel $ab+ac$) erhalten werden. Sie wendet endlich diese Gesetze an, um festzustellen, wie eine Größe, die bestimmten Verknüpfungen mit anderen Größen unterworfen werden soll, gewählt werden muß, damit das Resultat dieser Verknüpfungen einen vorgeschriebenen Wert erhält. Die *Beweise*, welche sie für diese Gesetze und Vorschriften gibt, sind von zwei ganz verschiedenen Arten (vgl. A. A.[1] § 1). Bei der Ableitung der *fundamentalen* Gesetze beruft sie sich auf die *reale* Bedeutung ihrer Objekte (der Zahlen) und der Operationen, welchen diese Objekte unterworfen werden; im weiteren Verlauf wird auf diese reale Bedeutung nicht mehr rekurriert, sondern es wird nur mit den *Zeichen* der Objekte und der Operationen auf Grund der Lehren der *formalen Logik* und der vorher schon abgeleiteten Sätze der Arithmetik selbst manipuliert. Diese Unterscheidung hat weiterhin eine wichtige Konsequenz. Die Bedürfnisse der Geometrie führen nämlich dahin, daß neben den „*positiven, ganzen*“ Zahlen, denen der Name „*Zahlen*“ ursprünglich allein zukommt, noch andere Gedankendinge ebenfalls als Zahlen (negative, gebrochene, irrationale)

[1] In dieser Weise wird hier und im folgenden meine 1908 im gleichen Verlage als ersten Bandes erstes Heft dieser Vorlesungen in zweiter Auflage erschienene „algebraische Analysis“ zitiert.

bezeichnet und zu Objekten der *„allgemeinen Arithmetik“* gemacht werden. Für diese Zahlen in allgemeinerem Sinne des Wortes werden dann gewisse Verknüpfungsoperationen definiert, welche große Analogie zu den Verknüpfungen der ganzen Zahlen zeigen, und auf welche auch die Namen dieser letzteren übertragen werden. Von diesen Operationen mit allgemeineren Zahlen wird auf Grund ihrer Definition gezeigt, daß sie den oben erwähnten fundamentalen Gesetzen genügen; daraus folgt dann mit einem Schlage, daß auch die abgeleiteten Gesetze für sie gelten; die früher unter Voraussetzung nur positiver ganzer Zahlen gegebenen Beweise behalten Wort für Wort Gültigkeit, da sie ja auf die Eigenschaften der Objekte nicht mehr rekurrieren, sondern nur auf die vorher schon bewiesenen Eigenschaften der Operationen sich stützen (A. A. § 1, § 9).

Daß es *erlaubt* ist, solche allgemeinere Zahlen einzuführen, ist in der *Freiheit des wissenschaftlichen Denkens* begründet, das sich seine Objekte selbst wählen kann; daß es *zweckmäßig* ist, zeigt der *Erfolg.* Die negativen und die gebrochenen Zahlen stellen Relationen zwischen Objekten der täglichen Erfahrung in übersichtlicherer Form dar, als sie sich bei ausschließlichem Gebrauch ganzer positiver Zahlen darstellen lassen; die irrationalen Zahlen entspringen aus der Forderung, die in der Erfahrung approximativ vorliegenden Gesetze unserer Raumanschauung zum Zwecke ihrer wissenschaftlichen Verarbeitung als absolut genaue zu erfassen — einer Forderung, der durch Relationen zwischen ganzen Zahlen allein nicht genügt werden kann.

Im folgenden wird die Einführung der negativen und der gebrochenen Zahlen als bereits erledigt vorausgesetzt; dagegen wird von irrationalen Zahlen in den beiden ersten Abschnitten nur an wenigen Stellen Gebrauch gemacht.

## § 2. Einführung von Zahlenpaaren; ihre Addition und Subtraktion.

Neben die Algebra der *einfachen Zahlen* tritt nun eine Algebra der *Zahlenpaare* („double algebra“ sagen die Engländer). Sie leitet aus je zwei Zahlenpaaren ein neues ab und sucht die Gesetze, welchen diese Verknüpfungen der Zahlenpaare unterliegen. Die Algebra der einfachen Zahlen findet ihr Gegenbild in der Geometrie auf einfach ausgedehnten Gebilden, insofern es möglich ist, jedem Punkte eines solchen Gebildes, z. B. einer geraden Linie, eine bestimmte Zahl und jeder Zahl einen bestimmten Punkt zuzuweisen.

Von der Algebra der Zahlenpaare werden wir sehen, daß sie ihr Gegenbild in den geometrischen Beziehungen zwischen den Punkten auf zweifach ausgedehnten Gebilden — Flächen — findet, namentlich auf den einfachsten unter diesen, der Ebene und der Kugel.

*Welcherlei* Verknüpfungen von Zahlenpaaren wir betrachten wollen, steht zunächst in unserer Hand; ob die Wahl, die wir treffen, eine zweckmäßige ist — diese Frage wird dann, aber auch erst dann bejaht werden dürfen, wenn sich Resultate ergeben haben, die auf anderem Wege nicht oder doch nicht so leicht zu gewinnen sind. Wir haben aber für die Auswahl zwei Gesichtspunkte, die uns leiten können. Wir werden einmal nach Verknüpfungen suchen, die denselben oder doch nahezu denselben Gesetzen gehorchen, wie die der einfachen Zahlen; wir werden andererseits immer die Beziehung zum geometrischen Bilde im Auge behalten. Doch wollen wir nicht die Frage aufwerfen, welches denn die allgemeinsten Verknüpfungen sein mögen, die die erste Forderung erfüllen und dabei auch dem zweiten Gesichtspunkt gerecht werden; wir wollen vielmehr mit der Definition der Verknüpfungen, die wir betrachten, beginnen und nachher erst beweisen, daß sie jenen Gesetzen gehorchen, und zeigen, wie sie sich geometrisch darstellen. Wir folgen dabei der historischen Entwicklung: die Zahlenpaare sind zuerst in der Form „imaginärer“ Zahlen $a + b\sqrt{-1}$ bei der Auflösung der algebraischen Gleichungen 2., 3., 4. Grades aufgetreten. Man hat mit diesen „imaginären“ Zahlen zuerst zaghaft, bald, durch glückliche Erfolge ermutigt, wie mit reellen Zahlen gerechnet, ohne sich vollständig Rechenschaft darüber zu geben, wieso ein solches Vorgehen berechtigt sei, und was ein solches imaginäres Symbol überhaupt bedeute. Die folgenden Definitionen sind alle zuerst in der Form gegeben worden: man soll mit den imaginären Zahlen $a + bi$ wie mit reellen Binomen rechnen, dabei aber höhere Potenzen von $i$ durch die Relation $i^2 + 1 = 0$ auf die erste reduzieren.

Wollen wir mit Zahlenpaaren rechnen, so müssen wir uns erst darüber einigen, welchen Sinn die Aussage haben soll: „zwei Zahlenpaare sind einander gleich“. Wir definieren:

I. *Zwei Zahlenpaare $(a, b)$ und $(c, d)$ sollen dann und nur dann einander gleich heißen, wenn*

$$a = c \text{ und } b = d$$

*ist* (nicht etwa auch wenn $a = d$ und $b = c$ ist). *Eine* Gleichung zwischen Zahlenpaaren vertritt also *zwei* Gleichungen zwischen einfachen Zahlen. — Die Begriffe „größer“ und „kleiner“ lassen sich auf Zahlenpaare zunächst nicht übertragen.

II. Wohl die einfachste Art, aus zwei Zahlenpaaren $(a, b)$ und $(c, d)$ ein drittes abzuleiten, ist, daß man bildet:

$$(a + c, b + d).$$

Wir bedürfen eines *Namens* und eines *Zeichens* für diese Verknüpfung; wir wollen keine neuen einführen, sondern den aus der einfachen Algebra bekannten Namen der *Addition* mit ihrem Zeichen $+$ auch hier benutzen. *Wir nennen demgemäß das dritte Zahlenpaar die Summe der beiden andern und schreiben*:

$$1) \qquad (a, b) + (c, d) = (a + c, b + d).$$

Diese Worte und Zeichen (Addition, Summe, $+$, $=$) haben damit eine neue Bedeutung erhalten.

Diese Verknüpfung der Zahlenpaare ist eine *in jedem Falle ausführbare* und *eindeutig bestimmte* Operation. Ferner gelten für sie das *Gesetz der Kommutation* (A. A. § 2, IV):

$$2) \qquad (a, b) + (c, d) = (c, d) + (a, b)$$

und das *Gesetz der Assoziation* (A. A. § 2, III):

$$3) \qquad [(a, b) + (c, d)] + (e, f) = (a, b) + [(c, d) + (e, f)].$$

Das erste dieser Gesetze wird bewiesen, indem man die auf beiden Seiten der Gleichung (2) geforderten Operationen der Definition (II) gemäß ausführt; die sich ergebenden Zahlenpaare $(a + c, b + d)$ und $(c + a, d + b)$ sind nach Definition (I) einander gleich, weil nach dem für die Addition der Zahlen geltenden Kommutationsgesetz $a + c = c + a$ und $b + d = d + b$ ist. — In derselben Weise ist die Gleichung (3) zu beweisen.

Aus den beiden Gesetzen der Kommutation und der Assoziation werden in der elementaren Algebra die weiteren Sätze über die Umordnung der Glieder in einer Summe von 3 oder mehr Summanden durch rein logische Deduktion gewonnen, ohne daß man dabei nötig hätte, auf die reale Bedeutung der Operation des Addierens zurückzugehen. Daraus folgt (man wolle die allgemeine Erörterung des § 1 über diese Schlußweise vergleichen), daß auch diese weiteren Sätze für das Rechnen mit Zahlenpaaren ebenso wie für das Rechnen mit gewöhnlichen Zahlen Gültigkeit haben. Demgemäß gilt der allgemeine Satz, von dem die Gleichungen (2) und (3) spezielle Fälle darstellen:

III. *In einer Summe beliebig vieler Zahlenpaare dürfen die einzelnen Summanden in beliebiger Auswahl und Reihenfolge zu Teilsummen zusammengefaßt werden.*

Wir definieren weiter:

IV. *Das Zahlenpaar* $(-a, -b)$ *heißt zu dem Zahlenpaar* $(a, b)$ *entgegengesetzt.*

V. *Unter der Differenz zweier Zahlenpaare verstehen wir dasjenige Zahlenpaar, das zu dem Subtrahenden addiert den Minuenden liefert.*

Aus dieser Definition, der Definition der Summe (II) und den Eigenschaften der Addition und der Subtraktion der einfachen Zahlen folgt:

*Satz VI,* der sich durch die Gleichung ausdrückt:

4) $$(a, b) - (c, d) = (a - c, b - d);$$

sowie *Satz VII: Subtraktion eines Zahlenpaares ist dasselbe wie Addition des entgegengesetzten Zahlenpaares, also eine in jedem Falle ausführbare und eindeutig bestimmte Operation.*

Die Summe einer Anzahl ($m$) gleicher Summanden $a$:

$$\overset{1}{a} + \overset{2}{a} + \overset{3}{a} + \ldots + \overset{m-1}{a} + \overset{m}{a}$$

wird in der elementaren Algebra „*das Produkt der Anzahl m mit der Zahl a*" *genannt.* Zufolge des Satzes III hat es einen bestimmten Sinn, wenn wir diese Definition auf Zahlenpaare ausdehnen; wir können sagen:

VIII. *Unter dem Produkt aus einer ganzen Zahl m und einem Zahlenpaar* $(a, b)$ *verstehen wir die Summe von m einander gleichen Zahlenpaaren* $(a, b)$.

Bilden wir diese Summe nach den Vorschriften der Definition II und des Satzes III, so finden wir einen *Satz IX,* der sich durch die Gleichung ausdrückt:

5) $$m(a, b) = (ma, mb).$$

X. *Für den Fall, daß m eine negative Zahl ist, soll die Gleichung (5) als Definition des Produkts aus m und dem Zahlenpaar (a, b) gelten.*

XI. *Die Division eines Zahlenpaares durch eine ganze Zahl definieren wir als Umkehrung der eben definierten Multiplikation.* Zufolge der Gleichung (5) ist dann:

6) $$\frac{(a, b)}{m} = \left(\frac{a}{m}, \frac{b}{m}\right).$$

XII. *Multiplikation eines Zahlenpaares mit einem Bruch* definieren wir als *„Multiplikation mit dem Zähler und Division durch den Nenner“* (*A. A.* § *15*); aus den Gleichungen (5) und (6) folgt dann:

$$\frac{m}{n} \cdot (a, b) = \left(\frac{m}{n} a, \frac{m}{n} b\right). \tag{7}$$

XIII. Auf Grund der Definitionen II und XII kann jedes Zahlenpaar in der Form:

$$(a, b) = a e_1 + b e_2 \tag{8}$$

*als algebraische Summe von Multiplis der beiden speziellen Zahlenpaare:*

$$e_1 = (1, 0)$$
$$e_2 = (0, 1)$$

*dargestellt werden, die man wohl Einheiten nennt.*

## § 3. Multiplikation der Zahlenpaare; die Zahlenpaare als komplexe Zahlen.

In der elementaren Arithmetik wird neben der Addition als eine zweite Art der Verknüpfung zweier Zahlen zu einer dritten die *Multiplikation* betrachtet. Von den Eigenschaften derselben heben wir für unsere nächsten Zwecke einmal die *Kommutativität* hervor (vgl. A. A. § 4, III), derzufolge:

$$a b = b a \tag{1}$$

ist; dann aber die *distributive* Beziehung (A. A. § 4, VI), in welcher sie zur Addition steht. Diese letztere drückt sich durch die identische Gleichung:

$$a(b + c) = a b + a c \tag{2}$$

aus.

Wir fragen nun, ob es auch für Zahlen*paare* eine Verknüpfung gibt, welche diesen beiden Gesetzen gehorcht, welche also erstens selbst kommutativ ist, zweitens zu der in § 2 gelehrten Addition der Zahlenpaare in distributiver Beziehung steht. Gibt es eine solche, so wollen wir den Namen *Multiplikation* und die Bezeichnung durch Nebeneinanderstellen der Faktoren, mit oder ohne verbindenden Punkt, auf sie übertragen.

Vermöge der in § 2, Gleichung (8) gelehrten Darstellung der Zahlenpaare und vermöge der gestellten Forderungen der Kommutativität und Assoziativität wird das Resultat der Multiplikation irgend zweier Zahlenpaare bestimmt sein, wenn die Produkte der beiden Einheiten mit sich selbst und miteinander bestimmt sind (natürlich wieder als Zahlenpaare). Wir wollen aber hier nicht die Frage allgemein aufwerfen und beantworten, welches die allgemeinsten mit den übrigen Voraussetzungen verträglichen Annahmen sind, die wir hier noch machen können, oder welche von den verschiedenen etwa möglichen Annahmen auch wirklich zu wesentlich verschiedenen „double algebras“ führen; wir wollen vielmehr gleich diejenigen Voraussetzungen einführen, welche für die Theorie der sogenannten „*gemeinen komplexen Zahlen*“ charakteristisch sind.

I. *Wir setzen* dementsprechend *fest, daß die Produkte der Einheiten durch die Gleichungen definiert seien:*

3) $$(1, 0).(1, 0) = (1, 0),$$

4) $$(0, 1).(1, 0) = (1, 0).(0, 1) = (0, 1),$$

5) $$(0, 1).(0, 1) = (-1, 0).$$

Wir müssen uns vor allem den Inhalt dieser Gleichungen klar machen.

Aus der ersten von ihnen, zusammen mit den Resultaten des vorigen Paragraphen, ergibt sich, daß alles Rechnen mit Zahlenpaaren, deren zweite Elemente $= 0$ sind, so auszuführen ist, wie wenn diese zweiten Elemente gar nicht vorhanden wären, indem nämlich nur mit den ersten Elementen wie mit einfachen Zahlen zu rechnen ist. Gleichung (4) sagt zusammen mit dem Gesetz der Distributivität aus, daß die Zahlenpaare $(a, 0)$ auch für die Multiplikation mit andern Zahlenpaaren wie einfache Zahlen zu behandeln sind. Infolgedessen dürfen wir diese speziellen Zahlenpaare geradezu mit den einfachen Zahlen identifizieren:

II. *Wir dürfen und wollen:*

6) $$(1, 0) = 1$$

*setzen; dann folgt* vermöge § 2, Gleichung (5), *daß allgemein*

7) $$(a, 0) = a$$

*zu setzen ist.*

Gleichung (5) endlich kann vermöge (7) geschrieben werden:

8) $$(0, 1).(0, 1) = -1.$$

Infolgedessen können wir sagen:

III. *Während es nicht möglich ist, eine einfache Zahl zu finden, die mit sich selbst multipliziert — 1 gibt, gibt es ein Zahlenpaar, nämlich $(0, 1)$, das diese Eigenschaft hat.*

Die Aufgabe, eine Zahl zu finden, die mit sich selbst multipliziert eine gegebene Zahl liefert, heißt in der elementaren Algebra

„Ausziehung der Quadratwurzel aus dieser Zahl“ und wird mit $\sqrt{\phantom{x}}$ bezeichnet (A. A. § 46); übertragen wir diese Bezeichnungsweise (vorläufig ohne nähere Diskussion) auf das Rechnen mit Zahlenpaaren, so können wir Satz III auch folgendermaßen formulieren:

IV. *Die durch $\sqrt{-1}$ geforderte Rechnungsoperation ist im Gebiete der einzelnen Zahlen unmöglich; aber im Gebiete der Zahlenpaare wird ihr durch (0, 1) Genüge geleistet.*

(Ob ihr etwa noch andere Zahlenpaare Genüge leisten, bleibt vorläufig dahingestellt; vgl. aber § 58.)

Dementsprechend setzen wir, indem wir uns einer seit Gauss allgemein angenommenen Bezeichnungsweise bedienen:

9) $$(0,\ 1) = \sqrt{-1} = i.$$

V. *Zufolge Gleichung (8) des § 2 kann dann jedes Zahlenpaar in der Form geschrieben werden:*

10) $$(a,\ b) = a + b\,i.$$

Wir ändern nunmehr unsere Ausdrucksweise:

VI. *Was wir bisher schlechtweg „eine Zahl“ nannten, soll in Zukunft „eine reelle Zahl“ heißen; was wir bisher ein Zahlenpaar nannten, soll in Zukunft „eine Zahl“*, oder wo ein unterscheidender Zusatz wünschenswert ist, *„eine komplexe Zahl“ (komplexe Größe) genannt werden.*

Dementsprechend dehnen wir den Gebrauch, unbestimmte Zahlen durch Buchstaben zu bezeichnen, dahin aus, daß *ein Buchstabe eine beliebige komplexe Zahl soll bezeichnen können*, wenn nicht die Beschränkung auf reelle Zahlen (oder eine andere Beschränkung) ausdrücklich ausgesprochen oder aus dem Zusammenhang ersichtlich ist.

VII. *$a$ heißt der reelle, $b\,i$ der imaginäre Bestandteil der komplexen Zahl $a + b\,i$.* Eine komplexe Zahl, deren reeller Bestandteil 0 ist, heißt eine *rein imaginäre* Zahl.

Man darf sich durch diese *Namen* nicht zu falschen Vorstellungen verleiten lassen; wie wir bald sehen werden, sind die komplexen Zahlen sehr wohl zur Darstellung bestimmter Beziehungen zwischen reellen Objekten geeignet.

Wir wollen die eben eingeführte Bezeichnungsweise sofort benutzen, um in ihr das Resultat explizite anzugeben, welches sich:

VIII. für die *Multiplikation von irgend zwei komplexen Zahlen* durch Anwendung der Gleichungen (1)—(5) ergibt:

11) $$(a + b\,i)(c + d\,i) = a\,c - b\,d + i(a\,d + b\,c).$$

Die durch diese Gleichung definierte Multiplikation komplexer Zahlen ist demnach eine in jedem Falle ausführbare Operation, und ihr Resultat ist eindeutig bestimmt. Daß die Regeln der Multiplikation reeller Zahlen für sie gelten, ist nicht selbstverständlich (ebensowenig wie die entsprechende Eigenschaft der Addition), sondern muß bewiesen werden. Dabei wird es genügen, die fortdauernde Gültigkeit der *fundamentalen* Gesetze nachzuweisen, um schließen zu können, daß auch die abgeleiteten Gesetze bestehen bleiben; wir haben diesen Punkt A. A. §§ 1, 9, sowie hier §§ 1, 2 so ausführlich erörtert, daß wir jetzt nicht mehr darauf zurückzukommen brauchen. Solcher fundamentalen Gesetze besitzt die Multiplikation aber drei; nämlich außer den beiden zu Anfang des Paragraphen genannten noch das folgende:

12) $$(a\,b).c = a.(b\,c),$$

das als *Gesetz der Assoziation* (A. A. § 4, IV) bezeichnet wird. Zur Verifikation der Tatsache, daß diese drei Gesetze auch für die durch Gleichung (11) definierte Multiplikation komplexer Zahlen Gültigkeit behalten, bedarf es nur der Ausführung der geforderten Operationen nach den gegebenen Vorschriften; sie kann dem Leser überlassen bleiben, und wir dürfen gleich den Satz aussprechen:

IX. *Für die durch Gleichung (11) definierte Multiplikation gelten die drei Gesetze (1), (2), (12) mit allen ihren Folgerungen.*

Alle Folgerungen aus Gleichungen sind natürlich wieder Gleichungen. Es gibt aber noch eine wichtige Eigenschaft der Multiplikation reeller Zahlen, die sich nicht durch eine Gleichung, sondern durch eine *Ungleichung* ausdrückt, und die daher jedenfalls nicht aus jenen drei Grundgesetzen allein abgeleitet werden kann: nämlich den Satz, daß ein Produkt nicht Null sein kann, wenn nicht einer der beiden Faktoren Null ist (A. A. § 13). Wir müssen daher noch besonders zeigen, daß auch dieser Satz für komplexe Zahlen gültig bleibt. Soll die rechte Seite der Gleichung (11) gleich Null sein, so muß nach der in § 2, I gegebenen Definition der Gleichheit komplexer Zahlen:

$$\begin{array}{l|c|c} ac - bd = 0 & c & -d \\ ad + bc = 0 & d & c \end{array}$$

sein. Aus diesen Gleichungen folgt durch Multiplikation mit den beigesetzten Faktoren:

13) $$\begin{aligned} a(c^2 + d^2) &= 0 \\ b(c^2 + d^2) &= 0. \end{aligned}$$

Der Gleichung $c^2 + d^2 = 0$ kann durch reelle Zahlen $c$, $d$ nicht anders genügt werden, als wenn $c = 0$ und $d = 0$ ist. Wenn aber $c^2 + d^2 \neq 0$ ist, folgt aus den Gleichungen (13), daß $a = 0$ und

$b = 0$ sein muß, eben weil für reelle Zahlen der angeführte Satz Gültigkeit hat. Wenn also

$$(a + bi)(c + di) = 0$$

ist, muß entweder $a + bi = 0$ oder $c + di = 0$ sein; d. h. es gilt auch für unsere komplexen Zahlen in der Tat der Satz:

X. *Ein Produkt kann nicht Null sein, wenn nicht einer der Faktoren Null ist.*

## § 4. Geometrische Darstellung der komplexen Zahlen durch die Punkte der Ebene.

Zu Beginn unserer Untersuchungen (in § 2) haben wir uns daran erinnert, daß die Gesamtheit der reellen Zahlen und die Gesamtheit der Punkte einer geraden Linie einander umkehrbar eindeutig, d. h. so zugeordnet werden können, daß jedem Punkt eine bestimmte Zahl (seine „Abszisse") und jeder Zahl ein bestimmter Punkt entspricht. Wir haben auch bereits darauf hingewiesen, daß ebenso den Punkten einer Fläche, als eines zweifach ausgedehnten Gebildes, Zahlenpaare zugeordnet werden können. Die einfachste derartige Zuordnung ist die für die Punkte der Ebene von DESCARTES gegebene: man zieht durch einen bestimmten Punkt, den „Ursprung" des Koordinatensystems, zwei zueinander senkrechte Gerade, „die $x$- und die $y$-Achse", fällt von jedem Punkt der Ebene Senkrechte auf diese Achsen und bezeichnet die Längen der von diesen Senkrechten auf den Achsen gebildeten Abschnitte, vom Ursprung aus gemessen und mit Vorzeichen[1] genommen als „Koordinaten" $x$, $y$ des betrachteten Punktes (vgl. Fig. 1). In dieser Darstellung brauchen wir nur das Zahlenpaar $(x, y)$ durch die komplexe Zahl $x + iy$ zu ersetzen, so haben

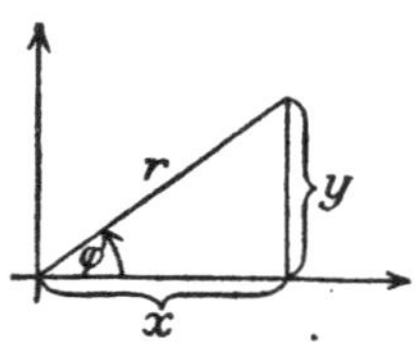

Fig. 1.

[1] Im allgemeinen werden wir die positive $x$-Achse nach rechts, die positive $y$-Achse vom Leser abgewendet annehmen; jedenfalls aber denken wir uns die positiven Achsenrichtungen so gewählt, daß das starr gedachte Achsensystem durch bloße Drehung in der Ebene, ohne Umklappung derselben, in die eben angegebene Lage gebracht werden kann. Ob man diese oder die entgegengesetzte Verabredung trifft, ist an und für sich natürlich vollkommen gleichgültig; doch ist es häufig bequem für die Ausdrucksweise, daß man eine bestimmte Festsetzung vornimmt, und gelegentlich für Vorzeichenbestimmungen von Bedeutung, daß man an der einmal getroffenen festhält. (Vgl. übrigens A. A. § 11 und § 14.)

wir die von GAUSS und ARGAND gegebene Beziehung der komplexen Zahlen auf die Punkte der Ebene:

I. *Wir ordnen jeder komplexen Zahl $x + iy$ denjenigen Punkt der Ebene zu, der in bezug auf ein fest angenommenes rechtwinkliges kartesisches Koordinatensystem die Koordinaten $x$, $y$ hat, und umgekehrt jedem Punkt mit den Koordinaten $x$, $y$ die komplexe Zahl $x + iy$.*

Dabei entspricht also jeder komplexen Zahl ein und nur ein Punkt der Ebene und umgekehrt jedem Punkte der Ebene eine und nur eine komplexe Zahl. Also muß auch jeder bestimmten Beziehung zwischen Punkten der Ebene eine bestimmte Beziehung zwischen komplexen Zahlen entsprechen und umgekehrt. Aus jedem Satze über komplexe Zahlen folgt durch Übertragung in die Sprache der Geometrie ein Satz über Punkte einer Ebene; umgekehrt aus jedem Satze der Geometrie der Ebene ein Satz über komplexe Zahlen. Selbstverständlich muß jeder Satz jeder dieser Theorien sich „rein" durch Mittel beweisen lassen, die ihr allein angehören; aber wir werden uns das mächtige Hilfsmittel der Forschung nicht entgehen lassen, das in der Ausnutzung bekannter geometrischer Sätze für unsere funktionentheoretischen Zwecke besteht. Dieses Verfahren ist auch vom Standpunkt der Stringenz unangreifbar, sobald nur einerseits die umkehrbare Eindeutigkeit der gegenseitigen Beziehung zwischen dem analytischen Objekt und dem geometrischen Bild sichergestellt ist, andererseits eben nur bewiesene geometrische Sätze übertragen werden.

Insbesondere entsprechen den reellen Zahlen (§ 3, VI) die Punkte der $x$-Achse, die daher *Achse der reellen Zahlen* genannt wird, den rein imaginären Zahlen (§ 3, VII) die Punkte der $y$-Achse (*Achse der rein imaginären Zahlen*).[1]

Aus den rechtwinkligen Koordinaten eines Punktes ergeben sich bekanntlich seine Polarkoordinaten, Radius Vector $r$ und Polarwinkel $\varphi$, durch die Gleichungen (vgl. Fig. 1):

1) $$x = r\cos\varphi, \qquad y = r\sin\varphi,$$

deren Auflösung lautet:

2) $$r = \sqrt{x^2 + y^2}, \qquad \varphi = \operatorname{arc\,tg}\frac{y}{x}.$$

Die Formeln (1) sind auch dem Vorzeichen nach richtig, wenn der positive Drehsinn für die Winkel so gewählt ist, daß die Halbachse

[1] Man sagt auch wohl „reelle Achse", „imaginäre Achse".

der positiven $y$ mit der der positiven $x$ einen Winkel $+\frac{\pi}{2}$ einschließt,[1] und wenn $r$ stets positiv genommen wird. Die Begründung dieser Behauptungen durch die Theorie der trigonometrischen Funktionen eines reellen Winkels (A. A. § 76) setzen wir hier als bekannt voraus.

II. *Auf Grund der Gleichungen (1) kann jede komplexe Zahl auf die Form gebracht werden:*

$$z = x + iy = r(\cos\varphi + i\sin\varphi). \tag{3}$$

III. *Dabei ist $r$ der positive Wert der Wurzel:*

$$\sqrt{x^2 + y^2};$$

*man nennt ihn den absoluten Betrag*[2] *der komplexen Zahl* $z = x + iy$ und bezeichnet ihn mit:

$$|z|.$$

*Das Quadrat des absoluten Betrags wird Norm genannt.*

Der absolute Betrag einer positiven reellen Zahl ist diese Zahl selbst; der absolute Betrag einer negativen reellen Zahl die ihr entgegengesetzte positive Zahl (A. A. § 10).

IV. Über einen bestimmten Namen für den Winkel $\varphi$ hat man sich nicht geeinigt; man findet ihn als Argument, Amplitude, Abweichung, Anomalie, *Arcus* bezeichnet. Wir wollen die letzgenannte Bezeichnung annehmen.

V. *Der Faktor*

$$\cos\varphi + i\sin\varphi$$

(Richtungsfaktor der komplexen Zahl) *hat die Eigenschaft, daß sein absoluter Betrag = 1 ist.*

VI. *Die Bildpunkte der Zahlen vom absoluten Betrag 1 liegen auf dem Einheitskreis, d. h. auf dem Kreis, dessen Mittelpunkt der Nullpunkt und dessen Radius gleich der Längeneinheit ist.*

Eine sehr wesentliche Frage ist hier, ob es nur auf eine Art möglich ist, eine komplexe Zahl auf die Form (3) zu bringen, oder auf mehrere Arten. Darauf ist zu sagen:

VII. *Der absolute Betrag $r$ ist eindeutig bestimmt; aber es gibt* (wie die Goniometrie lehrt) *unendlich viele Werte von $\varphi$, die den*

---

[1] Also bei der getroffenen Festsetzung über die positiven Richtungen der Achsen: „gegen den Sinn des Uhrzeigers" (A. A. § 11).

[2] Auch wohl „*Modul*": dieses Wort hat aber noch verschiedene andere Bedeutungen.

*Bedingungen genügen: sie gehen alle aus irgend einem von ihnen durch Addition und Subtraktion beliebiger ganzzahliger Vielfacher von* $2\pi$ *hervor* (A. A. § 76). Man muß diese unendliche Vieldeutigkeit des Arcus beständig beachten, wenn man mit der Form (3) der komplexen Zahlen operiert; übrigens werden wir in § 54 ausführlich auf sie zurückkommen müssen.

VIII. *Die Zahl:*

$$a - ib = r(\cos(-\varphi) + i\sin(-\varphi)) = r(\cos\varphi - i\sin\varphi) \tag{4}$$

*heißt die zu* $a + ib$ *konjugiert komplexe Zahl.* Ihr geometrisches Bild ist (vgl. Fig. 2) das *Spiegelbild* des Punktes $a + ib$ in bezug auf die Achse der reellen Zahlen. — Die zur konjugierten konjugierte Zahl ist wieder die ursprüngliche; die konjugierte der entgegengesetzten (§ 2, IV) ist die entgegengesetzte der konjugierten.

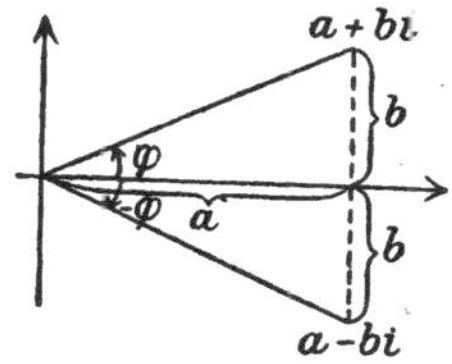

Fig. 2

## § 5. Geometrische Darstellung der Addition und Subtraktion komplexer Zahlen.

Aus den Punkten, welche die beiden komplexen Zahlen $a + bi$ und $c + di$ geometrisch repräsentieren, läßt sich der ihre Summe darstellende Punkt nach folgender Vorschrift konstruieren:

I. *Man verbinde die beiden gegebenen Punkte mit dem Nullpunkt durch gerade Linien und vollende das dadurch bestimmte Parallelogramm; seine vierte Ecke ist der gesuchte Punkt.*

Der Beweis ergibt sich aus Fig. 3, in der die erforderlichen Hilfslinien gezogen sind. — Daß er auch gültig bleibt, wenn die gegebenen Punkte nicht beide im ersten Quadranten liegen, folgt aus den in § 4 getroffenen Bestimmungen über die Vorzeichen.

Eine andere Form der Vorschrift ist die folgende:

II. *Man nehme* $a + bi$ *zum Anfangspunkt einer Strecke, welche mit der von 0 nach* $c + di$ *parallel, gleichgerichtet und gleichlang ist; ihr Endpunkt ist dann* $(a + bi) + (c + di)$.

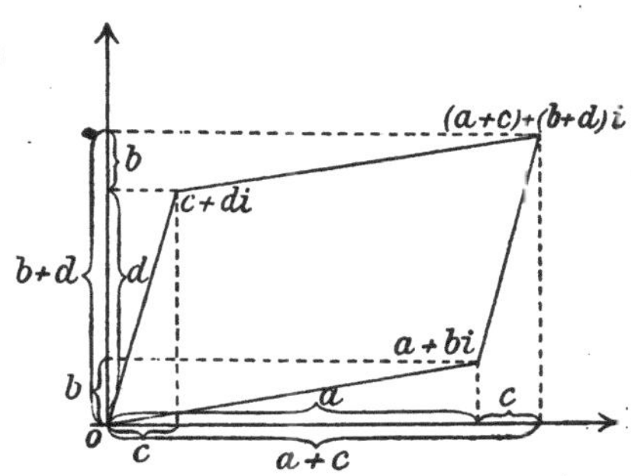

Fig. 3.

Von den in § 2 behandelten Eigenschaften der Addition folgt die Kommutativität aus der I., die Assoziativität aus der II. Form dieser Vorschrift. Darüber hinaus erhalten wir gleich ein erstes Beispiel für die Nutzbarmachung geometrischer Sätze zu analytischen Zwecken. Es gilt nämlich der elementargeometrische Satz: in jedem Dreieck ist jede Seite nicht größer[1] als die Summe (und nicht kleiner als die Differenz) der beiden andern Seiten. Aus ihm folgt auf Grund der Definition (III) von § 4 der folgende wichtige, namentlich bei Konvergenzbeweisen immer wieder zur Anwendung kommende Satz[2]:

III. *Der absolute Betrag der Summe zweier komplexen Zahlen ist nicht größer als die Summe (und nicht kleiner als die Differenz) der absoluten Beträge der Summanden.*

Wiederholte Anwendung der ersten Hälfte des Satzes III gibt den allgemeineren:

IV. *Der absolute Betrag der Summe beliebig vieler komplexer Zahlen ist nicht größer als die Summe ihrer absoluten Beträge.*

Die geometrische Darstellung der *Subtraktion* ergibt sich durch Umkehrung der durch Fig. 3 gegebenen Konstruktion:

V. *Um die Differenz der beiden gegebenen Punkte* $(a+bi)-(c+di)$ *geometrisch zu konstruieren, verbinde man die Punkte* $(a+bi)$ *und* $-(c+di)$ *mit dem Nullpunkt durch Gerade und vollende das dadurch bestimmte Parallelogramm; seine vierte Ecke ist der gesuchte Punkt.*

Oder:

Man nehme $a+bi$ zum Anfangspunkt einer Strecke, *die mit der von 0 nach* $c+di$ *parallel, gleichlang und entgegengesetzt gerichtet ist; ihr Endpunkt ist dann der gesuchte Punkt.*

---

[1] Die gewählte Ausdrucksweise berücksichtigt einen Grenzfall, der hier nicht ausgeschlossen werden darf: daß nämlich das Dreieck in eine gerade Linie ausartet.

[2] Ein algebraischer Beweis würde folgendermaßen zu führen sein:

$$|a+bi| = \sqrt{a^2+b^2}, \qquad |c+di| = \sqrt{c^2+d^2},$$
$$|a+bi+c+di|^2 = (a+c)^2+(b+d)^2,$$

also:

$$\left(|a+bi|+|c+di|\right)^2 - |a+bi+c+di|^2$$
$$= 2\sqrt{(a^2+b^2)(c^2+d^2)} - 2ac - 2bd$$
$$= 2\left[\sqrt{a^2c^2+b^2c^2+a^2d^2+b^2d^2} - \sqrt{a^2c^2+2abcd+b^2d^2}\right].$$

Aber

$$(ad-bc)^2 \geqq 0,$$

daher auch

$$a^2d^2+b^2c^2 \geqq 2abcd;$$

folglich ist der Ausdruck in [ ] nicht negativ, da die erste Wurzel positiv zu nehmen ist (mag die zweite Wurzel positiv oder negativ zu nehmen sein). Also ist auch

$$|a+bi|+|c+di| \geqq |a+bi+c+di|$$

w. z. b. w.

## § 6. Geometrische Darstellung der Multiplikation komplexer Zahlen.

Die in § 3, Gleichung (11) gegebene Definition des Produkts zweier komplexen Zahlen läßt sich auf Grund der Entwicklungen von § 4 auf eine Form bringen, aus der sich die geometrische Konstruktion des Produkts sofort wird ablesen lassen. Sei nämlich:

$$a + b i = r_1 (\cos \varphi_1 + i \sin \varphi_1),$$
$$c + d i = r_2 (\cos \varphi_2 + i \sin \varphi_2),$$

so folgt zunächst:

$$(a + b i)(c + d i) = r_1 r_2 [(\cos \varphi_1 \cos \varphi_2 - \sin \varphi_1 \sin \varphi_2) + i(\sin \varphi_1 \cos \varphi_2 + \cos \varphi_1 \sin \varphi_2)].$$

Das ist aber nach den Additionstheoremen der trigonometrischen Funktionen (A. A. § 74) nichts anderes als:

1) $$= r_1 r_2 [\cos(\varphi_1 + \varphi_2) + i \sin(\varphi_1 + \varphi_2)];$$

wir haben somit den Satz gewonnen:

I. *Der absolute Betrag eines Produkts ist gleich dem Produkt der absoluten Beträge der Faktoren, der Arcus des Produkts gleich der Summe ihrer Arcus.*

Da wir doch schon in § 3 gesehen haben, daß das Produkt zweier komplexen Zahlen eindeutig bestimmt ist, muß es hier für den Wert des Produkts gleichgültig sein, welche von den unendlich vielen Werten der Arcus der einzelnen Summanden (§ 4, VII) man nimmt. In der Tat kann man sich hiervon auch direkt überzeugen; vermehrt man den Arcus eines Faktors um irgend ein Vielfaches von $2\pi$, so vermehrt sich der Arcus des Produkts um dasselbe Vielfache, der Wert des Produkts selbst wird also nicht geändert.

Ein bemerkenswerter Spezialfall wird für $r_2 = r_1$, $\varphi_2 = -\varphi_1$ erhalten, nämlich:

2) $$(a + b i)(a - b i) = a^2 + b^2,$$

m. W.:

II. *Das Produkt zweier konjugiert komplexen Zahlen ist reell, nämlich gleich ihrer gemeinsamen Norm.*

Die Gleichung (1) läßt die Assoziativität und Kommutativität des Produkts unmittelbar erkennen; sie führt ferner zur geometrischen Konstruktion desselben. In Fig. 4 sei $c$ der Punkt, der das Produkt $a b$ geometrisch darstellt; es sei dann

$$\measuredangle 1 0 a = \varphi_1, \quad \measuredangle 1 0 b = \varphi_2, \quad \overline{0 a} = r_1, \quad \overline{0 b} = r_2,$$

so ist zufolge der Gleichung (1):

$$\measuredangle 1 0 c = \varphi_1 + \varphi_2, \quad \overline{0 c} = r_1 r_2,$$

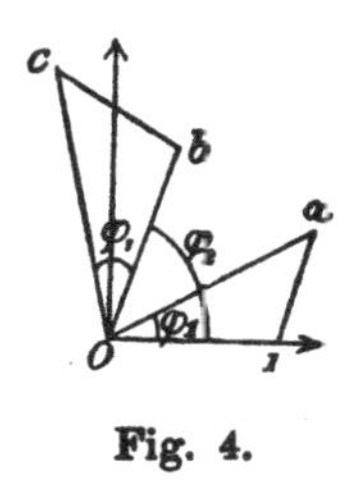

Fig. 4.

also:

$$\sphericalangle b\,0\,c = \varphi_1 = \sphericalangle 1\,0\,a\,, \quad \overline{0\,1} : \overline{0\,a} = \overline{0\,b} : \overline{0\,c}\,.$$

Demnach sind die Dreiecke $0\,1\,a$ und $0\,b\,c$ einander gleichstimmig ähnlich und die gesuchte Konstruktion ist folgende:

III. *Sind $a$, $b$ die Punkte, welche die zu multiplizierenden Zahlen geometrisch darstellen, so konstruiere man das zu $0\,1\,a$ gleichstimmig ähnliche Dreieck $0\,b\,c$; die dritte Ecke $c$ desselben stellt das Produkt $a\,b$ dar.*

Diese Konstruktion benutzt außer dem Nullpunkt auch den Einheitspunkt, was bei der Konstruktion der Summe in Fig. 3 nicht der Fall war.

## § 7. Division komplexer Zahlen.

I. *Den Quotienten zweier komplexen Zahlen $a:b$ definieren wir als diejenige komplexe Zahl $c$, die mit $b$ multipliziert $a$ ergibt.*

Die in § 6, I gegebene Darstellung des Produkts gestattet sofort die Lösung der durch diese Definition gestellten Aufgabe; man findet:

1) $$\frac{a}{b} = \frac{r_1}{r_2}\left[\cos(\varphi_1 - \varphi_2) + i \sin(\varphi_1 - \varphi_2)\right],$$

m. W.:

II. *Der absolute Betrag des Quotienten zweier komplexen Zahlen ist gleich dem Quotienten ihrer absoluten Beträge, sein Arcus gleich der Differenz ihrer Arcus* (gleich dem Winkel $b\,0\,a$).

Auch hier hat die Vieldeutigkeit der Arcus auf das Resultat keinen Einfluß. Denn vermehren wir den zuerst gewählten Arcus des Dividenden oder des Divisors um $2\pi$, so vermehrt, bzw. vermindert sich der nach der gegebenen Regel zu bildende Arcus des Quotienten um $2\pi$; weder das eine noch das andere ändert den Wert desselben. Wir können also sagen:

III. *Auch die Division zweier komplexen Zahlen ist eine stets ausführbare, eindeutig bestimmte Operation; allein den Fall ausgenommen, daß der Divisor gleich Null ist.*

Geht man von der trigonometrischen Darstellung der komplexen Zahlen wieder zu der ursprünglichen zurück, so findet man:

2) $$\frac{\alpha + \beta i}{\gamma + \delta i} = \frac{(\alpha\gamma + \beta\delta) + (-\alpha\delta + \beta\gamma)i}{\gamma^2 + \delta^2}.$$

Als speziellen Fall beachte man $r_1 = r_2$, $\varphi_2 = -\varphi_1$; man findet:

IV. *Der Quotient zweier konjugiert komplexen Zahlen ist eine Zahl vom absoluten Betrage 1.*

V. *Der Quotient von 1 durch eine komplexe Zahl $a$ heißt (wie bei reellen Zahlen) ihr reziproker Wert.* Ist:

$$a = \alpha + i\beta = r(\cos\varphi + i\sin\varphi),$$

so ist:

3) $$\frac{1}{a} = \frac{\alpha - i\beta}{\alpha^2 + \beta^2} = \frac{1}{r}(\cos\varphi - i\sin\varphi).$$

Vergleichung der Formeln zeigt, daß wie bei reellen Zahlen der Satz gilt:

VI. *Eine komplexe Zahl wird durch eine andere dividiert, indem man sie mit dem reziproken Wert der letzteren multipliziert.*

Daraus folgt dann weiter, daß auch für die Division komplexer Zahlen alle Regeln des Rechnens mit reellen Zahlen gelten. Indem wir dieses Resultat mit den Resultaten der vorhergehenden Paragraphen in einen Satz zusammenfassen, können wir sagen:

VII. *Im Gebiete der vier Grundrechnungsarten darf man mit komplexen Zahlen rechnen wie mit reellen.*

Es ist von Wichtigkeit, daß man sich den Inhalt dieser Aussage vollständig klar macht. Sie enthält einmal den *Lehrsatz*, daß es Verknüpfungen von Zahlen*paaren gibt,* welche denselben Regeln gehorchen, wie die mit den Namen Addition, Subtraktion usw. bezeichneten Verknüpfungen einzelner reeller Zahlen; sie enthält ferner die *konventionelle Festsetzung,* daß man für jene Verknüpfungen dieselben Namen und Zeichen beibehalten will, die für diese im Gebrauch sind.

Für Zahlentripel, Zahlenquadrupel usw. gilt *kein* entsprechender Satz. Man kann zwar Verknüpfungen derselben angeben — und zwar noch in mannigfaltiger Weise — welche *fast* allen Regeln des Rechnens mit reellen Zahlen gehorchen; aber man muß dabei doch immer entweder die eine oder die andere dieser Regeln preisgeben. Der Beweis dieses Satzes würde uns hier zu weit führen;[1] ebensowenig können wir auf die Frage eingehen, ob es nicht trotzdem für bestimmte Zwecke vorteilhaft ist, solche „höhere komplexe Zahlen" einzuführen, und auf welche von den Regeln der gemeinen Arithmetik man noch am ehesten verzichten kann.[2]

Wollten wir uns an den Entwicklungsgang der elementaren Algebra anschließen, so hätten wir uns nunmehr zu den sogen.

---

[1] Vgl. etwa D. Hilbert, Gött. Nachr. 1896 oder O. Stolz und A. Gmeiner, Theoretische Arithmetik, Lpz. 1902, Abschnitt X.

[2] Vgl. etwa H. Hankel, Theorie der komplexen Zahlensysteme (Lpz. 1867), sowie S. Lie, Kontinuierliche Gruppen, hsg. von G. Scheffers (Lpz. 1893), Kap. 21.

Operationen dritter Stufe, dem Potenzieren, Wurzelziehen und Logarithmieren, zu wenden; wir verschieben das jedoch auf später (§§ 18, 56, 63), bleiben zuerst bei den vier elementaren Operationen und sehen zu, was uns dieses Gebiet für neue Resultate liefert, wenn wir zu den Begriffen der Algebra noch die der Analysis angehörigen Begriffe der veränderlichen Größe und der Funktion (A. A. § 19) hinzunehmen.

---

# ZWEITER ABSCHNITT.

## Die rationalen Funktionen einer komplexen Veränderlichen und die durch sie vermittelten konformen Abbildungen.

### § 8. Allgemeine Vorbemerkungen; die Funktion $z + a$ und die Parallelverschiebung.

Wir wollen in diesem und in den folgenden Paragraphen unser Augenmerk auf den Fall richten, daß von den beiden durch eine unserer Elementaroperationen zu verbindenden komplexen Zahlen die eine als fest gegeben *(konstant)* angesehen wird, die andere als *variabel*, d. h. als ein Symbol, unter welchem im Laufe der Untersuchung immer andere und andere (komplexe) Werte verstanden werden sollen. Wir präzisieren das näher dahin, daß wir diese Zahl als *unbeschränkt veränderlich* ansehen wollen, d. h. als ein Symbol, unter welchem *jede beliebige* komplexe Größe verstanden werden darf. Wir wollen diesen Unterschied auch in der Bezeichnung zum Ausdruck bringen, indem wir, wie üblich, konstante Größen durch die ersten, variable durch die letzten Buchstaben des Alphabets bezeichnen.

Diese Unterscheidung zwischen konstanten und variabeln Größen bekommt ihre Bedeutung eigentlich erst, wenn wir zwei verschiedene Variable zueinander in Beziehung bringen. Setzen wir etwa, um gleich an das einfachste Beispiel anzuknüpfen:

1) $$z' = z + a,$$

so wird zugleich mit $z$ auch $z'$ eine veränderliche Größe sein. Ihre Veränderung ist aber durch die Gleichung (1) in bestimmter Weise an die Veränderung von $z$ gebunden; wir nennen sie deshalb eine Funktion[1] von $z$, und zwar eine rationale. Wir definieren nämlich:

I. *Eine komplexe Variable $z'$ heißt rationale Funktion einer andern $z$, wenn sie aus dieser und aus Konstanten durch eine endliche Anzahl von Additionen, Subtraktionen, Multiplikationen und Divisionen abgeleitet werden kann.*

II. *Wird von Divisionen kein Gebrauch gemacht,[2] so heißt die Funktion eine rationale ganze.*

Stellen wir $z$ und $z'$ in zwei verschiedenen Ebenen geometrisch dar, so stellt eine Gleichung:

$$z' = f(z) \tag{2}$$

eine *Abbildung* der $z$-Ebene auf die $z'$-Ebene dar, bei der jedem Punkt $z$ der ersteren ein Punkt $z'$ der letzteren entspricht. Deuten wir aber $z$ und $z'$ in derselben Ebene und unter Zugrundelegung desselben Achsensystems, so wird durch eine solche Gleichung jedem Punkt $z$ der Ebene ein bestimmter anderer Punkt $z'$ derselben zugeordnet; sie stellt, wie man sich ausdrückt, eine *Transformation der Ebene in sich* dar.

Was insbesondere die Gleichung (1) angeht, so zeigt die in Fig. 3 gegebene Konstruktion, daß ihr zufolge jeder Punkt $z'$ aus seinem entsprechenden $z$ erhalten wird, wenn man die ganze Ebene parallel mit sich selbst in der Richtung und um die Länge der Strecke $\overline{0\,a}$ verschiebt:

III. *Die durch Gleichung (1) dargestellte Transformation der Ebene in sich ist eine Parallelverschiebung (Translation) in der Richtung und um die Länge der Strecke $\overline{0\,a}$.*

Insbesondere beachte man:

IV. *Wird der Zusammenhang zwischen $z'$ und $z$ durch Gleichung (1) dargestellt, so ist jede aus Punkten $z'$ gebildete Figur zu der aus den entsprechenden Punkten $z$ gebildeten kongruent.*

---

[1] Wir werden später (in § 33) das Wort „Funktion einer komplexen Veränderlichen“ in einem engeren als dem hier angedeuteten Sinne definieren; es wird sich übrigens dann zeigen, daß die in diesem Abschnitt zu behandelnden rationalen Funktionen auch in jenem engeren Sinne „Funktionen“ ihres Arguments sind. Aus diesem Grunde mag es gestattet sein, hier „rationale Funktion von $z$“ zu definieren, ohne vorher förmlich definiert zu haben, was unter „Funktion von $z$“ überhaupt verstanden werden soll.

[2] Nur solche Divisionen sind hier auszuschließen, bei welchen der Nenner von $z$ abhängt; Division mit einer Konstanten ist Multiplikation mit ihrem reziproken Wert, also auch mit einer Konstanten (A. A. § 20).

## § 9. Die Funktion $az$.

Die nächst einfache rationale Funktion von $z$ ist das Produkt:

1) $$z' = az$$

aus $z$ und einer Konstanten $a$; wir fragen, was für Transformationen der Ebene in sich, bzw. was für Abbildungen der $z$-Ebene auf die $z'$-Ebene durch diese Gleichung je nach dem Werte von $a$ dargestellt sein mögen. Dabei müssen wir vor allem den Fall

$$a = 0$$

ausscheiden; in diesem wird $z' = 0$, was auch $z$ sein mag, und wir haben es folglich gar nicht mit einer eigentlichen Transformation zu tun. Dann betrachten wir zunächst zwei wichtige Spezialfälle.

Sei *erstens* $a$ eine Zahl vom absoluten Betrage 1, also (§ 4, V):

2) $$a = \cos\alpha + i \sin\alpha,$$

wo $\alpha$ ein reeller Winkel ist. Die in § 6, Fig. 4 gegebene Konstruktion des Produkts zeigt dann, daß die Strecke $oz'$ mit der Strecke $oz$ gleich lang ist, aber einen um die Konstante $\alpha$ größeren Winkel mit der $x$-Achse einschließt. Es wird also jeder Punkt $z'$ aus seinem entsprechenden $z$ erhalten, wenn man die ganze Ebene um den Nullpunkt durch den Winkel $\alpha$ dreht, m. a. W.:

I. *Die durch:*

3) $$z' = (\cos\alpha + i \sin\alpha) z$$

*($\alpha$ reell) dargestellte Transformation der Ebene in sich ist eine Drehung um den Nullpunkt durch den Winkel $\alpha$.*

(Insbesondere ist $z' = iz$ eine Drehung um einen rechten Winkel, $z' = -z$ eine Drehung um zwei Rechte.)

Wir fügen hinzu:

II. *Auch in diesem Fall (wie in dem § 8 behandelten) ist jede aus Punkten $z'$ gebildete Figur zu der aus den entsprechenden Punkten $z$ gebildeten kongruent.*

Sei *zweitens* $a$ eine reelle positive Zahl $r$. Dann liegen (vgl. wieder Fig. 4) je ein Punkt $z$ und sein entsprechender $z'$ auf einer Geraden durch den Nullpunkt und stehen in der Beziehung zueinander, daß die Länge der Strecke $\overline{0z'}$ zu der von $\overline{0z}$ ein konstantes Verhältnis hat. Wir sagen:

III. *Die durch:*

$$z' = rz$$

*($r$ reell positiv) dargestellte Transformation der Ebene in sich ist eine Streckung vom Nullpunkt aus.*

(Ist $r < 1$, so werden die vom Nullpunkt ausgehenden Strecken nicht verlängert, sondern verkürzt; das Wort „Streckung" soll beide Möglichkeiten umfassen.)

IV. *Bei dieser Transformation ist jede aus Punkten $z'$ gebildete Figur zu der aus den entsprechenden Punkten $z$ gebildeten zwar nicht kongruent, aber doch noch ähnlich.*

Nach Erledigung dieser beiden Spezialfälle gehen wir zum allgemeinen Fall der Transformation (1) über. Die Multiplikation mit:

$$a = r(\cos\alpha + i\sin\alpha)$$

kann vermöge der Assoziativität der Produktbildung (§ 3, Gleichung 12) dadurch geschehen, daß man erst mit $r$ und dann mit $\cos\alpha + i\sin\alpha$ multipliziert. Daraus folgt:

V. *Die allgemeine Transformation (1) setzt sich aus einer Drehung um den Nullpunkt durch den Arcus von $a$ und einer Streckung von ihm aus im Verhältnis $|a|:1$ zusammen; sie ist eine Ähnlichkeitstransformation mit dem Nullpunkt als Ähnlichkeitszentrum.*

Die Kommutativität der Multiplikation gibt noch den Satz, daß die Reihenfolge, in der Streckung und Drehung vorgenommen werden, für das Resultat gleichgültig ist. Man pflegt das so auszudrücken:

VI. *Streckung von einem Punkte aus und Drehung um denselben sind vertauschbare Transformationen.*

## § 10. Die lineare ganze Funktion und die allgemeine Ähnlichkeitstransformation.

I. *Ist eine komplexe Veränderliche $z'$ an eine andere $z$ durch eine Gleichung der Form gebunden:*

$$z' = az + b, \tag{1}$$

*in welcher $a$, $b$ beliebige komplexe Konstante bedeuten können, so sagen wir: $z'$ ist eine lineare ganze Funktion von $z$.*

Den Fall $a = 0$ dürfen wir wie in § 9 beiseite lassen; denn in diesem Fall stellt Gleichung (1) überhaupt keine eigentliche Transformation der Ebene in sich dar, es entspricht vielmehr einem beliebigen Punkte $z$ der feste Punkt $z' = b$. Ist aber:

$$a \neq 0, \tag{2}$$

so können wir die Transformation (1) in verschiedener Weise aus den uns bereits bekannten einfacheren Transformationen zusammensetzen. Wir können z. B. eine Hilfsvariable $z''$ durch die Gleichung:

$$z'' = az \tag{3}$$

einführen; dann drückt sich $z'$ durch dieses $z''$ folgendermaßen aus:

4) $$z' = z'' + b.$$

II. *Die durch (1) verlangte Transformation kann also dadurch erhalten werden, daß man zunächst (Gleichung 3) eine Streckung vom Anfangspunkte aus samt einer Drehung um ihn vornimmt und darauf (Gleichung 4) noch eine Parallelverschiebung folgen läßt.*

Man kann auch (immer unter Voraussetzung der Ungleichung (2)) erst eine Hilfsvariable $z'''$ durch:

5) $$z''' = z + \frac{b}{a}$$

einführen; dann wird:

6) $$z' = a z'''.$$

III. *Die allgemeine Transformation (1) kann also auch dadurch erhalten werden, daß man die Ebene erst parallel mit sich verschiebt und dann streckt und dreht.*

Dabei ist zu beachten, daß zwar der Koeffizient der Streckung und Drehung in (6) derselbe ist wie in (3), daß aber die Koeffizienten der Parallelverschiebung in (4) und (5) nur für $a = 1$ übereinstimmen, d. h. wenn überhaupt keine Streckung und Drehung daneben in Frage kommt. Wir heben das im Gegensatz zu § 9, VI ausdrücklich durch den Satz hervor:

IV. *Parallelverschiebung einerseits, Drehung mit Streckung andererseits sind nicht vertauschbare Operationen.*

Auf eine dritte bemerkenswerte Darstellung der durch (1) gegebenen Transformation der Ebene in sich werden wir geführt, wenn wir die Frage aufwerfen, ob bei ihr bestimmte Punkte *festbleiben*, d. h. analytisch ausgedrückt, ob es Werte $z$ gibt, welche mit den ihnen vermöge (1) entsprechenden Werten $z'$ zusammenfallen. Für jeden solchen Wert muß:

7) $$z = a z + b$$

sein; diese Gleichung hat, wenn $a \neq 1$ ist, eine und nur eine Wurzel. Bezeichnen wir sie mit $\zeta$, so erhalten wir:

8) $$\zeta = \frac{b}{1 - a}.$$

Führen wir diese Größe an Stelle von $b$ in die Gleichung (1) ein, so können wir diese schreiben:

9) $$z' - \zeta = a(z - \zeta).$$

Die Transformation (1) kann also auch dadurch bewerkstelligt werden, daß man nacheinander die drei einfacheren Transformationen:

$$z'' = z - \zeta, \quad z''' = a z'', \quad z' = z''' + \zeta$$

ausführt, m. a. W. daß man erst die Ebene so parallel mit sich selbst verschiebt, daß der frühere Punkt $z = \zeta$ in den Nullpunkt zu liegen kommt; daß man dann eine Streckung von diesem Punkt aus und eine Drehung um ihn vornimmt; daß man endlich diesen Punkt wieder in seine frühere Lage $z = \zeta$ zurückführt. Dabei erhält man aber, wie man geometrisch einsieht, dasselbe Resultat, wie wenn man einfach vom Punkte $z = \zeta$ aus gestreckt und um ihn gedreht hätte; man kann demnach den Satz aussprechen:

V. *Ist $a \neq 1$, so kann die durch (1) geforderte Transformation der Ebene in sich auch dadurch geschehen, daß man sie um den Punkt:*

$$z = \frac{b}{1 - a}$$

*durch den Arcus von $a$ dreht und im Verhältnis $|a| : 1$ von diesem Punkt aus streckt; also wird bei ihr jede Figur in eine zu ihr ähnliche übergeführt.*

Man kann zu demselben Resultat auch noch auf einem etwas andern Wege gelangen. Man kann nämlich eine Gleichung der Form:

10) $$Z = f(z)$$

auch noch anders deuten, als wir es seit § 8 zu tun gewohnt sind: Statt $Z$ und $z$ als komplexe Zahlen zu betrachten, die zwei *verschiedenen Punkten* der Ebene in bezug auf *dasselbe Koordinatensystem* zugehören, können wir die Gleichung auch so auffassen, daß durch sie *dem Punkte*, der für ein bestimmtes Koordinatensystem die komplexe Zahl $z$ repräsentiert, noch *eine andere komplexe Zahl $Z$* zugeordnet wird. Hat die Gleichung (10) insbesondere die Form:

11) $$Z = z - \zeta,$$

so kann man diese Zahl $Z$ auch so beschreiben: Wenn man den Punkt, der im alten Koordinatensystem $\zeta$ hieß, zum Nullpunkt eines neuen Koordinatensystems macht, dessen Achsen zu denen des alten parallel sind, und dessen Längeneinheit der des alten gleich ist, so erhält der Punkt, der in bezug auf das alte Koordinatensystem $z$ hieß, in bezug auf das neue die Zahl $Z$. Der Punkt, der in bezug auf das alte Koordinatensystem $z'$ hieß, erhält dann im neuen die Zahl:

12) $$Z' = z' - \zeta$$

zugeordnet. Die Beziehung zwischen den Punkten $z$ und $z'$, die im alten Koordinatensystem durch die Gleichung (1), bzw. (9) ausgedrückt war, drückt sich im neuen durch die Gleichung:

13) $$Z' = aZ$$

aus, d. h. sie ist eine Ähnlichkeitstransformation, deren Ähnlichkeitszentrum im neuen System 0, also im alten $\zeta$ heißt. Damit ist Satz V von neuem abgeleitet.

Wir können aber auch die Umkehrung dieses Satzes beweisen. Denn eine „direkte" Ähnlichkeitstransformation der Ebene ist bestimmt, sobald zu zwei verschiedenen Punkten $z_1$, $z_2$ die entsprechenden $z'_1$, $z'_2$ gegeben sind; zu jedem dritten Punkte $z_3$ ist nämlich dann der entsprechende $z'_3$ dadurch eindeutig festgelegt, daß die Dreiecke $z_1 z_2 z_3$ und $z'_1 z'_2 z'_3$ einander gleichstimmig ähnlich sein müssen. Man kann aber immer eine Transformation der Gestalt (1) angeben, welche $z_1$, $z_2$ bzw. in $z'_1$, $z'_2$ überführt. Denn dazu ist nur nötig, daß $a$ und $b$ die Gleichungen erfüllen:

14) $$z'_1 = a z_1 + b, \quad z'_2 = a z_2 + b;$$

die aus diesen Gleichungen sich ergebenden Werte:

15) $$a = \frac{z'_2 - z'_1}{z_2 - z_1}, \quad b = \frac{z'_1 z_2 - z'_2 z_1}{z_2 - z_1}$$

sind aber unter der getroffenen Voraussetzung $z_2 \neq z_1$ endlich und bestimmt; wir können sagen:

VI. *Jede Transformation der Ebene in sich, welche jede Figur der Ebene in eine zu ihr gleichstimmig ähnliche überführt, läßt sich in der Form (1) ausdrücken.*[1]

Zum Zwecke späterer Verwendung wollen wir noch die Bedingung für die gleichstimmige Ähnlichkeit zweier Dreiecke durch die ihre Ecken darstellenden komplexen Zahlen ausdrücken. Sollen die Dreiecke $z_1 z_2 z_3$ und $z'_1 z'_2 z'_3$ ähnlich sein, so müssen die in (15) gefundenen Werte von $a$ und $b$ auch noch die Gleichung

$$z'_3 = a z_3 + b$$

erfüllen; das ist dann und nur dann der Fall, wenn:

16) $$\frac{z'_3 - z'_1}{z_3 - z_1} = \frac{z'_2 - z'_1}{z_2 - z_1}$$

ist. Hier können wir die gestrichenen Buchstaben auf die eine, die ungestrichenen auf die andere Seite des Gleichheitszeichens bringen und den Satz so formulieren:

[1] Als Beispiel dafür, wie sich geometrische Sätze durch die Rechnung mit komplexen Zahlen ergeben, mag angeführt werden, daß aus VI und V der Satz folgt:

Jede direkte Ähnlichkeitstransformation der Ebene, die nicht eine bloße Parallelverschiebung ist, kann aufgefaßt werden als Drehung um den einzigen bei ihr festbleibenden Punkt, verbunden mit einer Streckung von diesem Punkte aus.

VII. *Die notwendige und hinreichende Bedingung für die gleichstimmige Ähnlichkeit zweier Dreiecke $z_1 z_2 z_3$ und $z'_1 z'_2 z'_3$ ist die, daß der Quotient:*

$$\frac{z_3 - z_1}{z_2 - z_1} = \frac{z'_3 - z'_1}{z'_2 - z'_1} \tag{17}$$

*d. h. gleich ist dem entspechenden aus den gestrichenen Buchstaben gebildeten Quotienten.*

Dasselbe Resultat läßt sich übrigens auch geometrisch erhalten. Denn der absolute Betrag der Differenz $z_2 - z_1$ ist nach § 5, V gleich der Länge der Strecke von $z_1$ nach $z_2$, ihr Arcus gleich dem Winkel, den diese Strecke mit der Halbachse der positiven reellen Zahlen einschließt; und entsprechendes gilt von der Differenz $z_3 - z_1$. Der absolute Betrag des Quotienten auf der linken Seite der Gleichung (17) ist also gleich dem Verhältnis zweier Längen der Seiten des Dreiecks $z_1 z_2 z_3$, sein Arcus gleich dem von ihnen eingeschlossenen Winkel; und da von der rechten Seite entsprechendes gilt, so sagt die Gleichung aus, daß die beiden Dreiecke $z_1 z_2 z_3$ und $z'_1 z'_2 z'_3$ ähnlich sind. Daß die Ähnlichkeit gleichstimmig ist, ergibt sich bei dieser Art der Untersuchung daraus, daß der Arcus einer komplexen Größe auch dem Vorzeichen nach bestimmt ist.

Gelegentlich werden wir die Gleichung (17) in der Determinantenform

$$\begin{vmatrix} z'_1 & z_1 & 1 \\ z'_2 & z_2 & 1 \\ z'_3 & z_3 & 1 \end{vmatrix} = 0 \tag{18}$$

benutzen.

## § 11. Die Funktion $\frac{1}{z}$ und die Transformation durch reziproke Radien.

Die Untersuchung des Quotienten, betrachtet als eine Funktion des Dividenden, führt wegen des Satzes VI von § 7 auf die im § 9 erledigte Untersuchung des Produkts; betrachtet man ihn als eine Funktion des Divisors, so läßt sich die Untersuchung wegen desselben Satzes auf den Fall zurückführen, daß der Zähler = 1 ist. Es bleibt die Frage: Welche Transformation der Ebene in sich wird durch die Funktion:

$$z' = \frac{1}{z} \tag{1}$$

vermittelt?

Setzen wir, um das zu untersuchen:

$$z = x + iy = r(\cos\varphi + i\sin\varphi)$$
$$z' = x' + iy' = r'(\cos\varphi' + i\sin\varphi'),$$

so ergibt sich aus § 7 Gleichung (3):

$$2) \qquad r' = \frac{1}{r}, \; \varphi' = -\varphi, \; \text{also: } x' = \frac{x}{x^2 + y^2}, \; y' = \frac{-y}{x^2 + y^2}.$$

Die durch diese Gleichungen dargestellte Transformation läßt sich aus zwei geometrisch einfacheren zusammensetzen, die einzeln für sich betrachtet nicht durch rationale Funktionen einer komplexen Variabeln vermittelt werden. Führen wir nämlich erst die Hilfstransformation:

$$4) \qquad \bar{r} = r, \quad \bar{\varphi} = -\varphi$$

oder

$$5) \qquad \bar{x} = x, \quad \bar{y} = -y$$

aus, so müssen wir nachher noch:

$$6) \qquad r' = \frac{1}{\bar{r}}, \quad \varphi' = \bar{\varphi}$$

oder

$$7) \qquad x' = \frac{\bar{x}}{\bar{x}^2 + \bar{y}^2}, \quad y' = \frac{\bar{y}}{\bar{x}^2 + \bar{y}^2}$$

ausführen, um die Transformation (1) zu erhalten.

I. *Die Gleichungen (4) resp. (5) stellen* (vgl. § 4, VIII) *den Übergang von jeder komplexen Größe zu ihrer konjugierten dar, geometrisch die Spiegelung an der Achse der reellen Zahlen.*

II. *Die durch die Gleichungen (6) dargestellte Transformation heißt (wegen der ersten derselben) Transformation durch reziproke Radien in bezug auf den Einheitskreis oder auch Spiegelung*[1] *am Einheitskreis.* Wir müssen vor allem ihre wesentlichsten Eigenschaften entwickeln.

III. *Die Transformation (6) ist involutorisch, d. h. je zwei Punkte entsprechen sich bei ihr gegenseitig.* Die Gleichungen (6) gehen nämlich in sich über, wenn man $r'$ mit $\bar{r}$ und $\varphi'$ mit $\bar{\varphi}$ vertauscht; den Gleichungen (7) sieht man diese Eigenschaft zwar nicht unmittelbar an, kann sie aber durch eine kleine Rechnung bestätigen.

---

[1] In übertragenem Sinne; das Spiegelungsgesetz der Optik ist ein anderes. Dagegen ist die hier behandelte Transformation für die Elektrostatik von Wichtigkeit; man spricht dort, wenn man sie benutzt, vom „Prinzip der Thomsonschen Bilder".

IV. *Liegt der Punkt $\bar r$, $\bar\varphi$ außerhalb des Einheitskreises, so wird der Punkt $r'$, $\varphi'$ konstruiert, indem man von ($\bar r$, $\bar\varphi$) an den Einheitskreis die Tangenten legt und die Verbindungslinie ihrer Berührungspunkte mit dem nach ($\bar r$, $\bar\varphi$) gehenden Radius zum Schnitt bringt.* (Fig. 5.) Zu einem innerhalb des Einheitskreises gelegenen Punkt wird der entsprechende (wegen III) durch Umkehrung dieser Konstruktion erhalten. Jeder Punkt des Einheitskreises entspricht sich selbst.

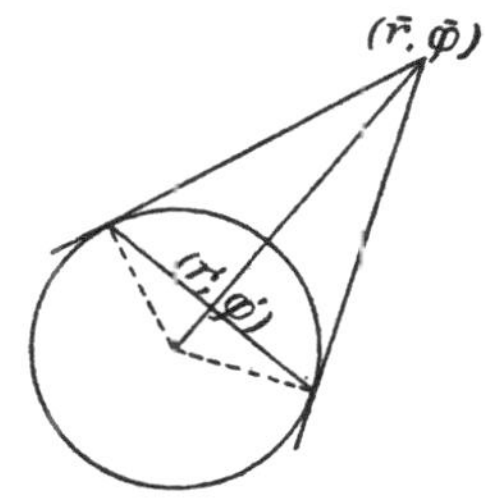

Fig. 5.

Eine weitere wesentliche Eigenschaft unserer Transformation ist, daß sie Kreise in Kreise überführt, d. h. daß bei ihr den sämtlichen Punkten eines beliebigen Kreises Punkte entsprechen, die wieder auf einem Kreise liegen. Denn wenn die Koordinaten eines Punktes $\bar x$, $\bar y$ der Gleichung:

$$8)\qquad a(\bar x^2 + \bar y^2) + b\bar x + c\bar y + d = 0$$

genügen, die bei geeigneter Wahl der Koeffizienten jeden beliebigen Kreis darzustellen imstande ist, so genügen nach (7) $x'$, $y'$ der Gleichung:

$$9)\qquad d(x'^2 + y'^2) + bx' + cy' + a = 0,$$

die ebenfalls im allgemeinen einen Kreis, nur für $d = 0$ eine gerade Linie darstellt. Der ausgesprochene Satz ist also richtig, wenn eine gerade Linie als Spezialfall eines Kreises angesehen wird; genau präzisiert würde er folgendermaßen auszusprechen sein:

V. *Einem Kreise, der nicht durch den Nullpunkt geht ($a \neq 0$, $d \neq 0$), entspricht wieder ein Kreis, der nicht durch den Nullpunkt geht; einem Kreise durch den Nullpunkt ($a \neq 0$, $d = 0$) eine Gerade, die nicht durch den Nullpunkt geht; eine Gerade durch den Nullpunkt ($a = 0$, $d = 0$) sich selbst.*

Wir fügen noch bei

Va. *Parallelen Geraden entsprechen Kreise mit gemeinsamer Tangente im Nullpunkt.*

Ferner hat die Transformation durch reziproke Radien die Eigenschaft, daß die Winkel bei ihr erhalten bleiben, d. h. daß der Winkel, unter dem sich irgend zwei Kurven schneiden, gleich ist dem Winkel, unter dem sich die beiden entsprechenden Kurven schneiden. Man erschließt die allgemeine Richtigkeit dieses Satzes am einfachsten, indem man zuerst den Spezialfall behandelt, daß eine der beiden Linien eine Gerade durch den Nullpunkt ist. Sind nämlich $PP'$ und $QQ'$ zwei Paare einander entsprechender Punkte (Fig. 6), so ist nach Gleichung (6):

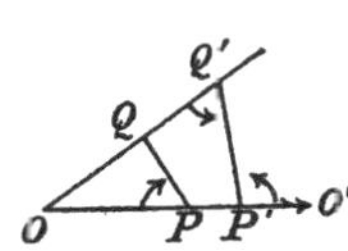

Fig. 6.

$$\overline{OP}.\overline{OP'} = \overline{OQ}.\overline{OQ'} = 1$$

also:

$$\triangle OPQ \sim \triangle OQ'P'$$

und insbesondere:

10) $$\sphericalangle OPQ = \sphericalangle OQ'P'.$$

Läßt man nun den Punkt $Q$ dem Punkte $P$ auf einer bestimmten Kurve sich nähern, so nähert sich auch der Punkt $Q'$ dem Punkte $P'$ auf der entsprechenden Kurve; $PQ$, $P'Q'$ werden die Tangentenrichtungen der beiden Kurven, $\sphericalangle OQ'P'$ wird in der Grenze gleich $\sphericalangle O'P'Q'$, und es folgt:

11) $$\sphericalangle OPQ = \sphericalangle O'P'Q',$$

w. z. b. w. Zu beachten ist dabei nur noch, daß das Gleichheitszeichen hier nur von der *absoluten* Größe der Winkel zu verstehen ist; der *Sinn* der beiden einander entsprechenden Winkel ist der entgegengesetzte, und der abgeleitete Satz ist daher vollständig folgendermaßen zu formulieren:

Je zwei einander entsprechende Kurven bilden mit irgend einer sich selbst entsprechenden Geraden gleiche Winkel entgegengesetzten Sinnes.

Da nun der Winkel irgend zweier Linien gleich ist der Summe resp. Differenz der beiden Winkel, welche die beiden Linien mit einer dritten einschließen, so folgt:

VI. *Der Winkel, unter welchem sich irgend zwei Kurven schneiden, ist entgegengesetzt gleich dem Winkel, unter welchem sich die beiden Kurven schneiden, die den ersteren bei der Transformation durch reziproke Radien entsprechen.*

Da uns Transformationen dieser Art öfter begegnen werden, wollen wir hier gleich einen Namen für sie einführen. Wir definieren:

VII. *Eine Transformation, bei welcher der Winkel zwischen irgend zwei Kurven gleich ist dem Winkel zwischen den entsprechenden Kurven, heißt eine konforme (auch wohl isogonale, winkeltreue oder „in den kleinsten Teilen ähnliche") Abbildung.*

Je nachdem dabei auch der Sinn der Winkel erhalten bleibt oder geändert wird, spricht man von einer konformen Abbildung *„ohne"* oder *„mit Umlegung der Winkel"*. Satz VI würde mit Benutzung dieser Terminologie so zu formulieren sein:

VIII. *Die Transformation durch reziproke Radien ist eine konforme Abbildung mit Umlegung der Winkel.*

Die durch die Gleichungen (4) oder (5) dargestellte Spiegelung an der $x$-Achse ist eine Abbildung derselben Art. Setzen wir, um zu der ursprünglich vorgelegten Transformation (1) zu gelangen, die beiden Transformationen (4) und (6) zusammen, so heben sich die beiden Änderungen des Sinnes der Winkel gegenseitig auf; wir können also sagen — und das ist das wichtigste Resultat dieses Paragraphen —:

IX. *Die Transformation $z' = z^{-1}$ ist eine konforme Abbildung ohne Umlegung der Winkel.*

## § 12. Die Division durch Null; der Wert unendlich einer komplexen Variabeln.

Während die Addition, Subtraktion und Multiplikation auch im Gebiete der komplexen Zahlen, wie wir gesehen haben, ausnahmslos ausführbare Operationen sind, ist das mit der Division nicht der Fall; es gibt unter den bisher von uns eingeführten Zahlen keine, die mit Null multipliziert eine gegebene von Null verschiedene Zahl $a$ lieferte, die also als Resultat der durch

$$\frac{a}{0}$$

geforderten Division, gemäß der Definition dieser Operation in § 7, angesehen werden könnte. Infolgedessen ist auch die im vorigen Paragraphen behandelte Funktion $z' = \frac{1}{z}$ für $z = 0$ nicht definiert, anders ausgedrückt: wenn die $z$-Ebene vermittelst dieser Funktion konform auf die $z'$-Ebene abgebildet wird, ist der Nullpunkt der $z$-Ebene ein Ausnahmepunkt der Abbildung, indem ihm kein Punkt der $z'$-Ebene entspricht.

Nun ist man in der Mathematik gewohnt, solche Ausnahmen durch neue konventionelle Festsetzungen aus der Ausdrucksweise der Sätze zu entfernen. Wollen wir das hier tun, so müssen wir definieren:

I. *Außer den bereits eingeführten komplexen Zahlen und ihren Symbolen führen wir noch eine neue „unendlich“ mit dem Symbol $\infty$ ein, welche als Resultat der Division $\frac{1}{0}$ angesehen werden soll.*

Dieser analytischen Definition geht dann die folgende geometrische parallel:

II. *Außer den in angebbarer Entfernung befindlichen Punkten der Ebene schreiben wir ihr noch einen unendlich entfernten Punkt zu, der als Bild des Nullpunkts bei Transformation durch reziproke Radien angesehen werden soll.*

Wir müssen dann vor allem festsetzen, wie mit diesen Worten und Zeichen operiert werden soll. Nach der analytischen Seite dienen dazu die Festsetzungen:

1) III. $a + \infty = \infty + a = \infty$

2) IV. $a \,.\, \infty = \infty \,.\, a = \infty\,, \quad (a \neq 0)$,

von denen man zeigen kann, daß sie die in § 2 und § 3 besprochenen Grundgesetze der Addition und Multiplikation befriedigen; aus ihnen folgen für die inversen Operationen die Definitionen:

3) $\infty - a = \infty\,,$

4) $a - \infty = \infty\,,$

5) $\frac{a}{\infty} = 0\,,$

6) $\frac{\infty}{a} = \infty\,, \quad (a \neq 0)\,.$

Die Zeichen:

$$\infty \pm \infty\,, \quad 0.\infty\,, \quad \frac{0}{0}\,, \quad \frac{\infty}{\infty}$$

bleiben dagegen auch jetzt noch vollständig unbestimmt, insofern jede Zahl der durch sie geforderten Operation genügt. Wie man sieht, ist durch diese Festsetzungen das angestrebte Ziel der Beseitigung von Ausnahmen aus den Sätzen nur sehr unvollkommen erreicht: wir haben zwar keinen Fall mehr, in dem eine unserer Operationen unausführbar wäre, haben aber dafür statt der einen unbestimmten Form 0/0 deren jetzt im ganzen fünf.

Nach der geometrischen Seite können wir uns für den Augenblick begnügen, darauf hinzuweisen, daß der Ausdruck: „Kreis durch zwei endliche Punkte und den unendlich fernen Punkt“ soviel bedeutet als: „Gerade durch jene zwei Punkte“, so daß der Satz V des § 11 einfach folgende Fassung erhält: *dem Kreis durch 3 Punkte entspricht der Kreis durch die 3 entsprechenden Punkte*; im übrigen können wir auf den nächsten Paragraphen verweisen.

Daß derartige konventionelle Festsetzungen, nach welchen gewissen Worten und Zeichen gegen vorher eine erweiterte Bedeutung beigelegt wird, zulässig sind, haben wir im ersten Abschnitt wiederholt erörtert; ebenso daß über ihre Zweckmäßigkeit allein der Erfolg entscheiden kann. Man darf sich auch nicht daran stoßen, daß in einem anderen Gebiete der ebenen Geometrie, der projektiven, eine andere Festsetzung (unendlich viele unendlich ferne Punkte, die eine unendlich ferne Gerade erfüllen) sich als zweckmäßig erwiesen hat: man kann nicht verlangen, daß eine und dieselbe Festsetzung für alle Zwecke ausreicht.

In den Elementen der Analysis wird das Wort „unendlich" nur in Bedingungssätzen gebraucht (vgl. A. A. § 63); hier reden wir von unendlich wie von einem festen Wert. In welcher Beziehung diese beiden Auffassungen zueinander stehen, das zu erörtern wird später (§ 31) Gelegenheit und Veranlassung sein, wenn wir jene elementare Auffassung des Unendlichen auf komplexe Größen übertragen haben werden.

## § 13. Übergang von der Ebene zur Kugel durch stereographische Projektion.

Wir haben bisher unsere komplexen Zahlen durch Punkte der Ebene dargestellt, aber schon bei Einführung dieser Darstellung (in § 4) erwähnt, daß irgend eine Fläche dazu dienlich ist. Insbesondere bietet sich die *Kugel* dar, und wir wollen die bereits eingeführte Darstellung der komplexen Zahlen durch die Punkte der Ebene von dieser auf die Kugel übertragen. Wir verfahren dazu folgendermaßen:

I. *Wir legen eine Kugel vom Durchmesser 1 so auf unsere (horizontal gedachte) $xy$-Ebene, daß sie diese im Nullpunkt $O$ berührt. Den diesem letzteren Punkt diametral gegenüberliegenden (höchsten) Punkt der Kugel nennen wir $O'$; von ihm aus projizieren wir die Punkte der Ebene durch gradlinige Projektionsstrahlen auf die Kugel.*

Diese Projektionsart wird unter dem Namen der *stereographischen Projektion* seit alter Zeit in der Kartographie benutzt; ihre wichtigsten Eigenschaften sind die folgenden:

II. *Jedem Punkte der Ebene entspricht ein und nur ein Punkt der Kugel*; denn jeder Projektionsstrahl schneidet die Kugel außer in $O'$ nur noch in einem weiteren Punkte.

III. *Umgekehrt entspricht jedem Kugelpunkt ein Punkt der Ebene.* Dabei würde der Punkt $O'$ zunächst auszunehmen sein; aber wir können diese Ausnahme beseitigen, indem wir wie im vorigen Paragraphen der Ebene einen unendlich fernen Punkt zuschreiben und diesen dem Punkt $O'$ zuordnen.

IV. *Jeder Geraden der Ebene entspricht ein durch $O'$ gehender Kreis der Kugel, und umgekehrt.*

V. *Zwei solche Kreise der Kugel schneiden sich unter demselben Winkel, wie die entsprechenden Geraden der Ebene.*

Um diesen Satz zu beweisen, legen wir die Zeichnungsebene der Fig. 7 durch die Scheitel $P$, $\Pi$ beider Winkel. Der Winkel an $P$ bestimmt mit $O'P$ einen Keil; dieser wird von den Tangentialebenen der Kugel in $O$ und in $\Pi$ in zwei Winkeln geschnitten, von denen der erste der Winkel zwischen den Geraden der Ebene ist, der zweite aber gleich dem Winkel zwischen den entsprechenden Kreisen der Kugel; denn seine Schenkel sind Tangenten dieser Kreise. Diese beiden Ebenen stehen aber zu der Ebene der Zeichnung normal, und ihre Spuren $\Pi T$, $PT$ schließen mit $\Pi P$ entgegengesetzt gleiche Winkel ein. (Es ist nämlich $\sphericalangle \Pi P O = \sphericalangle \Pi O O'$, weil jeder dieser Winkel den Winkel $\Pi O' O$ zu einem rechten ergänzt, und $\sphericalangle P \Pi T = \sphericalangle O' O \Pi$, als Peripheriewinkel über demselben Bogen $O'\Pi$.) Also sind die beiden Tangentialebenen in bezug auf die Kante des Keils antiparallel und schneiden ihn folglich unter gleichen Winkeln. Also sind auch die beiden zu vergleichenden Winkel gleich; w. z. b. w.

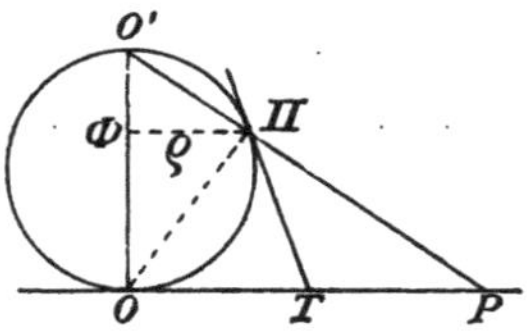

Fig. 7.

Nun werden durch die Projektion unendlich benachbarte Punkte der Ebene in unendlich benachbarte Punkte der Kugel, also auch einander berührende Kurven der Ebene in einander berührende Kurven der Kugel übergeführt. Infolgedessen kann aus Satz V sofort die folgende Verallgemeinerung desselben erschlossen werden:

VI. *Irgend zwei Kurven der Kugel schneiden sich in jedem einzelnen ihrer Schnittpunkte je unter demselben Winkel, wie die entsprechenden Kurven der Ebene in dem entsprechenden Schnittpunkte.*

Weitere Sätze wollen wir mit Hilfe analytischer Geometrie ableiten. Wir führen ein rechtwinkliges Raumkoordinatensystem der $\xi$, $\eta$, $\zeta$ ein, dessen $\xi$- und $\eta$-Achse bzw. mit der $x$- und $y$-Achse unserer $(x + iy)$-Ebene zusammenfallen, während die positive Richtung der $\zeta$-Achse in $OO'$ fällt; in bezug auf dieses Koordinatensystem lautet die Gleichung der Kugel:

$$1) \qquad \xi^2 + \eta^2 = \zeta(1 - \zeta).$$

Einem Punkte der Ebene mit den Koordinaten $x$, $y$ und dem Radiusvector $r = \sqrt{x^2 + y^2}$ entspricht dann ein Kugelpunkt $(\xi, \eta, \zeta)$, für dessen $\zeta$-Koordinate und Abstand $\varrho$ von der $\zeta$-Achse die ähnlichen Dreiecke $O'\Phi\Pi$, $\Pi\Phi O$, $O'OP$ der Fig. 7 die Doppelproportion liefern:

$$(1 - \zeta) : \varrho = \varrho : \zeta = 1 : r.$$

Aus ihr ergibt sich:

2) $$r = \frac{\zeta}{\varrho} = \frac{\varrho}{1-\zeta}$$

und hieraus weiter:

3) $$r^2 = \frac{\zeta}{1-\zeta}, \quad 1 + r^2 = \frac{1}{1-\zeta},$$

sowie umgekehrt:

4) $$\zeta = \frac{r^2}{1+r^2}, \quad \varrho = \frac{r}{1+r^2}.$$

Ferner ist nach Konstruktion:

$$x : y : r = \xi : \eta : \varrho;$$

also findet man:

VII. *Die Koordinaten eines Kugelpunktes drücken sich, wie folgt, durch die Koordinaten des entsprechenden Punktes der Ebene aus:*

5) $$\xi = \frac{x}{1+r^2}, \quad \eta = \frac{y}{1+r^2}, \quad \zeta = \frac{r^2}{1+r^2}.$$

VIII. *Umgekehrt drücken sich Koordinaten und Radiusvector eines Punktes der Ebene, wie folgt, durch die Koordinaten des entsprechenden Kugelpunktes aus:*

6) $$x = \frac{\xi}{1-\zeta}, \quad y = \frac{\eta}{1-\zeta}, \quad r^2 = \frac{\zeta}{1-\zeta}.$$

Aus diesen Formeln können wir sofort den Satz ableiten:

IX. *Jedem Kreise der Ebene entspricht ein Kreis der Kugel, und umgekehrt.*

Denn den Punkten der Ebene, die der Kreisgleichung:

7) $$a r^2 + b x + c y + d = 0$$

genügen, entsprechen die Kugelpunkte, deren Koordinaten durch die Gleichung verbunden sind:

8) $$a\zeta + b\xi + c\eta + d(1-\zeta) = 0;$$

das ist aber die Gleichung einer Ebene, und diese schneidet die Kugel in einem Kreise. — Die Umkehrung setzt übrigens voraus, daß das Wort „Kreis“ (der Ebene) wie im vorigen Paragraphen im erweiterten Sinne genommen wird, so daß es die Gerade mit einschließt.

Wir übertragen nunmehr unsere geometrische Darstellung der komplexen Zahlen von der Ebene auf die Kugel:

X. *Wir weisen jedem Kugelpunkt diejenige komplexe Zahl $z = x + iy$ zu, die bisher seiner stereographischen Projektion auf die Ebene zugeordnet war.*

Dabei entsprechen also z. B. den reellen, bzw. rein imaginären Zahlen auf der Kugel die Punkte der „Meridiane“ $\eta = 0$, bzw. $\xi = 0$; den Zahlen vom absoluten Betrage 1 die Punkte des „Äquators“ $\zeta = \frac{1}{2}$. Entgegengesetzten komplexen Zahlen (§ 2, IV) entsprechen Kugelpunkte, die zur $\zeta$-Achse symmetrisch liegen; konjugiert komplexen (§ 4, VIII) solche, die zur $\xi\zeta$-Ebene symmetrisch liegen. Der in § 12 eingeführten Zahl $\infty$ entspricht auf der Kugel ebenso wie jeder andern komplexen Zahl ein und nur ein Punkt, nämlich $O'$.

Mit Hilfe dieser Deutung der komplexen Zahlen auf der Kugel können wir nun auch die Frage beantworten, welche Transformationen der Kugel (statt der Ebene) in sich die früher untersuchten Funktionen darstellen. Die in § 8—10 besprochenen Funktionen liefern für die Kugel nichts Einfacheres als für die Ebene; anders ist es mit der Funktion von § 11. Seien zunächst $(x, y)$ und $(x', y')$ zwei Punkte der Ebene, die bei Transformation durch reziproke Radien in bezug auf den Einheitskreis einander entsprechen; $(\xi\,\eta\,\zeta)$ und $(\xi'\,\eta'\,\zeta')$ seien bzw. ihre stereographischen Projektionen auf die Kugel. Setzen wir dann in die Gleichungen (2) des § 11 beiderseits aus den Gleichungen (6) des jetzigen und aus den entsprechenden in akzentuierten Buchstaben geschriebenen Gleichungen die Werte von $x$, $y$, $r^2$, bzw. $x'$, $y'$, $r'^2$ ein, so gehen jene Gleichungen über in:

$$\frac{\xi'}{1-\zeta'} = \frac{\xi}{\zeta}, \qquad \frac{\eta'}{1-\zeta'} = \frac{\eta}{\zeta}, \qquad \frac{\zeta'}{1-\zeta'} = \frac{1-\zeta}{\zeta};$$

aus ihnen folgt:

9) $$\xi' = \xi, \qquad \eta' = \eta, \qquad \zeta' - \tfrac{1}{2} = -(\zeta - \tfrac{1}{2}),$$

d. h.:

XI. *Der Transformation durch reziproke Radien in bezug auf den Einheitskreis in der Ebene entspricht vermöge stereographischer Projektion auf der Kugel die Spiegelung an der Äquatorebene* $\zeta - \frac{1}{2} = 0$.

Die durch $z' = z^{-1}$ vermittelte Transformation der Ebene in sich setzte sich zusammen aus der Transformation durch reziproke Radien in bezug auf den Einheitskreis und aus der Spiegelung an der Achse der reellen Zahlen. Die entsprechende Transformation der Kugel in sich setzt sich also zusammen aus den beiden Spiegelungen an der Äquatorebene und an der Meridianebene $\eta = 0$. Nun setzen sich zwei Spiegelungen an zwei zueinander senkrechten Ebenen zusammen zu der „Spiegelung an ihrer Schnittlinie“, d. h. zu der Transformation, welche jedem Punkt den zu ihm bezüglich dieser Schnittlinie symmetrischen zuordnet; diese Transformation kann auch bewirkt werden, indem man die Kugel um diese Schnittlinie als Achse durch $180^0$ dreht. Also können wir schließlich den Satz aussprechen:

XII. *Die Transformation $z' = z^{-1}$ stellt eine Drehung der Kugel durch $180^0$ um den durch die Punkte $z = 1$ und $z = -1$ gehenden Durchmesser vor.*

In der Ebene war der Nullpunkt der Transformation $z' = z^{-1}$ gegenüber insofern ausgezeichnet, als ihm kein eigentlicher Punkt entsprach. Auf der Kugel ist das, wie wir sehen, anders, dort entspricht ihm sein Gegenpol $O'$. Wir sagen:

XIII. *Die Transformation $z' = z^{-1}$ ist für alle Punkte der Kugel ausnahmslos umkehrbar eindeutig; jedem Punkt $z$ entspricht ein und nur ein Punkt $z'$, und umgekehrt.*

Wir folgern ferner aus der in XII enthaltenen geometrischen Darstellung:

XIV. *Bei der Transformation $z' = z^{-1}$ fallen zwei und nur zwei Punkte $z$ mit ihren entsprechenden $z'$ zusammen, nämlich $z = 1$ und $z = -1$.*

Wir können jetzt auch auf die im vorigen Paragraphen hinausgeschobene Frage zurückkommen, wie die Sätze der ebenen Geometrie sich gestalten, wenn man die dort eingeführte konventionelle Festsetzung trifft: man sieht, daß diese Konvention darauf hinauskommt, die Ebene als unendlich große Kugel zu betrachten und die Sätze der gewöhnlichen sphärischen Geometrie auf die Ebene zu übertragen. Auf weitere Einzelheiten wollen wir auch hier nicht eingehen; nur das sei noch bemerkt: die den größten Kreisen der Kugel entsprechenden Kreise der Ebene können dadurch charakterisiert werden, daß sie den Einheitskreis je in Endpunkten eines Durchmessers schneiden.

Anhangsweise sei noch beigefügt: Verbinden wir mit der Transformation (XII) noch die Spiegelung an der zu jenem Durchmesser senkrechten $\eta\zeta$-Ebene, welche $x + iy$ in $-x + iy$ überführt, so finden wir:

XV. *Die Transformation, welche jeden Kugelpunkt durch den ihm diametral gegenüberliegenden ersetzt, drückt sich analytisch aus durch die Gleichung:*

$$x' + iy' = -\frac{1}{x - iy}$$

oder

$$10) \qquad x' = \frac{-x}{x^2 + y^2}, \quad y' = \frac{-y}{x^2 + y^2}.$$

Zwei komplexe Größen, welche in der durch (10) gegebenen Beziehung zueinander stehen, nennt man deshalb wohl *diametral.*

## § 14. Die allgemeine lineare gebrochene Funktion und die Kreisverwandtschaft.

Indem wir in der Untersuchung der rationalen Funktionen einer Veränderlichen von einfacheren zu komplizierteren fortschreiten, gelangen wir zunächst zu der *allgemeinen gebrochenen linearen Funktion:*

1) $$z' = \frac{a z + b}{c z + d}.$$

Wir untersuchen vorweg den Fall:

2) $$a d - b c = 0$$

oder

$$a : b = c : d.$$

In diesem Fall wird die Transformation:

3) $$z' = \frac{a\left(z + \frac{b}{a}\right)}{c\left(z + \frac{b}{a}\right)};$$

allen Punkten $z$, mit Ausnahme von $z = -\frac{b}{a}$ entspricht also der eine Punkt $z' = \frac{a}{c}$, und allen Punkten $z'$, ausgenommen diesen einen, der eine Punkt $z = -\frac{b}{a}$; wir haben es mit einer ausgearteten Transformation zu tun und können diesen Fall im folgenden ausschließen. Dann unterscheiden wir noch zwei Fälle:

I. *Im Falle*

$$c = 0, \qquad d \neq 0$$

*reduziert sich $z'$ auf die lineare ganze Funktion:*

4) $$z' = \frac{a}{d} z + \frac{b}{d};$$

deren Untersuchung ist in § 10 bereits erledigt, wir dürfen daher auch diesen Fall hier ausschließen.

II. *Im Falle:*

5) $$c \neq 0$$

*können wir die Transformation (1) aus den folgenden drei einfacheren zusammensetzen: wir setzen erst:*

6) $$z'' = z + \frac{d}{c},$$

*hierauf:*

7) $$z''' = \frac{1}{z''},$$

*endlich:*

8) $$z' = \frac{a}{c} + \frac{bc - ad}{c^2} z'''.$$

Von diesen ist die zweite die in § 11 behandelte, die erste und dritte sind Ähnlichkeitstransformationen (§ 10). Alle drei haben demnach die Eigenschaft, daß sie Kreise in Kreise überführen; dieselbe Eigenschaft muß folglich auch der aus ihnen zusammengesetzten Transformation (1) zukommen. Definieren wir also:

III. *Zwei Punkt für Punkt aufeinander bezogene Ebenen heißen kreisverwandt, wenn jedem Kreise der einen Ebene ein Kreis der andern entspricht —*

so können wir den Satz aussprechen:

IV. *Durch die lineare gebrochene Funktion (1) wird die z-Ebene auf die z'-Ebene kreisverwandt abgebildet.*

Da jede der drei Transformationen (6)—(8) die Winkel unverändert läßt, gilt dasselbe auch von dem Resultat ihrer Zusammensetzung; wir können also hinzufügen (vgl. § 11, VII):

V. *Die Abbildung ist eine konforme ohne Umlegung der Winkel.*

Man unterscheidet wohl „direkte" und „inverse" Kreisverwandtschaft, je nachdem der Sinn der Winkel bei einer solchen erhalten bleibt oder geändert wird. In unserem Fall haben wir mit direkter Kreisverwandtschaft zu tun; inverse würden wir zwischen den Ebenen der $z$ und der $z'$ erhalten, wenn wir $z'$ einer linearen Funktion des zu $z$ konjugierten Wertes $\bar{z}$ gleichsetzen würden.

Die Gesamtheit der Transformationen (1) besitzt eine wichtige Eigenschaft, die wir nicht unerwähnt lassen dürfen. Setzen wir neben (1) noch:

9) $$z'' = \frac{a' z' + b'}{c' z' + d'};$$

so folgt durch elementare Rechnung:

10) $$z'' = \frac{a'' z + b''}{c'' z + d''},$$

wo die zweigestrichenen Koeffizienten sich folgendermaßen aus den ungestrichenen und eingestrichenen zusammensetzen:

11) $$\begin{aligned} a'' &= a a' + c b' \qquad & b'' &= b a' + d b' \\ c'' &= a c' + c d' \qquad & d'' &= b c' + d d'. \end{aligned}$$

Wir können also zunächst einfach sagen:

VI. *Eine lineare Funktion von einer linearen Funktion ist selbst eine lineare Funktion;*
wir wollen aber diesen Satz mit Benutzung eines wichtigen allgemeinen Begriffs noch anders formulieren. Man definiert nämlich:

VII. *Eine Gesamtheit von Transformationen heißt eine Gruppe, wenn die Aufeinanderfolge zweier beliebig aus der Gesamtheit herausgegriffenen Transformationen stets wieder eine Transformation ergibt, die selbst in der Gesamtheit enthalten ist.*

Damit lautet Satz VI so:

VIII. *Die Gesamtheit der linearen Transformationen bildet eine Gruppe.*

(Auch die speziellen in den §§ 8, 9, 10 behandelten Gesamtheiten linearer Transformationen bilden jede für sich eine Gruppe; alle diese Gruppen sind als „*Untergruppen*" in der Gruppe aller linearen Transformationen enthalten.)

Wir können übrigens die Transformation (1) noch auf mannigfache andere Arten aus einfacheren Transformationen zusammensetzen (man vergleiche immer die entsprechenden Entwicklungen von § 10). Fragen wir, indem wir die Ebenen von $z$ und von $z'$ zusammenfallen lassen, nach den *Fixpunkten der Transformation (1)*, d. h. nach denjenigen Punkten, die bei ihr in sich übergehen, so haben wir zu deren Bestimmung $z = z'$ zu setzen; wir erhalten so die Gleichung zweiten Grades[1]:

12) $$c z^2 + (d - a) z - b = 0 .$$

Sind die beiden Wurzeln dieser Gleichung, $\zeta_1$, $\zeta_2$, voneinander verschieden, so bilden wir die lineare Funktion von $z'$:

13) $$Z = \frac{z' - \zeta_1}{z' - \zeta_2} .$$

Diese ist nach VI eine lineare Funktion von $z$, die wir ausrechnen könnten; kürzer gelangen wir durch folgende Überlegung zum Ziele: Für $z = \zeta_1$ wird auch $z' = \zeta_1$, also $Z = 0$; für $z = \zeta_2$ wird auch $z' = \zeta_2$, also $Z = \infty$. Eine lineare Funktion von $z$ aber, die für $z = \zeta_1$ Null und für $z = \zeta_2$ unendlich wird, muß von der Form sein:

$$Z = \varkappa \frac{z - \zeta_1}{z - \zeta_2} ,$$

[1] Wir setzen hier die elementare Theorie der Gleichungen zweiten Grades als bekannt voraus; übrigens werden wir auf sie zurückzukommen haben (§ 58).

wo $\varkappa$ ein noch zu bestimmender Faktor ist. Dieser bestimmt sich hier etwa daraus, daß für $z = 0$, $z' = b/d$ werden muß[1]; es muß also:

$$\frac{b - d\zeta_1}{b - d\zeta_2} = \varkappa \frac{\zeta_1}{\zeta_2}$$

sein, woraus:

$$\varkappa = \frac{\zeta_2}{\zeta_1} \cdot \frac{b - d\zeta_1}{b - d\zeta_2} = \frac{a - c\zeta_1}{a - c\zeta_2} \tag{14}$$

folgt (die letzte Umformung ergibt sich daraus, daß $\zeta_1$ und $\zeta_2$ beide der Gleichung (12) genügen). Somit haben wir gefunden:

IX. *Sind die Wurzeln der Gleichung (12) voneinander verschieden, so läßt sich die Beziehung (1) zwischen $z'$ und $z$ auf die Form bringen:*

$$\frac{z' - \zeta_1}{z' - \zeta_2} = \frac{a - c\zeta_1}{a - c\zeta_2} \cdot \frac{z - \zeta_1}{z - \zeta_2}. \tag{15}$$

Sind aber die beiden Wurzeln der Gleichung (12) einander gleich, beide $= \zeta$, so setzen wir:

$$Z = \frac{1}{z' - \zeta}. \tag{16}$$

Das ist dann eine lineare Funktion von $z$, die für $z = \zeta$ unendlich wird, also von der Form:

$$\frac{\alpha z + \beta}{z - \zeta}$$

sein muß. Zur Bestimmung der Koeffizienten $\alpha$, $\beta$ ziehen wir hier zunächst die Überlegung heran, daß die aus

$$\frac{1}{z' - \zeta} = \frac{\alpha z + \beta}{z - \zeta}$$

für $z' = z$ hervorgehende Gleichung:

$$(\alpha z + \beta - 1)(z - \zeta) = 0$$

mit der Gleichung (12) identisch sein, also ebenfalls $\zeta$ zur Doppelwurzel haben muß; es muß folglich:

$$\alpha\zeta + \beta - 1 = 0$$

sein, so daß $Z$ die Form erhalten kann:

$$\frac{1}{z - \zeta} + \alpha.$$

$\alpha$ bestimmt sich wieder aus irgend zwei zusammengehörigen Werten von $z$ und $z'$, am einfachsten $z = \infty$, $z' = \frac{a}{c}$; man findet:

$$\alpha = \frac{c}{a - c\zeta}$$

[1] Irgend ein anderes Paar zusammengehöriger Werte von $z$ und $z'$ muß natürlich dasselbe Resultat geben; man prüfe etwa $z = -\frac{d}{c}$, $z' = \infty$.

oder, da in unserem Fall $\zeta = \frac{a-d}{2c}$ ist,

$$\alpha = \frac{2c}{a+d}. \tag{17}$$

Somit haben wir:

X. *Sind die Wurzeln der Gleichung (10) einander gleich, beide $= \zeta$, so läßt sich die Beziehung (1) zwischen z' und z auf die Form bringen:*

$$\frac{1}{z'-\zeta} = \frac{1}{z-\zeta} + \frac{2c}{a+d}. \tag{18}$$

Die beiden Gleichungsformen (15) und (18) gestatten nun eine einfach geometrische Deutung. Setzen wir, um zunächst Gleichung (15) zu interpretieren:

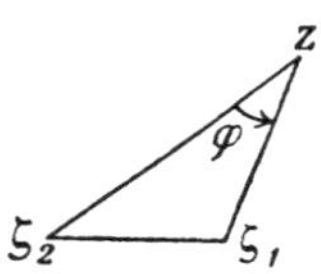

Fig. 8.

$$\begin{aligned} \frac{z-\zeta_1}{z-\zeta_2} &= \varrho(\cos\varphi + i\sin\varphi), \\ \frac{z'-\zeta_1}{z'-\zeta_2} &= \varrho'(\cos\varphi' + i\sin\varphi'), \\ \varkappa &= m(\cos\psi + i\sin\psi), \end{aligned}$$

so können wir jene Gleichung in die beiden folgenden zerlegen:

$$\varrho' = m\varrho, \quad \varphi' = \varphi + \psi. \tag{19}$$

Nun ist (vgl. § 7, II) $\varrho$ das Verhältnis der beiden Längen $\overline{z\zeta_1}$ und $\overline{z\zeta_2}$, $\varphi$ der Winkel $\zeta_2 z \zeta_1$. Nach elementargeometrischen Sätzen ist also der geometrische Ort der Punkte, für welche

$$\varrho = \text{const.} \tag{20}$$

ist, ein Kreis, dessen Mittelpunkt auf der Verbindungslinie $\zeta_1\zeta_2$ liegt und der die Eigenschaft hat, daß $\zeta_1$ und $\zeta_2$ vermöge Transformation durch reziproke Radien in bezug auf ihn auseinander hervorgehen; der geometrische Ort der Punkte, für welche

$$\varphi = \text{const.} \tag{21}$$

ist, ein Kreis durch $\zeta_1$ und $\zeta_2$. Wir können also sagen:

XI. *Die Transformation (15) führt jedes der beiden Kreissysteme (20) und (21) in sich über; alle Punkte eines Kreises $\varrho = a$ (bzw. $\varphi = \alpha$) werden in Punkte des demselben System angehörenden Kreises $\varrho' = ma$ (bzw. $\varphi' = \alpha + \psi$) übergeführt.*

Wir beachten noch einen Augenblick die beiden Spezialfälle $m = 1$ (d. h. $|\varkappa| = 1$) und $\psi = 0$ oder $= \pi$ (d. h. $\varkappa$ reell):

XII. *Im ersten dieser Spezialfälle wird jeder Kreis des ersten Systems, im zweiten jeder Kreis des zweiten Systems in sich transformiert.*

Eine wichtige Eigenschaft der beiden Kreissysteme (20), (21) ist:

XIII. *Jeder Kreis des einen Systems schneidet jeden Kreis des andern Systems rechtwinklig.*

Man kann das entweder aus elementargeometrischen Sätzen ableiten oder durch folgende Überlegung:

Die beiden genannten Systeme werden durch die lineare Transformation:

$$Z = \frac{z - \zeta_1}{z - \zeta_2}$$

übergeführt einerseits in das System $|Z| = \text{const.}$, d. h. das System konzentrischer Kreise um den Nullpunkt, andererseits in das System $\operatorname{arc} Z = \text{const.}$, d. h. das System der Geraden durch den Nullpunkt. Diese beiden Systeme aber sind zueinander orthogonal; und da eine lineare Transformation nach (V) die Winkel nicht verändert, so sind auch die beiden erstgenannten Systeme zueinander orthogonal.

Der Spezialfall (X) kann aus dem allgemeinen Fall (IX) durch einen geeigneten Grenzübergang abgeleitet werden. Lassen wir nämlich den Punkt $\zeta_1$ in bestimmter Richtung an den Punkt $\zeta_2$ heranrücken, so geht das System der Kreise durch $\zeta_1$ und $\zeta_2$ über in das System derjenigen Kreise, die durch $\zeta_2$ gehen und in diesem Punkte die genannte Richtung zur Tangentenrichtung haben; das System der Kreise, die ihren Mittelpunkt auf $\overline{\zeta_1 \zeta_2}$ haben und die Strecke $\overline{\zeta_1 \zeta_2}$ harmonisch teilen, geht über in das System derjenigen Kreise, die durch $\zeta_2$ hindurchgehen und deren Mittelpunkt auf der gemeinsamen Tangente der Kreise des ersten Systems liegt, die also in $\zeta_2$ ebenfalls eine gemeinsame Tangentenrichtung senkrecht zur ersten haben.

Analytisch ist dieser Grenzübergang folgendermaßen zu vollziehen: man setze:

$$\zeta_2 = \zeta, \qquad \zeta_1 = \zeta - \delta, \qquad \frac{c}{a - c\zeta} = \alpha;$$

dann nimmt Gleichung (15) die Gestalt an:

$$22) \qquad 1 + \frac{\delta}{z' - \zeta} = (1 + \alpha\delta)\left(1 + \frac{\delta}{z - \zeta}\right).$$

Multipliziert man aus, hebt 1 beiderseits weg, dividiert mit $\delta$ und setzt nach der Division $\delta = 0$, so erhält man Gleichung (18). In diese Rechnung tritt die Richtung, in welcher $\zeta_1$ dem $\zeta_2$ sich nähert, gar nicht ein; wir müssen also (was aus unserer ersten geometrischen Überlegung nicht unmittelbar hervorging) jedesmal dieselbe spezielle Transformation (18) aus der allgemeinen (15) erhalten, in welcher Richtung wir auch $\zeta_1$ an $\zeta_2$ heranrücken lassen.

Bei jedem solchen Grenzübergang finden wir zwei Kreissysteme, die bei (18) in sich übergeführt werden, aber jedesmal andere; wir müssen also schließen, daß die Transformation (18) überhaupt *jedes* System von Kreisen durch $\zeta$ mit gemeinsamer Tangente in sich überführt.

Um das an den Formeln zu zeigen, setzen wir wieder

$$\frac{1}{z-\zeta} = Z = X + iY,$$

$$\frac{1}{z'-\zeta} = Z' = X' + iY',$$

$$\alpha = \beta + i\gamma,$$

so daß Gleichung (18) in die beiden folgenden zerfällt:

$$23)\qquad X' = X + \beta, \quad Y' = Y + \gamma;$$

aus ihnen folgt:

$$24)\qquad (\lambda X' + \mu Y') = (\lambda X + \mu Y) + (\lambda\beta + \mu\gamma),$$

d. h. bei der Transformation (18) wird jedes Liniensystem:

$$25)\qquad \lambda X + \mu Y = \text{const.}$$

in sich übergeführt. Diese Gleichung (25) stellt in der $Z$-Ebene ein System von parallelen Geraden vor; durch die Transformation:

$$z - \zeta = \frac{1}{Z}$$

werden dieselben nach § 11, Va übergeführt in Kreise mit gemeinsamer Tangente im Punkte $\zeta$. Alle Systeme der letzteren Art gehen also bei der Transformation (18) in sich über; wir können sagen:

XIV. *Es gibt unendlich viele Systeme von Kreisen, von denen jedes bei der speziellen Transformation (18) in sich übergeführt wird: nämlich jedes System von Kreisen durch $\zeta$ mit gemeinsamer Tangente hat diese Eigenschaft.*

Wir müssen aber beifügen:

XV. *Unter diesen Systemen ist eines dadurch ausgezeichnet, daß jeder Kreis desselben einzeln in sich übergeführt wird.*

Man erhält dieses System, wenn man in (24) $\lambda$ und $\mu$ so wählt, daß

$$\lambda\beta + \mu\gamma = 0$$

wird.

## § 15. Das Doppelverhältnis als Invariante gegenüber linearer Transformation.

In § 10 haben wir gesehen, daß zwei gegebene Punkte $z$ durch eine Ähnlichkeitstransformation $z' = az + b$ in zwei gegebene Punkte $z'$ übergeführt werden können; die zwei zur Verfügung stehenden

Konstanten $a$, $b$ ließen sich den Bedingungen der Aufgabe gemäß bestimmen.

Der allgemeine Typus der linearen gebrochenen Transformationen (§ 14, 1) scheint auf den ersten Blick vier disponible Konstante zu enthalten; aber von diesen ist eine überzählig. Wir können nämlich sagen:

I. *Multiplizieren wir die vier Koeffizienten $a$, $b$, $c$, $d$ mit einem und demselben Faktor $m$, so hat das auf die lineare Transformation gar keinen Einfluß; dieselbe hängt also nicht von vier, sondern in Wirklichkeit nur von drei voneinander unabhängigen willkürlichen Konstanten ab.*

(Man könnte im allgemeinen die Formel so umgestalten, daß nur drei Konstante in ihr auftreten, indem man $m$ gleich dem reziproken Werte eines der Koeffizienten setzte, so daß an Stelle dieses Koeffizienten eine 1 erschiene; aber dadurch würde man diejenigen Transformationen ausschließen, in welchen dieser Koeffizient $= 0$ ist.)

Man wird also die Koeffizienten einer linearen Transformation stets so bestimmen können, daß drei Bedingungen genügt wird; natürlich bedarf es im einzelnen Fall der Untersuchung, ob die Bedingungen einander nicht widersprechen. Wird z. B. verlangt, eine lineare Transformation anzugeben, welche drei gegebene Punkte $z_1$, $z_2$, $z_3$ in drei andere gegebene Punkte überführt, so hat man die drei Gleichungen anzusetzen:

1) $$z'_i = \frac{a z_i + b}{c z_i + d} \quad (i = 1, 2, 3)$$

oder:

$$c z_i z'_i + d z'_i - a z_i - b = 0 \quad (i = 1, 2, 3).$$

Das sind drei lineare Gleichungen zur Bestimmung der drei Verhältnisse der vier Koeffizienten. Wie die Determinantentheorie zeigt (A. A. § 31), ist es stets möglich, diese Verhältnisse den Gleichungen (1) gemäß zu bestimmen, und zwar nur auf eine Weise, sofern nicht etwa alle vier Determinanten der Matrix:

$$\left\| \begin{matrix} z_1 z'_1 & z'_1 & z_1 & 1 \\ z_2 z'_2 & z'_2 & z_2 & 1 \\ z_3 z'_3 & z'_3 & z_3 & 1 \end{matrix} \right\|$$

Null sind. Aber:

$$\begin{vmatrix} z'_1 & z_1 & 1 \\ z'_2 & z_2 & 1 \\ z'_3 & z_3 & 1 \end{vmatrix} = 0$$

sagt nach § 10, Gleichung (18) aus, daß die Dreiecke $(z_1 z_2 z_3)$ und $(z'_1 z'_2 z'_3)$ einander ähnlich sind;

$$\begin{vmatrix} z_1 z'_1 & z_1 & 1 \\ z_2 z'_2 & z_2 & 1 \\ z_3 z'_3 & z_3 & 1 \end{vmatrix} = 0 \quad \text{oder:} \quad \begin{vmatrix} z'_1 & 1 & \frac{1}{z_1} \\ z'_2 & 1 & \frac{1}{z_2} \\ z'_3 & 1 & \frac{1}{z_3} \end{vmatrix} = 0$$

sagt aus, daß $\triangle (z'_1 z'_2 z'_3) \sim \triangle \left(\frac{1}{z_1} \frac{1}{z_2} \frac{1}{z_3}\right)$. Wäre beides der Fall, so wäre auch $\triangle \left(\frac{1}{z_1} \frac{1}{z_2} \frac{1}{z_3}\right) \sim \triangle (z_1 z_2 z_3)$, also:

$$\begin{vmatrix} \frac{1}{z_1} & z_1 & 1 \\ \frac{1}{z_2} & z_2 & 1 \\ \frac{1}{z_3} & z_3 & 1 \end{vmatrix} = 0 \quad \text{oder:} \quad \begin{vmatrix} 1 & z_1^2 & z_1 \\ 1 & z_2^2 & z_2 \\ 1 & z_3^2 & z_3 \end{vmatrix} = 0,$$

d. h.:

$$(z_1 - z_2)(z_2 - z_3)(z_3 - z_1) = 0,$$

m. a. W. es müßten zwei der Punkte $z$ zusammenfallen.[1] Wir können also, wenn wir diesen Fall beiseite lassen, den Satz aussprechen:

II. *Es gibt stets eine und nur eine lineare Transformation, welche drei gegebene voneinander verschiedene Punkte $z$ in drei gegebene Punkte $z'$ überführt.*

Natürlich müssen auch die drei Punkte $z'$ voneinander verschieden sein, wenn die Transformation nicht ausarten soll (§ 14, 2).

Als *Beispiel zu Satz II* wollen wir die Aufgabe behandeln, das Innere des Einheitskreises der $z$-Ebene konform auf diejenige Halbebene der $z'$-Ebene abzubilden, deren Punkte komplexe Größen mit positivem Faktor von $i$ darstellen. Zu diesem Zwecke können wir drei beliebigen Punkten des Einheitskreises der $z$-Ebene drei beliebige reelle Werte von $z'$ zuordnen; nur muß, wenn der durch die Reihenfolge $z_1 z_2 z_3$ festgelegte Durchlaufungssinn auf dem Einheitskreis die Fläche desselben zur Linken läßt, auch der entsprechende Durchlaufungssinn $z'_1 z'_2 z'_3$ auf der Achse der reellen Zahlen die

[1] In dieser Rechnung sind $z_1$, $z_2$, $z_3$ als von 0 verschieden vorausgesetzt. Den Fall, daß eine dieser Größen $= 0$ sein sollte, kann man durch eine Hilfstransformation — etwa durch eine solche der einfachen Form $z' = z + f$ — auf den allgemeinen Fall zurückführen.

genannte Halbebene (wir nennen sie kurz die „positive Halbebene") zur Linken lassen. Das ist z. B. der Fall, wenn wir den Punkten

$$z_1 = 1, \quad z_2 = i, \quad z_3 = -1$$

bzw. die Punkte

$$z'_1 = 0, \quad z'_2 = 1, \quad z'_3 = \infty$$

zuordnen. Man erhält die Gleichungen:

2) $$\frac{a+b}{c+d} = 0, \quad \frac{ai+b}{ci+d} = 1, \quad \frac{a-b}{c-d} = \infty$$

oder: $$a + b = 0, \quad b - d = i(c - a), \quad c - d = 0;$$

wird also, was hier zulässig, $d = 1$ gesetzt, so folgt $a = -i$, $b = i$, $c = 1$, d. h. man erhält:

3) $$z' = i\frac{1-z}{1+z} \text{ und daraus umgekehrt: } z = \frac{i-z'}{i+z'}.$$

Wir verfolgen die durch diese Formeln vermittelte Abbildung der $z$-Ebene auf die $z'$-Ebene noch etwas weiter. Den Werten:

$$z = 0 \quad 1 \quad i \quad -1 \quad -i \quad \infty$$

entsprechen

$$z' = i \quad 0 \quad 1 \quad \infty \quad -1 \quad -i.$$

Der Achse der reellen Zahlen $z$ entspricht die Achse der rein imaginären Zahlen $z'$, der Achse der rein imaginären Zahlen $z$ der Einheitskreis der $z'$-Ebene (vgl. § 7, IV). Durch die genannten Linien zerfallen die beiden Ebenen in je acht Gebiete (denen auf der Kugel Oktanten entsprechen); diese sind einander so zugeordnet, wie in Fig. 9 angegeben.

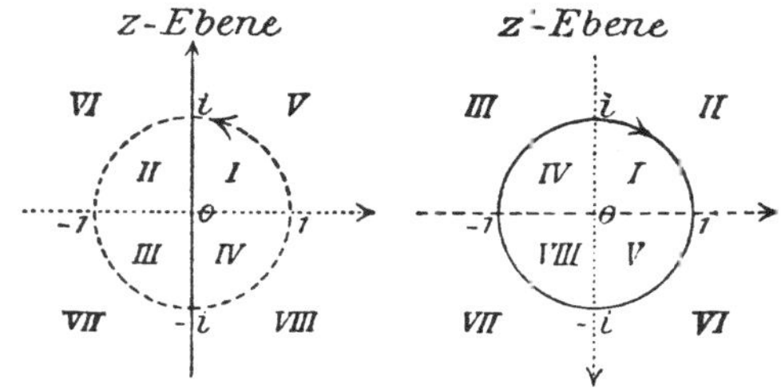

Fig. 9.

Sollen nicht nur drei, sondern *vier* Punkte $z$ durch eine lineare Transformation in vier Punkte $z'$ übergeführt werden, so muß eine Bedingung erfüllt sein; wir finden diese Bedingung am kürzesten durch folgende Überlegung: Die in § 10, Gleichung 16 bereits betrachtete Funktion von drei Punkten $(z_1 - z_2)/(z_3 - z_2)$ geht durch die lineare Transformation (1) über in:

$$\frac{z'_1 - z'_2}{z'_3 - z'_2} = \frac{cz_3 + d}{cz_1 + d} \cdot \frac{z_1 - z_2}{z_3 - z_2},$$

d. h. in ihren ursprünglichen Wert, multipliziert mit einem Faktor, der $z_2$ nicht mehr enthält. Bilden wir also den Quotienten aus dieser Funktion und einer entsprechenden, in der nur $z_2$ durch $z_4$ ersetzt ist, so fällt jener Faktor weg; wir finden:

$$4)\qquad \frac{z'_1 - z'_2}{z'_3 - z'_2} : \frac{z'_1 - z'_4}{z'_3 - z'_4} = \frac{z_1 - z_2}{z_3 - z_2} : \frac{z_1 - z_4}{z_3 - z_4}.$$

Um dieses Resultat bequem aussprechen zu können, definieren wir:

III. *Unter dem Doppelverhältnis der vier Punkte* $(z_1\, z_2\, z_3\, z_4)$ — *in dieser Reihenfolge — verstehen wir den Quotienten:*

$$5)\qquad \frac{z_1 - z_2}{z_3 - z_2} : \frac{z_1 - z_4}{z_3 - z_4} = (z_1\, z_2\, z_3\, z_4);$$

dann können wir sagen:

IV. *Soll es eine lineare Transformation geben, welche vier gegebene Punkte z in vier gegebene Punkte z' überführt, so muß das Doppelverhältnis der Punkte z gleich sein dem Doppelverhältnis der in entsprechender Reihenfolge genommenen Punkte z'.*

Wir fügen sogleich hinzu:

V. *Diese Bedingung ist nicht nur notwendig, sondern auch hinreichend, sofern die vier gegebenen Punkte alle voneinander verschieden sind.*

Denn bestimmt man nach II diejenige lineare Transformation, welche die Punkte $z_1, z_2, z_3$ bzw. in $z'_1, z'_2, z'_3$ überführt, so hat sie die Eigenschaft, den Punkt $z_4$ in einen Punkt $z'_4$ überzuführen, für welchen $D\,V(z'_1\, z'_2\, z'_3\, z'_4) = D\,V(z_1\, z_2\, z_3\, z_4)$. Es gibt aber nur einen solchen Punkt; denn die Gleichung (4) ist vom ersten Grade in $z'_4$. Also muß es der gegebene sein; w. z. b. w.

Das Doppelverhältnis von vier komplexen Punkten ist natürlich im allgemeinen komplex; wir können aber genau angeben:

VI. *Das Doppelverhältnis von vier Punkten ist dann und nur dann reell, wenn die vier Punkte auf einem Kreise liegen.*

Der Arcus von $(z_1 - z_2)/(z_3 - z_2)$ ist nämlich der Winkel $z_3\, z_2\, z_1$, der Arcus von $(z_1 - z_4)/(z_3 - z_4)$ der Winkel $z_3\, z_4\, z_1$. Ist das Viereck $z_1\, z_2\, z_3\, z_4$ ein Kreisviereck, so sind diese beiden Winkel Peripheriewinkel über demselben oder übereinander zur vollen Peripherie ergänzenden Bogen, und zwar haben sie im ersten Fall gleichen, im zweiten Fall entgegengesetzten Sinn. Im ersten Fall ist also $\sphericalangle\, z_3\, z_4\, z_1 = \sphericalangle\, z_3\, z_2\, z_1$, im zweiten Fall $= \sphericalangle\, z_3\, z_2\, z_1 - \pi$; der Arcus des Doppelverhältnisses ist im ersten Fall Null, im zweiten $\pi$, das Doppelverhältnis in beiden Fällen reell. Liegen aber die vier Punkte nicht auf einem Kreise, so ist $\sphericalangle\, z_3\, z_4\, z_1$ von $\sphericalangle\, z_3\, z_2\, z_1$ und von $\sphericalangle\, z_3\, z_2\, z_1 - \pi$ verschieden, also das Doppelverhältnis nicht reell.[1]

[1] Für mit projektiver Geometrie vertraute Leser sei ohne Beweis bemerkt: das hier definierte Doppelverhältnis von vier Punkten eines Kreises ist genau

Setzen wir speziell $z_2 = 0$, $z_3 = 1$, $z_4 = \infty$, so finden wir:

$$(z_1\ 0\ 1\ \infty) = z_1,$$

d. h.:

VII. *Das Doppelverhältnis eines beliebigen Punktes $z_1$ mit den 3 Punkten 0, 1, $\infty$ ist gleich $z_1$ selbst.*

Wie schon oben bemerkt, hängt das Doppelverhältnis von vier Punkten auch von ihrer Reihenfolge ab. Wir können aber vier Punkte auf 24 verschiedene Arten anordnen. Von diesen geben je vier — z. B.:

$$(z_1\, z_2\, z_3\, z_4),\quad (z_2\, z_1\, z_4\, z_3),\quad (z_3\, z_4\, z_1\, z_2),\quad (z_4\, z_3\, z_2\, z_1) \text{ —}$$

dasselbe Doppelverhältnis, wie ein Blick auf Formel (5) zeigt; wir können also aus denselben vier Punkten im ganzen nur sechs verschiedene Doppelverhältnisse bilden. Zwischen diesen sechs Werten bestehen aber einfache Beziehungen. Wird nämlich

$$6)\qquad (z_1\, z_2\, z_3\, z_4) = \lambda$$

gesetzt, so findet man sofort, daß:

$$7)\qquad (z_1\, z_4\, z_3\, z_2) = \frac{1}{\lambda}$$

ist. Ferner bestätigt eine einfache Rechnung, daß:

$$8)\qquad (z_1\, z_3\, z_2\, z_4) = 1 - \lambda$$

ist; und durch Verbindung beider Resultate findet man:

$$9)\qquad (z_1\, z_3\, z_4\, z_2) = 1 - (z_1\, z_4\, z_3\, z_2) = 1 - \frac{1}{\lambda} = \frac{\lambda - 1}{\lambda},$$

$$10)\qquad (z_1\, z_2\, z_4\, z_3) = \frac{1}{(z_1\, z_3\, z_4\, z_2)} = \frac{\lambda}{\lambda - 1},$$

$$11)\qquad (z_1\, z_4\, z_2\, z_3) = 1 - (z_1\, z_2\, z_4\, z_3) = \frac{1}{1 - \lambda}.$$

Wir können also sagen:

VIII. *Von den sechs Doppelverhältnissen, die man aus vier Punkten bilden kann, ist jedes eine lineare Funktion von jedem andern.*

Die sechs Werte (6)—(11) sind im allgemeinen alle voneinander verschieden; nur für besondere Werte von $\lambda$ können zwei oder mehrere derselben einander gleich werden. Nähere Untersuchung zeigt, daß

---

gleich dem von der projektiven Geometrie definierten Doppelverhältnis von vier solchen Punkten; das hier definierte komplexe Doppelverhältnis von vier beliebigen Punkten der Ebene gleich ihrem Doppelverhältnis auf demjenigen imaginären Kegelschnitt, der durch sie und einen der „Kreispunkte" bestimmt ist.

alle verschiedenen hier möglichen Fälle sich durch Änderung der Bezeichnung auf die beiden folgenden zurückführen lassen:

$$12)\quad \lambda = \frac{1}{\lambda} = -1, \quad \frac{1}{1-\lambda} = \frac{\lambda}{\lambda - 1} = \tfrac{1}{2}, \quad 1 - \lambda = \frac{\lambda - 1}{\lambda} = 2$$

und:

$$13)\quad \begin{cases} \lambda = \dfrac{1}{1-\lambda} = \dfrac{\lambda - 1}{\lambda} = \dfrac{1 + i\sqrt{3}}{2}, \\ \dfrac{1}{\lambda} = 1 - \lambda = \dfrac{\lambda}{\lambda - 1} = \dfrac{1 - i\sqrt{3}}{2}. \end{cases}$$

IX. *Im Falle (12) nennt man die vier Punkte „harmonisch", im Falle (13) wohl „äquianharmonisch".*

Vier harmonische Punkte sind z. B. $-1, 0, 1, \infty$, ferner die vier Ecken eines Quadrates; vier äquianharmonische die drei Ecken eines gleichseitigen Dreiecks und der Mittelpunkt des ihm umbeschriebenen Kreises (oder, auf der Kugel, die Ecken eines regulären Tetraeders).

Kehren wir noch einmal zu Gleichung (4) zurück, um ihren Inhalt unter Benutzung eines auch sonst wichtigen Terminus auszusprechen. Zu diesem Zwecke definieren wir:

X. *Eine Funktion eines oder mehrerer Punkte, welche ungeändert bleibt, wenn man alle diese Punkte einer und derselben willkürlichen Transformation einer bestimmten Gruppe unterwirft, heißt eine Invariante der Gruppe.*

Dann sagt Gleichung (4) aus:

XI. *Das Doppelverhältnis von vier Punkten ist eine Invariante der Gruppe der linearen Transformationen.*

Wir können noch mehr sagen: wir können behaupten, daß es die *einzige* Invariante dieser Gruppe ist. Das ist so zu verstehen: *Drei* Punkte können wegen Satz II überhaupt dieser Gruppe gegenüber keine Invariante haben. Für zwei Aggregate von je *vier* Punkten ist die Gleichheit der Doppelverhältnisse schon hinreichende Bedingung für die Existenz einer linearen Transformation, welche das eine Aggregat in das andere übergeführt. Jede andere bei linearer Transformation invariante Funktion von vier Punkten muß also für alle Aggregate von demselben Doppelverhältnis denselben Wert haben. Sie muß sich also durch das Doppelverhältnis allein ausdrücken lassen und wird insofern nicht als neue Invariante gezählt. Aber auch *mehr als vier* Punkte geben keine neue Invariante. Angenommen nämlich $F(z_1, z_2, z_3, \ldots, z_n)$ sei eine gegenüber der Gruppe der linearen Transformationen invariante Funktion von $n (\geqq 4)$ Punkten. An Stelle von $n-3$ Punkten, etwa von $z_4, z_5 \ldots\ldots z_n$ führe man die $n-3$ Doppelverhältnisse ein, welche die übrigen drei Punkte $z_1, z_2, z_3$ mit je einem dieser $n-3$ Punkte bilden. Dann wird $F$ eine Funktion der $n-3$ Doppelverhältnisse und von $z_1, z_2, z_3$. Soll sie nun eine Invariante sein, so muß sie für je zwei Aggregate von $n$ Punkten: $z_1, z_2, z_3 \ldots, z_n$ und $z'_1, z'_2, z'_3 \ldots, z'_n$, welche durch die lineare Transformation (1) einander zugeordnet sind, denselben Wert annehmen. Da aber für jedes Aggregatenpaar die $n-3$ Doppelverhältnisse für sich denselben Wert annehmen, so bleibt entweder eine Relation zwischen $z_1, z_2, z_3$ und $z'_1, z'_2, z'_3$ übrig, oder $F$ muß eine Funktion der $n-3$ Doppelverhältnisse allein sein. Da ersteres infolge von Satz II unmöglich ist, so läßt sich $F$ durch die $n-3$ Doppelverhältnisse ausdrücken.

## § 16. Deutung der linearen Transformationen auf der Kugel; zugehörige Kollineationen des Raumes.

Wir wollen noch die Resultate von § 14 stereographisch auf die Kugel übertragen. Den Kreisen der Ebene, die durch die Punkte $\zeta_1, \zeta_2$ hindurchgehen, entsprechen auf der Kugel die Kreise durch die entsprechenden Punkte, anders ausgedrückt: die Schnittkurven der Ebenen eines Ebenenbüschels, dessen Achse die Kugel in diesen zwei Punkten schneidet. Aber auch dem ersten, durch Gleichung (20) des § 14 dargestellten Kreissystem entsprechen auf der Kugel Kreise, die von einem Ebenenbüschel ausgeschnitten werden (der Unterschied ist nur, daß in diesem Falle die Achse des Büschels die Kugel nicht trifft). Das sieht man folgendermaßen ein:

Legt man in allen Punkten eines Kreises der Kugel Tangentialebenen an sie, so umhüllen diese einen geraden Kreiskegel; die Spitze dieses Kegels heißt Pol der Ebene des Kreises in bezug auf die Kugel. Jede Mantellinie dieses Kegels ist rechtwinklig zu der Tangente des Kreises in ihrem Schnittpunkt mit ihm, fällt also zusammen mit der Tangente derjenigen Kreise der Kugel, die den ersten in diesem Punkte rechtwinklig schneiden. Also muß die Ebene jedes solchen Kreises diese Mantellinie und somit auch die Kegelspitze, den Pol des ersten Kreises, enthalten. Die Ebene jedes Kreises, der zwei gegebene Kreise der Kugel rechtwinklig trifft, enthält demzufolge die Pole der Ebenen beider Kreise, also auch ihre Verbindungslinie. Mit Rücksicht auf § 14, XIII folgt daraus, was zu beweisen war. Wir können also sagen:

I. *Jede lineare Transformation mit getrennten Fundamentalpunkten führt, auf der Kugel gedeutet, zwei Kreissysteme in sich über, deren jedes durch ein Ebenenbüschel aus der Kugel ausgeschnitten wird.*

Wir können uns nun mit jeder solchen Transformation der Kugel in sich eine bestimmte Transformation des Raumes in sich verbunden denken, bei der jede Ebene, die die Kugel schneidet (natürlich in einem Kreise), übergeführt wird in diejenige andere Ebene, die die Kugel in dem zum ersten entsprechenden Kreise schneidet. Da allen Kreisen durch zwei Punkte $z_1$, $z_2$ Kreise durch die entsprechenden Punkte $z'_1$, $z'_2$ entsprechen, so folgt: allen Ebenen, die sich in einer die Kugel treffenden Geraden schneiden, entsprechen Ebenen eines zweiten solchen Büschels. Da ferner (wegen § 14, V) allen Kreisen, die zwei bestimmte Kreise rechtwinklig schneiden, Kreise entsprechen, die die entsprechenden beiden Kreise rechtwinklig schneiden, so folgt nach dem vorhin Bewiesenen: auch allen Ebenen eines Büschels, dessen Achse die Kugel nicht trifft, entsprechen Ebenen eines zweiten solchen Büschels. Dadurch sind also auch alle Geraden des Raumes einander paarweise zugeordnet. Da endlich der Satz gilt: wenn mehrere Gerade je paarweise, aber nicht alle zusammen in einer Ebene liegen, so gehen sie alle durch einen Punkt — so folgt, daß allen Geraden durch einen Punkt wieder Gerade durch einen Punkt entsprechen. Bei unserer Transformation der Ebenen des Raumes werden also auch seine Punkte einander wechselweise eindeutig zugeordnet. Eine Transformation dieser Art nennt man eine Kollineation; wir können daher sagen:

II. *Zu jeder linearen Transformation der komplexen Variabeln z auf der Kugel gehört eine Kollineation des Raumes, welche die Punkte der Kugel genau ebenso transformiert.*

Nach Satz I gehört diese Kollineation im allgemeinen Fall zu derjenigen besonderen Art, bei welcher zwei reelle Gerade, zwei reelle Punkte der einen dieser Geraden (ihre Schnittpunkte mit der Kugel) und zwei reelle Ebenen durch die andere Gerade (die von ihr an die Kugel gehenden Tangentialebenen) in sich transformiert werden. Im speziellen Fall (§ 14, XIV, XV) wird ein reeller Punkt der Kugel, jede Tangente in ihm und jede Ebene durch eine bestimmte solche Tangente in sich übergeführt.

Es würde auf Grund der Formeln der §§ 13 und 14 nicht schwierig (wenn auch umständlich) sein, diese Überlegungen analytisch zu verfolgen und so zu jeder linearen Transformation von $z$ die Gleichungen der zugehörigen Kollineation zu finden; wir wollen das nur für diejenige Transformation tun, die einer Schiebung parallel der $x$-Achse in der Ebene entspricht. Für diese ist:

$$z' = z + \alpha \quad (\alpha \text{ reell}), \qquad \text{d. h.} \qquad x' = x + \alpha, \qquad y' = y;$$

dann geben die Formeln (6) von § 13 und diejenigen, welche aus (5) daselbst durch Akzentuierung aller Buchstaben hervorgehen:

$$
1)\quad \begin{cases} \xi' = \dfrac{x'}{1+r'^2} = \dfrac{x+\alpha}{1+r^2+2\alpha x+\alpha^2} = \dfrac{\xi+\alpha(1-\zeta)}{2\alpha\xi+(1+\alpha^2)(1-\zeta)+\zeta}, \\ \eta' = \dfrac{y'}{1+r'^2} = \dfrac{y}{1+r^2+2\alpha x+\alpha^2} = \dfrac{\eta}{2\alpha\xi+(1+\alpha^2)(1-\zeta)+\zeta}, \\ \zeta' = \dfrac{r'^2}{1+r'^2} = \dfrac{r^2+2\alpha x+\alpha^2}{1+r^2+2\alpha x+\alpha^2} = \dfrac{2\alpha\xi+\alpha^2(1-\zeta)+\zeta}{2\alpha\xi+(1+\alpha^2)(1-\zeta)+\zeta}. \end{cases}
$$

(Es gibt natürlich unendlich viele Transformationen des Raumes, welche die Punkte der Kugel so, wie verlangt, transformieren. Die Rechnung zeigt, daß wir gerade die Kollineation erhalten, wenn wir die Kugelgleichung nicht weiter explizite benutzen, sondern jene Formeln von § 13 gerade so, wie sie dort stehen, heranziehen.)

Einen besonderen Fall der Kollineationen bilden die *„Bewegungen des Raumes“*, d. h. diejenigen Transformationen, welche jede Figur in eine zu ihr kongruente überführen. Setzen wir als bekannt voraus, daß jede Bewegung einer Kugel in sich hinsichtlich ihres Endeffekts durch eine Drehung um eine durch ihren Mittelpunkt gehende Achse ersetzt werden kann, so können wir leicht alle solchen Bewegungen und die ihnen entsprechenden linearen Transformationen angeben. Dazu gehen wir auf die Gleichung (15) von § 14 zurück. Soll diese eine Drehung der Kugel um eine durch ihren Mittelpunkt gehende Achse vorstellen, so müssen erstens $\zeta_1$ und $\zeta_2$ *diametrale* Punkte (§ 13, XV) sein; zweitens muß jeder der in § 14, Gleichung (20) mit $\varrho =$ konst. bezeichneten Kreise, die in unserem Falle Parallelkreise sind, in sich übergeführt werden, es muß also $m = 1$, d. h. $\varkappa$ eine Größe vom absoluten Betrage 1 sein. Verstehen wir also unter $\alpha$ und $\lambda$ Größen vom absoluten Betrage 1, unter $r$ eine positive reelle Zahl, so können wir:

$$\zeta_1 = r\alpha, \qquad \zeta_2 = -r^{-1}\alpha, \qquad \varkappa = \lambda^2$$

setzen; die Auflösung der Gleichung (15) von § 14 nach $z'$ nimmt dann die Form an:

$$z' = \frac{z(r\alpha + r^{-1}\alpha\lambda^2) + \alpha^2(1-\lambda^2)}{z(1-\lambda^2) + (r^{-1}\alpha + r\alpha\lambda^2)},$$

oder wenn wir im Zähler und Nenner mit $\alpha^{-1}\lambda^{-1}$ multiplizieren:

$$= \frac{z(r\lambda^{-1} + r^{-1}\lambda) + \alpha(\lambda^{-1}-\lambda)}{z\alpha^{-1}(\lambda^{-1}-\lambda) + (r^{-1}\lambda^{-1} + r\lambda)}.$$

Hier sind nun die Koeffizienten, abgesehen vom Vorzeichen des einen, einander paarweise konjugiert (denn $\lambda^{-1}$ ist konjugiert zu $\lambda$, $\alpha^{-1}$ zu $\alpha$ und $r$ ist reell); verstehen wir also unter $A, B, C, D$ reelle Zahlen, so können wir schreiben:

$$2)\qquad z' = \frac{(A+iB)z - C + iD}{(C+iD)z + A - iB}.$$

III. *Auf diese allgemeine Form (2) kann also eine lineare Transformation von z immer gebracht werden, wenn sie eine Drehung der Kugel um ihren Mittelpunkt vorstellt.*[1]

[1] Von der Gleichung (2) des Textes aus gelangt man zur EULERschen Darstellung der Rotationen um einen festen Punkt, wenn man durch die Formeln (5) und (6) von § 13 die Raumkoordinaten $\xi$, $\eta$, $\zeta$ und $\xi'$, $\eta'$, $\zeta'$ einführt. Man erhält zunächst:

$$x' + i y' = \frac{(A x - B y - C) + i(B x + A y + D)}{(C x - D y + A) + i(D x + C y - B)},$$

$$\alpha)\quad r'^2 = \frac{(A^2 + B^2) r^2 + 2(- A C + B D) x + 2(\ \ B C + A D) y + C^2 + D^2}{(C^2 + D^2) r^2 + 2(\ \ A C - B D) x + 2(- A D - B C) y + A^2 + B^2},$$

$$1 + r'^2 = \frac{(A^2 + B^2 + C^2 + D^2)(1 + r^2)}{(C^2 + D^2) r^2 + 2(A C - B D) x + 2(- A D - B C) y + A^2 + B^2}.$$

Setzt man also zur Abkürzung:

$$\beta)\qquad A^2 + B^2 + C^2 + D^2 = N,$$

so folgt:

$$\frac{x' + i y'}{1 + r'^2} = \frac{[(A x - B y - C) + i(B x + A y + D)][(C x - D y + A) + i(- D x - C y + B)]}{N(1 + r^2)}.$$

Der Zähler rechts ist:

$$\begin{aligned}&[(A C + B D) + i(B C - A D)] r^2 + [(A^2 - B^2 - C^2 + D^2) + 2 i (A B + C D)] x\\ &\quad + [2(- A B + C D) + i(A^2 - B^2 + C^2 - D^2)] y\\ &\quad + [- A C - B D + i(- B C + A D)];\end{aligned}$$

führen wir also die $\xi$, $\eta$, $\zeta$ ein, so folgt:

$$\begin{aligned}N(\xi' + i \eta') &= [(A C + B D) + i(B C - A D)](2 \zeta - 1)\\ &\quad + [(A^2 - B^2 - C^2 + D^2) + 2 i (A B + C D)] \xi\\ &\quad + [2(- A B + C D) + i(A^2 - B^2 + C^2 - D^2)] \eta\end{aligned}$$

und, wenn wir Reelles und Imaginäres trennen:

$$\gamma)\quad N \xi' = (A^2 - B^2 - C^2 + D^2) \xi + 2(- A B + C D) \eta + 2(A C + B D)(\zeta - \tfrac{1}{2}),$$

$$\delta)\quad N \eta' = 2(A B + C D) \xi + (A^2 - B^2 + C^2 - D^2) \eta + 2(B C - A D)(\zeta - \tfrac{1}{2}).$$

Dazu folgt aus ($\alpha$):

$$\frac{1 - r'^2}{1 + r'^2} = \frac{(A^2 + B^2 - C^2 - D^2)(1 - r^2) + 4(A C - B D) x - 4(A D + B C) y}{N(1 + r^2)},$$

also:

$$\varepsilon)\quad N(\zeta' - \tfrac{1}{2}) = - 2(A C - B D) \xi + 2(A D + B C) \eta + (A^2 + B^2 - C^2 - D^2)(\zeta - \tfrac{1}{2}).$$

Die Formeln ($\beta$)—($\varepsilon$) sind eben die EULERschen.

Ohne Beweis sei erwähnt, daß jede lineare Transformation von $x + i y$ als eine Bewegung des Raumes gedeutet werden kann, wenn man sich nicht der Euklidischen Geometrie bedient, sondern derjenigen Nichteuklidischen, für welche die Kugel Fundamentalfläche ist.

## § 17. Die Funktion $z^2$.

Nach der in den letzten Paragraphen ausführlich vorgenommenen Untersuchung der linearen Funktionen von $z$ wenden wir uns nunmehr zu der Funktion:

1) $$w = z \cdot z = z^2.$$

Drücken wir $w$ und $z$ erst durch kartesische, dann durch Polarkoordinaten aus, indem wir setzen:

2) $$z = x + iy = r(\cos\varphi + i\sin\varphi),$$

3) $$w = u + iv = \varrho(\cos\psi + i\sin\psi),$$

so erhalten wir das eine Mal aus § 3, (11):

4) $$u = x^2 - y^2, \qquad v = 2xy,$$

das andere Mal aus § 6, (1):

5) $$\varrho = r^2, \qquad \psi = 2\varphi.$$

Die Formeln (4) liefern zu jedem reellen Wertepaar $(x, y)$ ein und nur ein reelles Wertepaar $(u, v)$; wir sagen:

I. *Die Funktion $w = z^2$ ist in der ganzen Ebene eindeutig definiert.*

Die Konstruktion des einem bestimmten Punkte $z$ entsprechenden Punktes $w$ knüpft man am bequemsten an die Formeln (5): der Radiusvektor von $w$ verhält sich zu dem von $z$ wie dieser zur Einheit, der Arcus von $w$ ist doppelt so groß als der von $z$.

Jedem Kreis um den Nullpunkt der $z$-Ebene ($r$ = konst.) entspricht ein Kreis um den Nullpunkt der $w$-Ebene ($\varrho$ = konst.). Lassen wir den Radius des ersteren kontinuierlich von 0 bis $\infty$ wachsen, so durchläuft auch der des letzteren kontinuierlich wachsend alle Werte von 0 bis $\infty$ (wie von der reellen Funktion $r^2$ der reellen Variablen $r$ bekannt ist, A. A. § 46, § 61). Jeder Geraden $\varphi$ = konst. durch den Nullpunkt der $z$-Ebene entspricht eine Gerade $\psi$ = konst. durch den Nullpunkt der $w$-Ebene; der Arcus der letzteren durchläuft aber (wegen der zweiten Gleichung (5)) bereits kontinuierlich alle Werte von 0 bis $2\pi$, wenn der der ersteren nur alle Werte von 0 bis $\pi$ durchläuft. Beide Resultate zusammen geben den Satz:

II. *Durch die Funktion $w = z^2$ wird die „positive Halbebene" der $z$-Ebene (d. h. diejenige, in welcher die Punkte $z = x + iy$ mit positivem $y$ liegen) eindeutig und stetig auf die $w$-Ebene abgebildet.*

Auch umgekehrt ist diese Abbildung eindeutig. Denn $\varrho = r^2$ und $\psi = 2\varphi$ nehmen jedes vorgeschriebene Wertepaar $\varrho$ zwischen 0 und $+\infty$, $\psi$ zwischen 0 und $2\pi$ *nur* einmal an, wenn $r$ von

0 bis $+\infty$, $\varphi$ von 0 bis $\pi$ wächst. Dagegen ist die Stetigkeit der Umkehrung längs der Halbachse der positiv reellen Zahlen der $w$-Ebene unterbrochen, indem den beiden Seiten derselben in der positiven Hälfte der $z$-Ebene die beiden Teile der Achse der reellen Zahlen so entsprechen, wie es in Fig. 10 angedeutet ist.

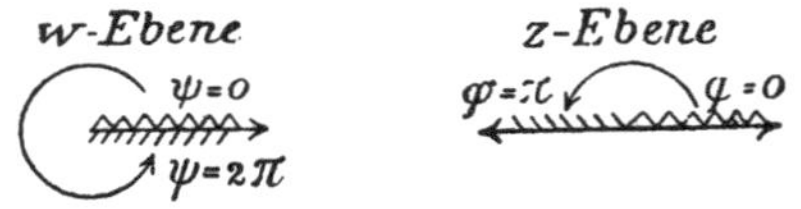


Fig. 10.

Lassen wir dann $\varphi$ weiter von $\pi$ bis $2\pi$ wachsen, so durchläuft $\psi$ die Werte von $2\pi$ bis $4\pi$; d. h. die Halbgerade $\psi =$ konst. überstreicht noch einmal die ganze Ebene, so daß auch die negative Halbebene der $z$-Ebene eindeutig und stetig auf die $w$-Ebene abgebildet wird. Wir schließen daraus:

III. *Die Funktion $w = z^2$ nimmt jeden von Null und $\infty$ verschiedenen komplexen Wert $w$ in zwei und nur zwei Punkten der $z$-Ebene an.*

Wenn man nicht ohnedies sähe, daß zwei solche Punkte durch die Relation $z_2 = -z_1$ verbunden sind, könnte man es daraus ableiten, daß die linke Seite der Gleichung $z_2^{\,2} - z_1^{\,2} = 0$ außer durch $z_2 - z_1$ auch noch durch $z_2 + z_1$ teilbar ist. An dieser Relation interessiert uns besonders, daß sie *linear* ist; wir definieren:

IV. *Eine Funktion $w = f(z)$, welche die Eigenschaft hat, sich nicht zu ändern, wenn man statt $z$ eine bestimmte lineare Funktion von $z$ in sie einführt, heißt eine Funktion mit einer linearen Transformation in sich oder eine automorphe Funktion.*

Damit können wir die eine Hälfte des Satzes (III) noch genauer so aussprechen:

V. *Die Funktion $w = z^2$ ist eine automorphe Funktion; sie gestattet die lineare Transformation in sich:*

6) $$z' = -z.$$

Wir führen weiter bei dieser Gelegenheit die Definition ein:

VI. *Einen Bereich, in dem eine eindeutige Funktion $w$ von $z$ bereits alle ihre Werte und jeden einmal annimmt, nennt man einen*[1] *Fundamentalbereich dieser Funktion.*

Aus den Definitionen der automorphen Funktion und des Fundamentalbereichs folgt dann:

VII. *Ist ein Fundamentalbereich einer automorphen Funktion bekannt und wird derselbe durch eine der Transformationen der Funktion in sich auf einen zweiten Bereich abgebildet, so kann dieser zweite Bereich*

[1] nicht etwa „*den*"!

*den ersten nirgends überdecken; er ist ebenfalls ein Fundamentalbereich der automorphen Funktion.*

So sind in unserem Falle die beiden durch die Achse der reellen Zahlen getrennten Halbebenen Fundamentalbereiche der Funktion $z^2$.

Wir verfolgen die durch die Funktion $w = z^2$ vermittelte Abbildung der $z$-Ebene auf die $w$-Ebene noch weiter ins einzelne, indem wir zunächst fragen, welcherlei Linien der $w$-Ebene den Parallelen zu den Achsen in der $z$-Ebene entsprechen. Setzen wir $y = c$, so geben die Gleichungen (4) $u$ und $v$ ausgedrückt durch eine Hilfsvariable $x$; die Elimination der letzteren ergibt:

7) $$u + c^2 = \left(\frac{v}{2c}\right)^2 .$$

Das ist für jedes bestimmte $c$ die Gleichung einer Parabel, die die $u$-Achse zur Hauptachse und die Gerade $u = -c^2$ zur Scheiteltangente hat. Bringt man sie auf die Form:

8) $$u^2 + v^2 = (u + 2c^2)^2 ,$$

so sieht man, daß der Nullpunkt Brennpunkt, die Gerade $u + 2c^2 = 0$ Direktrix ist. Da $c$ wesentlich reell, $c^2$ also positiv ist, liegt die Direktrix auf Seite der negativen $u$, die Parabel erstreckt sich nach rechts ins Unendliche. — Brennpunkt und Hauptachse sind von $c$ unabhängig. Parabeln mit demselben Brennpunkt und derselben Hauptachse nennt man konfokal; wir können demnach unser Resultat folgendermaßen aussprechen:

VIII. *Durch die Funktion $w = z^2$ werden die zur $x$-Achse parallelen Geraden der $z$-Ebene abgebildet auf eine Schar konfokaler Parabeln, die den Nullpunkt zum Brennpunkt und die $u$-Achse zur Hauptachse haben und sich nach der Richtung der positiven $u$ hin öffnen.*

Setzen wir dagegen in den Gleichungen (4) $x = c$ und eliminieren $y$, so erhalten wir:

9) $$c^2 - u = \left(\frac{v}{2c}\right)^2$$

oder:

10) $$u^2 + v^2 = (u - 2c^2)^2 ,$$

d. h.:

IX. *Die Parallelen zur $y$-Achse werden abgebildet auf Parabeln, die denselben Brennpunkt und dieselbe Hauptachse, wie die in VIII genannten haben, aber sich nach der Richtung der negativen $u$ hin öffnen.*

Überhaupt wird, wie die Rechnung zeigt, jede Gerade der $z$-Ebene, die nicht durch den Nullpunkt geht, abgebildet auf eine Parabel der $w$-Ebene, die den Nullpunkt zum Brennpunkt hat.

Die umgekehrte Frage: *welche Linien der z-Ebene auf die Geraden der w-Ebene abgebildet werden* — beantwortet sich folgendermaßen: Sei die Gleichung einer solchen Geraden:

11) $$au + bv + c = 0;$$

ersetzen wir in ihr $u$ und $v$ durch ihre Werte aus (4), so erhalten wir:

12) $$a(x^2 - y^2) + 2bxy + c = 0.$$

X. *Das ist die Gleichung eines Kegelschnitts, und zwar* (da die Koeffizienten von $x^2$ und $y^2$ einander entgegengesetzt gleich sind) *einer gleichseitigen Hyperbel, die ihren Mittelpunkt* (da die Glieder mit $x^1$ und $y^1$ fehlen) *im Nullpunkt hat.* Parallelen Geraden (deren Gleichungen sich nur durch den Wert von $c$ unterscheiden) entsprechen dabei Hyperbeln mit denselben Asymptoten; den Parallelen zur $u$-Achse (bezw. $v$-Achse) Hyperbeln, die zu den Koordinatenachsen (bzw. zu den Halbierungslinien der Winkel der Koordinatenachsen) asymptotisch verlaufen.

Von Wichtigkeit ist auch noch, daß die durch die Funktion $w = z^2$ vermittelte Abbildung eine konforme (§ 11, VII) ist. Um das zu beweisen, bedienen wir uns am einfachsten der Gleichungen (5). Ist nämlich die Gleichung einer Kurve der $z$-Ebene in Polarkoordinaten gegeben:

$$\varphi = f(r),$$

so ist die Tangente des Winkels zwischen Kurve und Radiusvektor bekanntlich:

$$r\frac{d\varphi}{dr}.$$

Für die entsprechende Kurve der $w$-Ebene erhalten wir aus (5):

13) $$\varrho \cdot \frac{d\psi}{d\varrho} = r^2 \cdot \frac{2\,d\varphi}{2\,r\,dr} = r\frac{d\varphi}{dr}.$$

Die beiden Winkel sind also einander gleich; daraus schließen wir wie § 11, VI, daß auch die Winkel zwischen irgend zwei einander entsprechenden Linien einander gleich sind. Wir sagen:

XI. *Wie die in den §§ 8—16 untersuchten linearen Funktionen, so vermittelt auch die Funktion $w = z^2$ eine konforme Abbildung ohne Umlegung der Winkel.*

Wir haben dabei allerdings eine Ausnahme zu machen. Die Gleichung (13) beweist nichts für die einander entsprechenden Nullpunkte beider Ebenen, da dort die Ausdrücke ihre Bedeutung verlieren. In der Tat haben wir schon zu Beginn dieses Paragraphen gesehen, daß die Winkel im Nullpunkt verdoppelt werden. Wir müssen daher Satz XI durch den Zusatz ergänzen:

XII. *Die Konformität der Abbildung erleidet in den Nullpunkten eine Unterbrechung, indem jedem Winkel, der seinen Scheitel im Nullpunkt der z-Ebene hat, ein doppelt so großer Winkel am Nullpunkt der u-Ebene entspricht.*

## § 18. Die Potenz mit positivem ganzzahligen Exponenten.

Nach der ausführlichen Untersuchung der Funktion $z^2$ wird uns die Untersuchung der Potenz mit beliebigem ganzzahligen Exponenten keine neuen Schwierigkeiten bieten. Wir verstehen nämlich unter einer solchen:

1) $$w = z^n$$

wie in der elementaren Algebra *das Produkt aus n einander gleichen Faktoren z.* Einführung kartesischer Koordinaten von $w$ und $z$ liefert nur für die kleinsten Werte von $n$ handliche Formeln. Doch können wir, ohne sie wirklich aufzustellen, aus ihrer Bildungsweise schließen:

I. *Die Funktion $w = z^n$ ist in der ganzen Ebene eindeutig definiert.*

In Polarkoordinaten erhalten wir, wenn wir die Bezeichnungen von § 17 beibehalten, durch wiederholte Anwendung von § 6, (1):

2) $$\varrho = r^n, \qquad \psi = n\varphi.$$

Jedem Kreis um den Nullpunkt der $z$-Ebene ($r =$ konst.) entspricht ein Kreis um den Nullpunkt der $w$-Ebene ($\varrho =$ konst.); lassen wir den Radius des letzteren kontinuierlich von 0 bis $\infty$ wachsen, so durchläuft auch der des letzteren kontinuierlich wachsend alle Werte von 0 bis $\infty$. Jeder Geraden $\varphi =$ konst. durch den Nullpunkt der $z$-Ebene entspricht eine Gerade $\psi =$ konst. durch den Nullpunkt der $w$-Ebene; der Arcus der letzteren durchläuft aber bereits kontinuierlich alle Werte von 0 bis $2\pi$, wenn der der ersteren nur alle Werte von 0 bis $\frac{2\pi}{n}$ durchläuft. Es folgt also:

II. *Durch die Funktion $w = z^n$ wird der von den Strahlen $\varphi = 0$ und $\varphi = \frac{2\pi}{n}$ begrenzte Sektor der z-Ebene eindeutig und stetig auf die w-Ebene abgebildet.*

Auch umgekehrt ist diese Abbildung eindeutig; aber die Stetigkeit der Umkehrung ist längs der Halbachse der positiv reellen Zahlen der $w$-Ebene unterbrochen, indem ihren beiden Seiten die beiden Begrenzungslinien des Sektors entsprechen (Fig. 11).

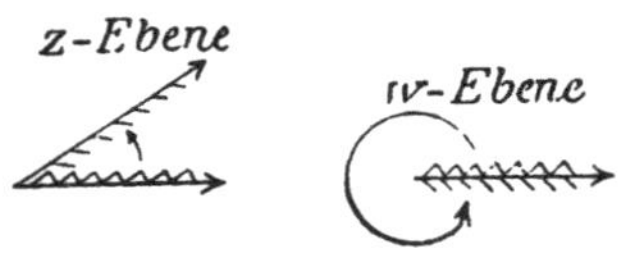


Fig. 11.

Lassen wir $\varphi$ weiter von $\frac{2\pi}{n}$ bis $\frac{4\pi}{n}$, von $\frac{4\pi}{n}$ bis $\frac{6\pi}{n}$, ..., endlich von $\frac{(2n-2)\pi}{n}$ bis $2\pi$ wachsen, so überstreicht die entsprechende Halbgerade $\psi =$ konst. die Ebene zum zweiten, dritten, ..., $n$ten Mal. Die $z$-Ebene kann also in $n$ Sektoren zerlegt werden, von denen jeder eindeutig und stetig auf die ganze $w$-Ebene abgebildet wird. Daraus folgt:

III. *Die Funktion $w = z^n$ nimmt jeden komplexen Wert $w$ in gerade $n$ Punkten der $z$-Ebene an.*

Ausnahmen bilden nur die Werte $w = 0$ und $w = \infty$; diese werden nur in je einem Punkte $z = 0$, bzw. $z = \infty$ angenommen. In diesen beiden Punkten stoßen alle jene Sektoren der $z$-Ebene zusammen.

Zwischen den verschiedenen Punkten $z$, die denselben Wert $w$ liefern, besteht ein einfacher Zusammenhang. Um ihn darzustellen, bezeichnen wir mit $\varepsilon$ die (bestimmte) komplexe Größe

3) $$\varepsilon = \cos\frac{2\pi}{n} + i\sin\frac{2\pi}{n},$$

welche die Eigenschaft hat (vgl. § 6, I), daß

4) $$\varepsilon^n = 1$$

ist, während die niedrigeren Potenzen $\varepsilon, \varepsilon^2, \varepsilon^3, \ldots, \varepsilon^{n-1}$ alle voneinander und von 1 verschieden sind. Dann folgt aus der Kommutativität der Multiplikation, daß:

5) $$(\varepsilon^k z)^n = z^n$$

ist für $k = 1, 2, \ldots, n-1$. Auf Grund der Definition IV von § 17 sprechen wir das so aus:

IV. *Die Funktion $w = z^n$ ist eine automorphe Funktion; sie gestattet die $n$ linearen Transformationen in sich:*

6) $$z' = \varepsilon^k z, \qquad k = 1, 2, \ldots, n.$$

Zwischen diesen $n$ Transformationen bestehen Beziehungen; es gilt nämlich ganz allgemein der unmittelbar aus der Definition automorpher Funktionen sich ergebende Satz:

V. *Gestattet eine automorphe Funktion $f(z)$ zwei lineare Transformationen in sich, $z' = \varphi_1(z)$, $z' = \varphi_2(z)$, so gestattet sie auch die aus ihnen zusammengesetzten linearen Transformationen $z' = \varphi_1[\varphi_2(z)]$ und $z' = \varphi_2[\varphi_1(z)]$.*

Auf Grund der Definition einer Gruppe von Transformationen § 14, VII) können wir diesen Satz auch so aussprechen:

VI. *Die linearen Transformationen in sich, welche eine automorphe Funktion gestattet, bilden stets eine Gruppe.*

An unserem Beispiel bestätigt sich das einfach: setzen wir $z' = \varepsilon^k z$, $z'' = \varepsilon^l z'$, so folgt $z'' = \varepsilon^{k+l} z$, was wegen (4) ebenfalls unter (6) vorkommt. Wir können übrigens über die Struktur dieser Gruppe noch eine nähere Angabe machen: man sieht, daß alle jene linearen Transformationen durch Wiederholung der ersten unter ihnen zustande kommen. Definieren wir also:

VII. *Eine Gruppe, deren sämtliche Operationen durch Wiederholung einer bestimmten unter ihnen entstehen, heißt zyklisch* —
so haben wir den Satz:

VIII. *Die Funktion $w = z^n$ gestattet eine zyklische Gruppe linearer Transformationen.*

Satz II kann auch so ausgesprochen werden:

IX. *Der von den Halbstrahlen $\varphi = 0$ und $\varphi = \frac{2\pi}{n}$ begrenzte Sektor der $z$-Ebene ist ein Fundamentalbereich der Funktion $w$.*

Wir wollen daran anknüpfend die im vorigen Paragraphen noch beiseite gelassene Frage behandeln, wie weit ein solcher Fundamentalbereich denn eigentlich willkürlich ist. Offenbar können wir an einem seiner Ränder ein beliebiges Stück wegnehmen, wenn wir nur an dem andern Rande das entsprechende Stück zufügen. Der Nullpunkt muß immer auf dem Rande bleiben, da er bei den Transformationen der Gruppe in sich übergeführt wird, also in ihm stets alle $n$ Fundamentalbereiche zusammenstoßen müssen, wie auch der erste gewählt werden mag; ebenso muß sich der Fundamentalbereich stets ins Unendliche erstrecken. Aber wir können ihn auf der einen Seite durch eine beliebige vom Nullpunkt ins Unendliche laufende Linie begrenzen, wenn wir nur dafür sorgen, daß diese Linie von derjenigen nicht getroffen wird, die vermöge einer Drehung um den Nullpunkt durch den Winkel $\frac{2\pi}{n}$ aus ihr hervorgeht. (Vgl. Fig. 12.) Welche von allen solchen Linien werden wir nun zweckmäßigerweise zur Begrenzung des Fundamentalbereichs wählen?

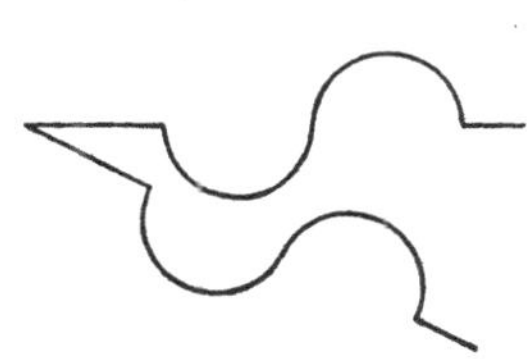

Fig. 12.

Auf diese Frage gibt es zwar keine allgemeine, für alle automorphen Funktionen gültige Antwort; unsere Funktion $w = z^n$ gehört aber zu einer speziellen Klasse solcher Funktionen, für welche diese Frage bestimmt beantwortet werden kann. Sie hat nämlich die Eigenschaft, daß *zu je zwei konjugiert komplexen Werten ihres Arguments konjugiert komplexe Funktionswerte gehören, insbesondere zu reellen Argumentwerten reelle Funktionswerte.* Wenn wir also in der $z$-Ebene einen Bereich abgrenzen, der durch die Funktion $w = z^n$ auf die Halbebene der $w$ mit positivem imaginären Bestandteil oder „die positive Halbebene $w$" abgebildet wird, so wird ein zu jenem Bereich in bezug auf die $x$-Achse symmetrischer auf „die negative Halbebene $w$" abgebildet. Wir können also einen Fundamentalbereich folgendermaßen konstruieren: wir bestimmen zunächst alle diejenigen Linien, denen Teile der Achse der reellen Zahlen $w$ entsprechen; in unserem Falle sind das die $2n$ Halbstrahlen $\varphi = \frac{k\pi}{n}$, $(k = 0, 1, 2, \ldots, 2n - 1)$; diese Linien teilen die $z$-Ebene in eine gewisse Anzahl von Bereichen. In jedem solchen Bereiche hat der imaginäre Teil von $w$ ein konstantes Vorzeichen; denn er kann wegen der Stetigkeit[1] sein Vorzeichen nur ändern, wenn er durch Null hindurchgeht, und das ist n. V. nur auf der Grenze der Bereiche der Fall. Andererseits muß jeder solche Bereich, in dem z. B. $w$ positiv imaginären Bestandteil hat, auf die ganze positive $w$-Halbebene abgebildet werden; denn würde er nur auf einen Teil von ihr abgebildet, so müßte wegen der Stetigkeit seine Begrenzung auf die Begrenzung dieses Teils abgebildet werden, was ebenfalls gegen die Voraussetzung ist. Die $z$-Ebene zerfällt also in $2n$ Halbbereiche; diese sind in unserem Falle abwechselnd kongruent und symmetrisch, in allgemeineren Fällen tritt an Stelle der Kongruenz bzw. Symmetrie direkte, bzw. inverse Kreisverwandtschaft. Irgend zwei aneinanderstoßende dieser Bereiche geben einen zweckmäßigen Fundamentalbereich. Dementsprechend sagen wir:

Fig. 13.

X. *Eine automorphe Funktion, welche in konjugierten Punkten konjugierte Funktionswerte annimmt, soll eine symmetrische automorphe Funktion heißen.*

[1] Auf die Frage der Stetigkeit kommen wir in § 31 noch einmal ausführlich zurück.

XI. *Zu einer symmetrischen automorphen Funktion gehört eine Einteilung der z-Ebene in abwechselnd direkt und invers kreisverwandte Bereiche, von denen irgend zwei aneinanderstoßende zusammen einen Fundamentalbereich der Funktion $f(z)$ bilden.*

XII. *Im Falle der Funktion $w = z^n$ sind diese Halbbereiche geradlinig begrenzte Sektoren von der Winkelöffnung $\frac{\pi}{n}$.*

## § 19. Rationale ganze Funktionen.

Bereits zu Beginn dieses Abschnittes (§ 8, II) haben wir allgemein definiert, was unter einer rationalen ganzen Funktion einer komplexen Variabeln zu verstehen ist. Indem wir in dem allgemeinsten Ausdruck einer solchen die vorkommenden Multiplikationen von Summen oder Differenzen nach dem Distributionsgesetz (§ 3, Gleichung (2)) ausführen und schließlich alle Glieder, die eine und dieselbe Potenz von $z$ mit Konstanten multipliziert enthalten, in je eines zusammenziehen, gelangen wir wie in der Analysis der reellen Größen (A. A. § 20) zu dem Satze:

I. *Jede rationale ganze Funktion von $z$ läßt sich auf die Form bringen:*

1) $$f(z) = a_0 z^n + a_1 z^{n-1} + a_2 z^{n-2} + \dots + a_{n-1} z + a_n .$$

*Ist $a_0 \neq 0$, so heißt die ganze Zahl $n$ Grad der Funktion.*

Von solchen rationalen ganzen Funktionen beweist man im Gebiete der reellen Zahlen durch Anwendung der elementaren Rechnungsregeln den Satz (A. A. § 24):

II. *Eine Gleichung $n$ten Grades hat nie mehr als $n$ Wurzeln — es sei denn, daß sie identisch besteht, d. h. daß alle Koeffizienten einzeln Null sind. Eine $\nu$-fache Wurzel zählt in diesem Satze für $\nu$ einfache.*

Da alle beim Beweise dieses Satzes gebrauchten Sätze für komplexe Zahlen ebenso wie für reelle gelten, so folgt: *Satz II gilt auch dann, wenn man neben den reellen Wurzeln auch komplexe zuläßt.* Der positive Satz dagegen, daß jede Gleichung $n$ten Grades im Gebiete unserer komplexen Zahlen $n$ Wurzeln hat, läßt sich nicht mit so einfachen Hilfsmitteln beweisen; wir werden ihn später (§ 44, VII und § 46, VIII) auf anderem Wege erhalten.

Übrigens kann man Grenzen angeben, zwischen denen die Nullpunkte von $f(z)$ jedenfalls eingeschlossen sind. Sei nämlich einerseits $M$ eine Zahl, für welche:

2) $$\left|\frac{a_m}{a_0}\right| \leqq M \quad \text{für} \quad m = 1, 2, \dots, n;$$

dann folgt:

$$\left|\frac{f(z) - a_0 z^n}{a_0}\right| \leqq M\{|z|^{n-1} + |z|^{n-2} \ldots + |z|^2 + |z| + 1\},$$

d. i.

$$\leqq M \frac{|z|^n - 1}{|z| - 1}.$$

Für alle Werte von $z$, deren absoluter Betrag $\geqq M + 1$ ist, ist dieser letzte Bruch $\leqq |z|^n - 1 < |z|^n$, also folgt, daß für alle solchen $z$:

3) $$|f(z) - a_0 z^n| < |a_0 z^n|$$

ist. M. a. W. es gilt der Satz:

III. *Für alle $z$, deren absoluter Betrag um mindestens 1 größer ist als die durch die Ungleichungen (2) bestimmte Zahl $M$, übersteigt der absolute Betrag des höchsten Gliedes in der rationalen ganzen Funktion $f(z)$ den absoluten Betrag der Summe aller übrigen Glieder.*

Insbesondere folgt daraus:

IV. *Außerhalb des mit dem Radius $M + 1$ um den Nullpunkt beschriebenen Kreises kann keine Wurzel der Gleichung $f(z) = 0$ liegen.*

Ist andererseits $a_{n-\nu} z^\nu$ das niedrigste Glied der rationalen ganzen Funktion $f(z)$, das einen von Null verschiedenen Koeffizienten hat, so kann:

4) $$f(z) = z^n \varphi\left(\frac{1}{z}\right)$$

gesetzt werden, wo

5) $$\varphi\left(\frac{1}{z}\right) = a_{n-\nu}\left(\frac{1}{z}\right)^{n-\nu} + a_{n-\nu-1}\left(\frac{1}{z}\right)^{n-\nu-1} + \ldots + a_0$$

eine rationale ganze Funktion $(n-\nu)$ten Grades von $\frac{1}{z}$ ist. Wollen wir Satz III auf diese anwenden, so müssen wir eine Zahl $m$ durch die Ungleichungen:

$$\left|\frac{a_k}{a_{n-\nu}}\right| \leqq m \quad \text{für} \quad k = 0, 1, 2, \ldots, n - \nu - 1$$

definieren; führen wir dann wieder $z$ und $f$ ein, so folgt:

V. *Für alle von Null verschiedenen*[1] *$z$, deren absoluter Betrag kleiner ist als $(1 + m)^{-1}$, übersteigt der absolute Betrag des niedrigsten*

[1] Dieser Zusatz ist erforderlich, weil beim Übergang von $\varphi$ zu $f$ (Gleichung (4)) mit $z^n$ zu multiplizieren ist.

*Gliedes in der rationalen ganzen Funktion $f(z)$ den absoluten Betrag der Summe aller übrigen Glieder.*

Wie IV aus III folgt hieraus:

VI. *Innerhalb des mit dem Radius $(1 + m)^{-1}$ um den Nullpunkt beschriebenen Kreises kann keine Wurzel der Gleichung $f(z) = 0$ liegen, außer etwa $z = 0$.*

## § 20. Rationale gebrochene Funktionen.

Werden alle Glieder einer gebrochenen rationalen Funktion (§ 8, I) auf gemeinsamen Nenner gebracht, so erhält man den Satz:

I. *Jede rationale gebrochene Funktion von $z$ kann als Quotient zweier rationalen ganzen Funktionen dargestellt werden:*

$$1) \qquad r(z) = \frac{g(z)}{h(z)} = \frac{a_0 z^n + a_1 z^{n-1} + \ldots + a_{n-1} z + a_n}{b_0 z^m + b_1 z^{m-1} + \ldots + b_{m-1} z + b_m}.$$

II. *Die größere der beiden Gradzahlen $m$, $n$, bzw. ihren gemeinschaftlichen Wert, wenn sie einander gleich sind, nennt man den Grad der rationalen Funktion $r(z)$.*

In einem Punkte $z_1$, in welchem $g(z)$ und $h(z)$ von Null verschieden sind, hat $r(z)$ einen bestimmten endlichen von Null verschiedenen Wert. In einem Punkte $z_1$, in welchem $h(z)$ von Null verschieden, $g(z) = 0$ ist, ist auch $r(z) = 0$; und wenn $z_1$ in diesem Falle $\nu$-facher Nullpunkt von $g(z)$ ist, so sagen wir auch, $z_1$ sei $\nu$-facher Nullpunkt von $r(z)$. In einem Punkte, in welchem $g(z)$ von Null verschieden, $h(z) = 0$ ist, ist $r(z) = \infty$ im Sinne des § 12. Hier definieren wir:

III. *Ein Punkt $z_1$, welcher $\nu$-facher Nullpunkt von $h(z)$ und nicht zugleich Nullpunkt von $g(z)$ ist, heißt $\nu$-facher Unendlichkeitspunkt ($\nu$-facher Pol) von $r(z)$.*

Zuweilen ist es bequem, statt der in (II) und (III) definierten Ausdrucksweisen die folgende zu gebrauchen:

IV. *Wenn $r(z)$ auf die Form gebracht werden kann:*

$$2) \qquad r(z) = (z - z_1)^\nu r_1(z),$$

*in welcher $r_1$ eine Funktion bedeutet, die für $z = z_1$ endlich und von Null verschieden ist, so heißt $\nu$ die Ordnungszahl von $r(z)$ im Punkte $z_1$.*

In einem Pole ist demnach die Ordnungszahl negativ, in einem Nullpunkte positiv; ist die Funktion in einem Punkt endlich und von Null verschieden, so ist ihre Ordnungszahl in diesem Punkte 0.

Endlich haben wir noch einen Fall zu berücksichtigen; es kann nach Vornahme der durch Satz I geforderten Reduktionen sehr wohl eintreten, daß $g(z)$ und $h(z)$ noch gemeinschaftliche Nullpunkte besitzen. *In einem solchen Punkte ist der Wert der rationalen Funktion an und für sich vollständig unbestimmt* (§ 12). Wir können aber (durch rationale Operationen, zu welchen wir die Nullpunkte von $g$ und $h$ nicht zu kennen brauchen; A. A. § 23) den größten gemeinsamen Teiler $k(z)$ von $g(z)$ und $h(z)$ bestimmen und damit $r(z)$ auf die Form bringen:

3) $$r(z) = \frac{k(z)\, g_1(z)}{k(z)\, h_1(z)},$$

in welcher $g_1$, $h_1$ rationale ganze Funktionen bedeuten, die keinen gemeinsamen Teiler, also (A. A. § 22, VI) auch keinen gemeinsamen Nullpunkt mehr haben. Setzen wir dann:

4) $$\frac{g_1(z)}{h_1(z)} = r_1(z),$$

so besteht für alle von den Nullpunkten von $k(z)$ verschiedenen Punkte die Gleichung:

5) $$r(z) = r_1(z).$$

Nun hindert uns nichts, durch Definition festzusetzen:

V. *Auch in den Nullpunkten von $k(z)$ soll der Funktion $r(z)$ der Wert von $r_1(z)$ zugeschrieben werden (der ev. auch Null oder $\infty$ sein kann).*

Trifft man diese Festsetzung, so gilt der Satz:

VI. *Die Ordnungszahl (IV) einer rational gebrochenen Funktion ist in jedem Punkt gleich der Differenz der Ordnungszahlen von Zähler und Nenner in diesem Punkt.*

Aus § 19, II folgt noch:

VII. *Eine rationale gebrochene Funktion nimmt keinen Wert öfter an, als ihr Grad angibt.*

## § 21. Verhalten rationaler Funktionen im Unendlichen.

Neben die Auffassung der Gleichung $z' = f(z)$ als einer Beziehung zwischen zwei *verschiedenen* Punkten derselben oder verschiedener Ebenen haben wir bereits in § 10, (10) die andere gestellt, nach der durch eine solche Gleichung *demselben* Punkt eine andere komplexe Größe zugeordnet ist.

Von dieser letzteren Auffassung machen wir insbesondere dann Gebrauch, wenn es sich darum handelt, das *Verhalten irgend einer vorgelegten Funktion im Unendlichen* zu untersuchen. Wir setzen dazu:

1) $$z' = \frac{1}{z}, \text{ also } z = \frac{1}{z'},$$

so daß dem Punkte der Kugel, dem bisher die in § 12 eingeführte komplexe Größe $z = \infty$ zugeordnet war, jetzt die neue komplexe Größe $z' = 0$ entspricht. Ist dann durch eine Funktion $f(z)$ jedem Kugelpunkt ein bestimmter Funktionswert zugeordnet, so können wir diesen Wert auch als Funktion von $z'$ auffassen und als solche etwa mit $\varphi(z')$ bezeichnen. Ist $f(z)$ durch einen rationalen Ausdruck gegeben, so brauchen wir nur in diesem Ausdruck $z$ vermöge (1) durch seinen Wert als Funktion von $z'$ zu ersetzen. Wir erhalten so eine rationale Funktion von $z'$:

2) $$f\left(\frac{1}{z'}\right) = \varphi(z');$$

diese können wir nach § 20, I als Quotienten zweier rationalen ganzen Funktionen darstellen. Die dazu erforderliche Multiplikation mit einer Potenz von $z'$ im Zähler und Nenner setzt allerdings $z' \neq 0$ voraus; da aber $f(z)$ für $z = \infty$ an und für sich in der unbestimmten Form $\infty/\infty$ erscheint, so hindert uns nichts (vgl. § 20, V), durch *Definition* festzusetzen:

I. *Unter dem Wert einer rationalen Funktion $f(z)$ für $z = \infty$ soll der Wert der Funktion $f(1/z') = \varphi(z')$ für $z' = 0$ verstanden werden.*

Tun wir das, so erhalten wir folgende Resultate:

Ist der Zähler einer rationalen Funktion:

3) $$f(z) = \frac{a_0 z^n + \ldots + a_n}{b_0 z^m + \ldots + b_m}$$

von höherem Grade als der Nenner, so wird:

4) $$\varphi(z') = \frac{a_n z'^n + \ldots + a_0}{b_m z'^n + \ldots + b_0 z'^{n-m}};$$

$z' = 0$ ist ein $(n-m)$-facher Pol von $\varphi(z')$; es wird also n. Def. I $f(\infty) = \infty$, und wir sagen, $z = \infty$ sei ein $(n-m)$-facher Pol von $f(z)$.

Ist $m = n$, so wird:

5) $$\varphi(z') = \frac{a_n z'^n + \ldots + a_0}{b_n z'^n + \ldots + b_0},$$

also $f(\infty) = \varphi(0) = a_0/b_0$ endlich und von Null verschieden.

Ist drittens $m > n$, so wird:

6) $$\varphi(z') = \frac{a_n z'^m + \ldots + a_0 z'^{m-n}}{b_m z'^m + \ldots + b_0},$$

also $f(\infty) = \varphi(0) = 0$; und da hier $z' = 0$ $(m-n)$-facher Nullpunkt von $\varphi(z')$ ist, so sagen wir auch, $z' = \infty$ sei $(m-n)$-facher Nullpunkt von $f(z)$.

Indem wir die Definition der Ordnungszahl einer Funktion (§ 20, IV) auf $z = \infty$ ausdehnen, finden wir in allen drei Fällen:

II. *Die rationale Funktion (3) hat in $z = \infty$ die Ordnungszahl $m - n$;*

und damit noch (wenn wir den Fundamentalsatz der Algebra (§ 44, 46) schon als bewiesen voraussetzen):

III. *Die Summe der sämtlichen Ordnungszahlen einer rationalen Funktion ist stets gleich Null.*

## § 21a. Die Funktion $w = \frac{1}{2}(z + z^{-1})$.

Als erstes Beispiel einer rationalen gebrochenen Funktion wollen wir die Funktion

1) $$w = \frac{1}{2}\left(z + \frac{1}{z}\right) = \frac{z^2 + 1}{2z}$$

behandeln. Sie ist vom zweiten Grad, nimmt also jeden Wert in zwei und nur zwei Punkten der Ebene an. Die Beziehung zwischen je zwei Punkten, in denen $w$ denselben Wert annimmt, können wir hier — wie überhaupt bei jeder Funktion zweiten Grades — leicht angeben; soll

2) $$\frac{1}{2}\left(z' + \frac{1}{z'}\right) = \frac{1}{2}\left(z + \frac{1}{z}\right)$$

sein, so muß, wie eine einfache Rechnung lehrt, entweder $z' = z$ oder $z' = z^{-1}$ sein. *Die Funktion $w$ gestattet also die lineare Transformation in sich:*

3) $$z' = \frac{1}{z};$$

*sie ist eine automorphe Funktion.*

Wir können diese Transformation in sich nach Anleitung von § 14 auf eine Normalform bringen; wir brauchen dazu nur in den dortigen Formeln:

$$a = d = 0, \qquad b = c = 1$$

zu setzen. Die Gleichung (12) von § 14 reduziert sich dann auf

4) $$z^2 - 1 = 0,$$

ihre Wurzeln sind $\pm 1$, für den Multiplikator $\varkappa$ ergibt sich der

Wert $-1$, und wir können die Transformation (3) in der Normalform schreiben:

$$5)\qquad \frac{z'-1}{z'+1} = -\frac{z-1}{z+1}.$$

Das veranlaßt uns, eine Hilfsvariabele $Z$ durch die Gleichungen

$$6)\qquad Z = \frac{z-1}{z+1}, \qquad z = \frac{1+Z}{1-Z}$$

einzuführen; es wird dann:

$$7)\qquad w = \frac{1}{2}\left(\frac{1+Z}{1-Z} + \frac{1-Z}{1+Z}\right) = \frac{1+Z^2}{1-Z^2}$$

und umgekehrt:

$$8)\qquad Z^2 = \frac{w-1}{w+1}.$$

Setzen wir noch:

$$9)\qquad \frac{w-1}{w+1} = W, \qquad w = \frac{1+W}{1-W},$$

so erhalten wir:

$$10)\qquad W = Z^2.$$

*Die Beziehung (1) zwischen $w$ und $z$ kann also ersetzt werden durch die drei einfacheren Beziehungen (6), (10), (9), die sämtlich zu den bereits von uns untersuchten gehören.*

Da alle diese Abbildungen im allgemeinen konform sind, so folgt ferner:

*Durch die Beziehung (1) wird die $z$-Ebene konform auf die $w$-Ebene abgebildet, einzelne Punkte ausgenommen.*

Wir werden von der durch unsere Funktion $w$ vermittelten konformen Abbildung am einfachsten eine Vorstellung erhalten, wenn wir von der durch die Gleichung (10) definierten Beziehung zwischen der $Z$- und $W$-Ebene ausgehen und diese dann einerseits mit Hilfe der Gleichungen (6) in die $z$-Ebene, andererseits mit Hilfe der Gleichungen (9) in die $w$-Ebene übertragen. Wir haben in § 17 gesehen, daß wir die beiden durch die Achse der reellen $Z$ getrennten Halbebenen als Fundamentalbereiche der Funktion $W = Z^2$ ansehen können; jeder dieser Bereiche wird durch diese Funktion auf die ganze $W$-Ebene abgebildet. Teilen wir diese letztere auch noch durch die Achse der reellen $W$ in zwei Halbebenen, so entspricht der positiven von ihnen der erste und dritte, der negativen der zweite und vierte Quadrant der $Z$-Ebene.

Andererseits ergibt sich aus den Gleichungen (6) auf Grund von § 15, daß reellen $Z$ auch reelle $z$, rein imaginären $Z$ Werte von $z$ vom absoluten Betrag 1 entsprechen; und aus den Gleichungen (9), daß der Achse der reellen $W$ die Achse der reellen $w$ entspricht. Die daraus folgende gegenseitige Beziehung der vier Ebenen aufeinander ist in den folgenden Figuren in der Weise dargestellt, daß jede der Ebenen durch die genannten Linien in eine Anzahl Gebiete geteilt und dann immer diejenigen Gebiete, die einander entsprechen, mit demselben Buchstaben bezeichnet sind. Dabei mußten natürlich die Gebiete der $W$- und der $w$-Ebene je zwei Buchstaben erhalten, indem ja jedes dieser Gebiete zwei verschiedenen Gebieten der $z$- und der $Z$-Ebene entspricht.

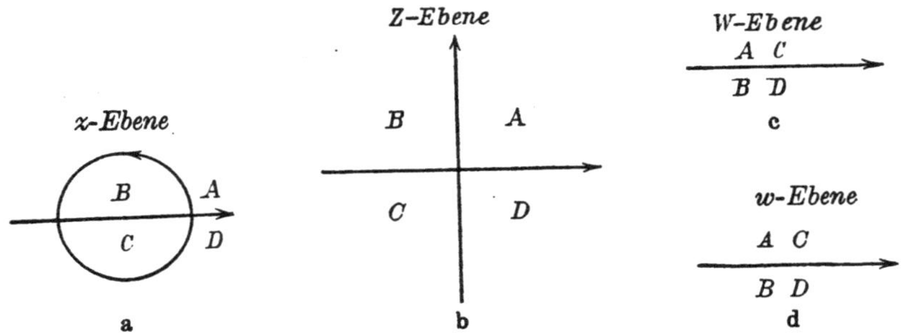


Fig. 13a—d.

Wollen wir die Abbildung noch mehr ins einzelne verfolgen, so können wir auch noch zu weiteren Linien der $z$-Ebene auf Grund der früheren Sätze nacheinander ihre Bilder in der $Z$-, der $W$-, endlich der $w$-Ebene aufsuchen. So entspricht z. B. der Achse der rein imaginären $z$ der Einheitskreis der $Z$-Ebene, diesem der Einheitskreis der $W$-Ebene, diesem die Achse der rein imaginären $w$. Damit ist schon jedes der vorhin genannten Gebiete wieder in zwei Untergebiete geteilt, die sich einzeln entsprechen müssen. Um zu sehen, welches welchem entspricht, brauchen wir nur darauf zu achten, wie ein bestimmter Durchlaufungssinn der einen Linie einem bestimmten Sinn der andern zugeordnet ist, und dann zu berücksichtigen, daß bei unseren Abbildungen der Sinn der Winkel ungeändert bleibt, daß also einem Gebiet, das links von einer in bestimmtem Sinn durchlaufenen Linie liegt, ein Gebiet entsprechen muß, das links von der in entsprechendem Sinn durchlaufenen entsprechenden Linie liegt. Ist so für ein Paar von Teilgebieten die Zuordnung gefunden, so bleibt für die folgenden keine Wahl mehr, wenn man nur beachtet, daß benachbarten Gebieten auch wieder benachbarte entsprechen müssen. Hat man so für alle Gebiete bis auf das letzte die Zuordnung bestimmt, so ergibt sich noch eine Kontrolle dadurch, daß das letzte wieder an ein früheres angrenzen muß. Damit werden die nachfolgenden Figuren erhalten:

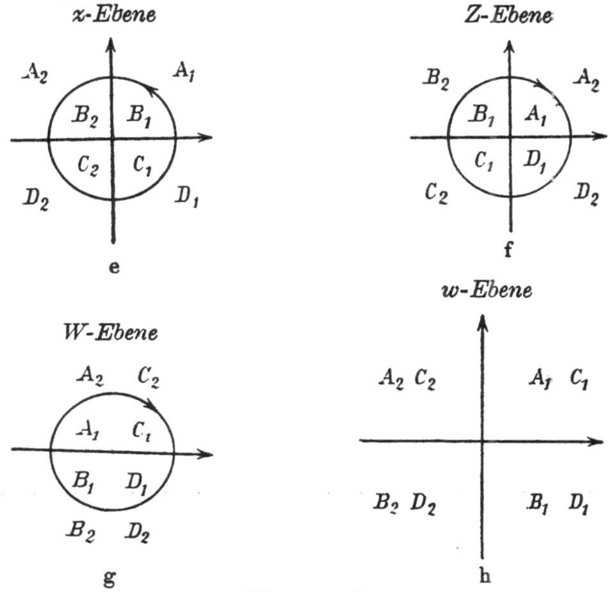


Fig. 13e—h.

Wollen wir noch mehr ins einzelne gehen, so wählen wir in der einen Ebene ein bestimmtes Kurvensystem, von dem durch jeden Punkt der Ebene eine Kurve hindurchgeht, und sehen zu, welches Kurvensystem der andern Ebene ihm entspricht. Wir mögen etwa in der $z$-Ebene die Geraden durch den Nullpunkt und dann zugleich auch die — zu ihnen rechtwinkligen — Kreise um den Nullpunkt ins Auge fassen. Dabei wird sich die Rechnung am einfachsten gestalten, wenn wir in der $z$-Ebene Polarkoordinaten, in der $w$-Ebene aber kartesische Koordinaten benutzen. Wir setzen demgemäß einerseits:

11) $z = r(\cos\varphi + i\sin\varphi)\,, \qquad z^{-1} = r^{-1}(\cos\varphi - i\sin\varphi)\,,$

andererseits:

12) $$w = u + iv$$

und erhalten damit:

13) $u = \frac{1}{2}(r + r^{-1})\cos\varphi\,, \qquad v = \frac{1}{2}(r - r^{-1})\sin\varphi\,.$

Geben wir in diesen Gleichungen dem $\varphi$ einen konstanten Wert und lassen das $r$ alle Werte von 0 bis $\infty$ durchlaufen, so geben sie uns die Parameterdarstellung derjenigen Linie der $w$-Ebene, die der Halbgeraden vom Azimut $\varphi$ durch den Nullpunkt der $z$-Ebene entspricht. Die Gleichung dieser Linie erhalten wir, wenn wir den veränderlichen Parameter $r$ eliminieren, was durch Quadrieren und Subtrahieren geschehen kann; wir finden:

$$14)\qquad \frac{u^2}{\cos^2\varphi} - \frac{v^2}{\sin^2\varphi} = 1 .$$

Das ist die Gleichung einer Hyperbel, die die $u$-Achse zur Hauptachse und die $v$-Achse zur Querachse hat; und zwar liegen ihre Brennpunkte, wie die Rechnung zeigt, in den beiden Punkten $+1$ und $-1$.

Geben wir aber in den Gleichungen (13) dem $r$ einen konstanten Wert und lassen das $\varphi$ alle Werte von 0 bis $2\pi$ durchlaufen, so geben sie uns die Parameterdarstellung derjenigen Linie der $w$-Ebene, die dem Kreis vom Radius $r$ um den Nullpunkt der $z$-Ebene entspricht. Durch Elimination von $\varphi$ erhalten wir die Gleichung dieser Linie in der gewöhnlichen Form; sie lautet:

$$15)\qquad \frac{4u^2}{(r+r^{-1})^2} + \frac{4v^2}{(r-r^{-1})^2} = 1 .$$

Das ist die Gleichung einer Ellipse, die mit der Hyperbel (14) den Mittelpunkt, die Achsenrichtungen und die Brennpunkte gemein hat. Ellipsen und Hyperbeln mit denselben Brennpunkten nennt man konfokal (vgl. § 17, VIII); wir können also sagen:

*Den Kreisen um den Nullpunkt und den Halbgeraden durch den Nullpunkt der $z$-Ebene entsprechen in der $w$-Ebene konfokale Ellipsen und Hyperbeln, mit den Brennpunkten in den Punkten $+1$ und $-1$.*

Die reelle Halbachse der Hyperbel (14) hat die Länge

$$16)\qquad |\cos\varphi| ,$$

lassen wir $\varphi$ von 0 bis $\pi$ wachsen, so nimmt sie zuerst von 1 bis 0 ab und wächst dann wieder von 0 bis 1. Jede unserer Hyperbeln entspricht also zwei verschiedenen Geraden der $z$-Ebene, die symmetrisch zur $y$-Achse liegen.

Die große Halbachse der Ellipse (15) hat die Länge

$$17)\qquad \tfrac{1}{2}(r + r^{-1});$$

jeder unserer Ellipsen entsprechen also zwei verschiedene Kreise der $z$-Ebene, deren Radien reziproke Werte haben.

Für $r = 1$ wird $v = 0$. Daraus ist aber nicht etwa zu schließen, daß dem Einheitskreis der $z$-Ebene die ganze Achse der reellen $w$ entspricht; sondern aus der ersten Gleichung (13) geht hervor, daß zu $r = 1$ nur solche Werte von $u$ gehören, die absolut genommen nicht größer als 1 sind. Dem Einheitskreis der $z$-Ebene entspricht also die Strecke zwischen den gemeinsamen Brennpunkten unserer Ellipsen und Hyperbeln; sie kann als eine ausgeartete Ellipse angesehen werden.

Auch für $\varphi = 0$ wird $v = 0$; die zugehörigen Werte von $u$ sind positiv und mindestens gleich 1, wie die Diskussion der reellen Funktion $u = \frac{1}{2}(r + r^{-1})$ der reellen positiven Variabeln $r$ lehrt. Der Halbachse der positiv reellen $z$ entspricht also derjenige Teil der Halbachse der positiv reellen $w$, der vom Punkte $w = 1$ aus sich ins Unendliche erstreckt. Ebenso entspricht der Halbachse der negativ reellen $z$ ($\varphi = \pi$) dasjenige Stück der Halbachse der negativ reellen $w$, das vom Punkte $w = -1$ aus sich ins Unendliche erstreckt. Diese beiden Stücke der Achse der reellen $w$ zusammen können als eine ausgeartete Hyperbel angesehen werden.

Für $\varphi = \pm \frac{\pi}{2}$ wird $u = 0$; $v$ durchläuft alle reellen Werte von $-\infty$ bis $+\infty$ (bezw. von $+\infty$ bis $-\infty$), wenn $r$ die reellen positiven Werte von 0 bis $+\infty$ durchläuft: den beiden Halbachsen der positiv und der negativ imaginären $z$ entspricht die Achse der imaginären $w$; auch sie kann als eine ausgeartete Hyperbel angesehen werden.

Aus der Konformität unserer Abbildung geht hervor, daß sich unsere Ellipsen und unsere Hyperbeln überall unter demselben Winkel schneiden, wie die entsprechenden Kreise und Geraden der $z$-Ebene, d. h. unter einem rechten Winkel. Damit haben wir einen Beweis für den geometrischen Satz, daß sich eine Ellipse und eine Hyperbel, die die beiden Brennpunkte gemeinsam haben, unter rechten Winkeln schneiden.

In den Punkten $z = \pm 1$, denen bzw. die Punkte $w = \pm 1$ entsprechen, ist die Konformität der Abbildung unterbrochen: einem Winkel $\pi$ der $z$-Ebene entspricht hier ein Winkel $2\pi$ der $w$-Ebene.

## § 22. Ein etwas komplizierteres Beispiel einer automorphen rationalen Funktion.

Was unter einer automorphen Funktion zu verstehen ist, haben wir bereits § 17, IV definiert. Soll sie zugleich eine *rationale* sein, so darf die Gruppe ihrer Transformationen in sich (§ 18, VI) nur aus einer endlichen Anzahl von Transformationen bestehen (wegen § 20, VII).

Wir definieren zunächst:

I. *Eine Gruppe, die nur aus einer endlichen Anzahl von Transformationen besteht, nennt man eine endliche diskrete*[1] *Gruppe.*

[1] Der Zusatz „diskrete" ist erforderlich, weil man auch von „endlichen kontinuierlichen" Gruppen spricht, wo dann das „endlich" sich nicht auf die Anzahl der Transformationen bezieht.

Sei $z' = \lambda(z)$ eine der Transformationen einer solchen Gruppe; dann gehören nach § 18, V auch die durch Wiederholung dieser Transformation entstehenden Transformationen

1) $$\lambda^2(z) \equiv \lambda[\lambda(z)], \quad \lambda^3(z) \equiv \lambda[\lambda^2(z)], \ldots .$$

zu der Gruppe. Soll diese eine endliche diskrete sein, so können die Transformationen (1) nicht alle voneinander verschieden sein; sei etwa:

$$\lambda^{n+k}(z) \equiv \lambda^k(z),$$

oder was dasselbe ist

$$\lambda^n[\lambda^k(z)] \equiv \lambda^k(z),$$

so führen wir eine neue Variable $Z$ ein durch die Gleichung

$$\lambda^k(z) \equiv Z.$$

Ist $\lambda(z)$ eine lineare Transformation, so ist nach § 14, VI auch $\lambda^k(z)$ eine solche; dann gehört zu jedem Wert von $Z$ ein Wert von $z$ und es folgt, daß auch die entstehende Gleichung

$$\lambda^n(Z) \equiv Z$$

für alle Werte von $Z$ gelten muß; m. a. W. wir haben den Satz:

II. *Jede Transformation einer endlichen diskreten Gruppe linearer Transformationen hat die Eigenschaft, daß sie nach einer endlichen Anzahl von Wiederholungen zum Ausgangswert zurückführt.*

Ist z. B. (vgl. § 15, 8)

$$\lambda(z) = 1 - z,$$

so folgt:

$$\lambda^2(z) = 1 - \lambda(z) = 1 - (1 - z) = z;$$

hier ist also $n = 2$. Ist aber (vgl. § 15, 9):

$$\lambda(z) = \frac{z - 1}{z},$$

so folgt:

$$\lambda^2(z) = \frac{\lambda(z) - 1}{\lambda(z)} = \frac{(z - 1) - z}{z - 1} = \frac{1}{1 - z},$$

dann:

$$\lambda^3(z) = \frac{\lambda^2(z) - 1}{\lambda^2(z)} = \frac{1 - (1 - z)}{1} = z;$$

hier ist also $n = 3$.

Schreiben wir die gefundene Gleichung in einer der Formen:

$$\lambda^{n-1}[\lambda(z)] = z \quad \text{oder} \quad \lambda[\lambda^{n-1}(z)] = z,$$

so zeigt sie noch:

IIa. *In einer endlichen diskreten Gruppe linearer Transformationen ist zu jeder ihrer Transformationen $z' = \lambda(z)$ eine andere $z'' = \mu(z)$ von der Eigenschaft enthalten, daß:*

2) $$\mu[\lambda(z)] = z \quad \text{und} \quad \lambda[\mu(z)] = z$$

*ist, oder anders ausgedrückt, daß die Gleichung $z = \mu(z')$ die Auflösung* *von $z' = \lambda(z)$ nach $z$ ist. Man nennt $\mu$ die zu $\lambda$ inverse Transformation und bezeichnet sie mit $\lambda^{-1}$.*

Seien nun:

3) $$\lambda_0(z) = z, \quad \lambda_1(z), \quad \lambda_2(z), \quad \ldots, \quad \lambda_{N-1}(z)$$

die $N$ voneinander verschiedenen linearen Transformationen einer endlichen diskreten Gruppe. Es sei dann $\lambda_k(z)$ irgend eine von ihnen, so sind die $N$ Werte

4) $$\lambda_0[\lambda_k(z)], \quad \lambda_1[\lambda_k(z)], \quad \ldots, \quad \lambda_{N-1}[\lambda_k(z)]$$

eben wegen der Gruppeneigenschaft sämtlich unter den $N$ Werten (3) enthalten. Andererseits sind sie aber alle voneinander verschieden. Denn wäre z. B. $\lambda_1[\lambda_k(z)] = \lambda_2[\lambda_k(z)]$, so müßte diese Gleichung auch bestehen bleiben, wenn wir an Stelle von $z$ den Wert $\mu_k(z)$ substituierten, unter $\mu_k$ die zu $\lambda_k$ inverse Transformation verstanden. Aus der so entstehenden Gleichung:

$$\lambda_1\left[\lambda_k[\mu_k(z)]\right] = \lambda_2\left[\lambda_k[\mu_k(z)]\right]$$

würde folgen:

$$\lambda_1(z) = \lambda_2(z),$$

da nach der Definition der zu einer gegebenen inversen Transformation $\lambda_k[\mu_k(z)] = z$ ist. Das würde aber mit der Voraussetzung in Widerspruch stehen, daß die $N$ Transformationen (3) alle voneinander verschieden sein sollten. Also müssen auch die $N$ Werte (4) alle voneinander verschieden sein; und da sie, wie schon gezeigt, alle unter den $N$ Werten (3) enthalten sind, so können sie sich von diesen $N$ Werten nur durch die Reihenfolge unterscheiden. Bilden wir nun irgend eine rationale symmetrische Funktion der $N$ Werte (3), z. B. die Summe $\Sigma_l \lambda_l(z)$ oder das Produkt $\Pi_l \lambda_l(z)$, und üben auf sie eine Transformation der Gruppe (3) aus, d. h. ersetzen wir in ihr $z$ durch $\lambda_k(z)$, so geht sie über in die entsprechende Funktion der $N$ Werte (4). Da aber diese $N$ Werte, wie bewiesen, von den $N$ Werten (3) nur durch die Reihenfolge verschieden sind, und da die Funktion eine symmetrische sein sollte, so folgt, daß sie sich bei dieser Transformation gar nicht ändert, und da das gleiche für jede Transformation der Gruppe gilt, so folgt, daß sie eine zu der Gruppe gehörende automorphe Funktion ist. Damit haben wir den Satz bewiesen:

III. *Jede symmetrische Funktion der $N$ Werte (3) ist eine zu der Gruppe (3) gehörende automorphe Funktion*, sofern sie sich nicht auf eine Konstante reduziert. Letzteres kann zwar sehr wohl bei gewissen symmetrischen Funktionen eintreten, aber nicht gleichzeitig bei allen da sonst die Werte (3) selbst konstant sein müßten). *Es gehören also* *zu jeder endlichen diskreten Gruppe linearer Transformationen wirklich automorphe rationale Funktionen.*

Zu besonders einfachen solchen Funktionen gelangen wir durch folgende Überlegung: Sei $z_0$ ein Fixpunkt einer oder mehrerer ($k$) der Transformationen (3), sei also etwa:

5) $$z_0 = \lambda_0(z_0) = \lambda_1(z_0) = \lambda_2(z_0) = \ldots = \lambda_{k-1}(z_0);$$

dann folgt:

6) $$\lambda_r(z_0) = \lambda_r[\lambda_1(z_0)] = \ldots = \lambda_r[\lambda_{k-1}(z_0)].$$

Da $\lambda_r$, $\lambda_r \lambda_1$, ..., $\lambda_r \lambda_{k-1}$ selbst zu den Transformationen der Gruppe gehören, so sagen diese Gleichungen aus: die Punkte, in die $z_0$ durch die Transformationen der Gruppe übergeführt wird, fallen zu *je* $k$ zusammen (woraus nebenbei hervorgeht, daß $k$ ein Teiler von $N$ sein muß). Ist nun $\varphi(z)$ eine lineare Funktion von $z$, die $z_0$ zum Nullpunkt hat, so hat $\varphi[\lambda_r(z_0)]$ den Punkt $\lambda_r^{-1}(z_0)$ zum Nullpunkt; da nach (II) die Gesamtheit der zu den Transformationen unserer Gruppe inversen Transformationen mit dieser Gruppe selbst identisch ist, so folgt: die Nullpunkte von:

$$\prod_{r=0}^{N-1} \varphi[\lambda_r(z)]$$

fallen zu je $k$ zusammen, der Zähler dieser Funktion ist die $k^{te}$ Potenz einer ganzen Funktion vom Grade $N/k$.[1] Bestimmen wir $\varphi(z)$ auch noch so, daß auch sein Pol in einen (von $z_0$ und seinen Transformierten verschiedenen) Fixpunkt einer der Substitutionen (1) hineinfällt, so wird auch der Nenner des Produkts eine Potenz einer ganzen Funktion.

Wenden wir dies nun auf den speziellen Fall der Gruppe von 6 Transformationen an, welche einen Wert des Doppelverhältnisses von 4 Punkten in die 5 andern überführt. Die Substitution $z' = \frac{1}{z}$ hat einen Fixpunkt in $z_0 = -1$, die Substitution $z' = 1 - z$ einen im Unendlichen. Eine lineare Funktion, die den ersteren zum Nullpunkt, den letzteren zum Pol hat, ist $z + 1$, sie wird durch die Substitutionen der Gruppe übergeführt in:

7) $$\frac{z+1}{z}; \quad 2 - z; \quad \frac{2z-1}{z}; \quad \frac{2z-1}{z-1}; \quad \frac{2-z}{1-z}.$$

Das Produkt aller 6 Werte:

8) $$-\left(\frac{2z^3 - 3z^2 - 3z + 2}{z(z-1)}\right)^2$$

---

[1] Wir lassen den Fall zunächst beiseite, daß einer der Punkte $\lambda_r(z_0)$ ins unendliche fällt; es würde dann Graderniedrigung eintreten. Vgl. das folgende Beispiel.

ist demnach *eine Funktion des Doppelverhältnisses z von 4 Punkten welche ungeändert bleibt, wenn man die 4 Punkte irgendwie vertauscht.*

Wollen wir nun für diese Funktion einen *Fundamentalbereich*, konstruieren, so können wir davon ausgehen, daß sie eine *symmetrische* automorphe Funktion ist; wir verfahren deshalb, analog wie § 18, XI so, daß wir zunächst die Linien aufsuchen, längs welcher $F(z)$ *reell* ist. Zu diesen gehört vor allem die Achse der reellen $z$ selbst; außerdem aber noch diejenigen Linien, längs welcher zwei und folglich je zwei der Faktoren (6) zueinander konjugiert komplex sind. Nun ist $z+1$ konjugiert

zu $2-z$ längs der Linie $x=\frac{1}{2}$;

zu $\frac{z+1}{z}$ längs des Einheitskreises;

zu $\frac{2z-1}{z-1}$ längs des Kreises von Mittelpunkt 1 und Radius 1; zu jedem der beiden noch übrigen Faktoren dagegen nur in einzelnen Punkten. Aber die drei genannten Linien, zusammen mit der Achse der reellen $z$ teilen die $z$-Ebene gerade schon in 12 Bereiche; je zwei aneinanderstoßende solcher Bereiche geben zusammen ein Bild der $w$-Ebene, und da die Funktion $w$ keinen Wert öfter als sechsmal annehmen kann, so brauchen wir nicht nach weiteren Teilungslinien zu suchen, sondern haben in der Fig. 14 bereits die vollständige Einteilung der $z$-Ebene in Fundamentalbereiche der automorphen Funktion $w$ vor uns, die, wie aus späteren Sätzen (§ 38; § 46) hervorgehen wird, in jedem solchen Bereich jeden komplexen Wert einmal und nur einmal annimmt.

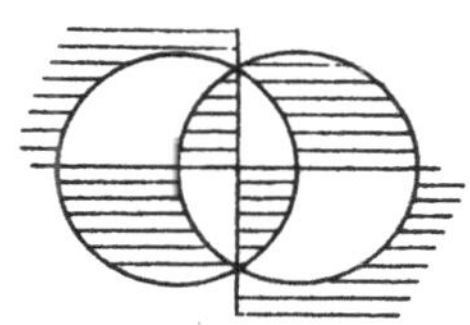

Fig. 14.

Diese Figur nimmt eine besonders übersichtliche Gestalt an, wenn man sie stereographisch so auf die Kugel überträgt, daß die Schnittpunkte der beiden Kreise in zwei diametral gegenüberliegende Punkte der Kugel fallen. Nimmt man diese Punkte zu Polen eines sphärischen Koordinatensystems, so geben die beiden Kreise und ihre gemeinsame Sehne drei Meridiane der Kugel, und da bei der Übertragung die Winkel erhalten bleiben (vgl. § 34), so schneiden sich diese drei Meridiane unter gleichen Winkeln. Das Bild der Achse der reellen Zahlen endlich muß sie alle drei rechtwinklig schneiden; wir können die in der Abbildungsfunktion uns noch zur Verfügung stehende Konstante so bestimmen, daß dieses Bild in den Äquator der Kugel fällt. Die zwölf Teilbereiche werden dann abwechselnd kongruent und symmetrisch.

Will man das auch analytisch verfolgen, so hat man zunächst die Substitution $z = \varphi(\zeta)$ aufzusuchen, die die beschriebene Abbildung auf die Kugel vermittelt, und dann in den Gleichungen (7)—(11) von § 15 nicht nur $\lambda$ durch $\varphi(\zeta)$, sondern auch die neue Variable $\lambda'$ durch $\varphi(\zeta')$ zu ersetzen, endlich die so entstehenden Gleichungen nach $\zeta'$ aufzulösen. Man erhält dann sehr einfache Formeln für die Darstellung der Gruppe; und auch die invariante Funktion (8) nimmt eine sehr einfache Gestalt an.

Weiter eindringende Untersuchungen über die endlichen diskreten Gruppen linearer Substitutionen würden den Rahmen dieses Buches überschreiten.[1]

## § 22a. Beispiel einer rationalen ganzen Funktion, die nicht linear automorph ist.

Als Beispiel einer einfachen rationalen ganzen Funktion, die bei keiner linearen Transformation in sich übergeht, möge noch die folgende hier behandelt werden:

1) $$w = z^3 - 3z = z(z - \sqrt{3})(z + \sqrt{3}).$$

Wir zerlegen gleich sowohl die unabhängige Variable, als auch die Funktion in reellen und imaginären Teil:

$$z = x + iy, \qquad w = u + iv;$$

wir erhalten dann:

2) $$\begin{aligned} u &= x^3 - 3xy^2 - 3x = x(x^2 - 3y^2 - 3), \\ v &= 3x^2y - y^3 - 3y = y(3x^2 - y^2 - 3). \end{aligned}$$

Lassen wir nun zunächst $z$ die Achse der reellen Zahlen durchlaufen, d. h. setzen wir $y = 0$ und legen dem $x$ alle Werte von $-\infty$ bis $+\infty$ bei, so erhält auch $w$ reelle Werte, indem sich $v = 0$ ergibt. Die Variable $w$ durchläuft aber nicht einfach die Achse der reellen $w$, sondern, wie die für $y = 0$ sich ergebende Gleichung

3) $$\frac{\partial u}{\partial x} = 3x^2 - 3 = 3(x - 1)(x + 1)$$

zeigt, nimmt $w$ nur solange mit wachsendem $z$ zu, als $z$ kleiner als $-1$ oder größer als $+1$ ist. Für $z = -1$ wird $w = +2$, für $z = +1$ wird $w = -2$; wir sehen also:

*Wächst $z$ durch reelle Werte von $-\infty$ über $-2$ bis $-1$, so durchläuft auch $w$ reelle Werte stetig wachsend von $-\infty$ über $-2$ bis $+2$. Wächst $z$ dann weiter von $-1$ bis $+1$, so bleibt $w$ reell, nimmt aber*

[1] Eine ausführliche Darstellung dieser Theorien gibt F. Klein, Vorl. über das Ikosaeder, Lpz. 1884.

*wieder ab bis* $-2$. *Wächst endlich* $z$ *von* $+1$ *über* $+2$ *weiter bis* $+\infty$, *so wächst auch* $w$ *wieder, und zwar von* $-2$ *über* $+2$ *bis* $+\infty$.

Zu jedem reellen $w$, dessen absoluter Betrag größer als 2 ist, gehört also nur je ein reeller Wert von $z$; dagegen gehören zu jedem reellen $w$ zwischen $-2$ und $+2$ drei verschiedene reelle Werte von $z$, von denen jedem der drei Intervalle $(-2 \ldots -1)$, $(-1 \ldots +1)$, $(+1 \ldots +2)$ je einer angehört.

Wir erhalten aber reelle Werte von $w$ auch noch für andere Werte von $z$. Nach der zweiten Gleichung (2) wird nämlich $v$ auch dann gleich Null, wenn

$$4) \qquad 3x^2 - y^2 - 3 = 0$$

ist, geometrisch ausgedrückt, wenn der Punkt $z$ auf der Kurve liegt, deren Gleichung das ist. Diese Kurve ist eine Hyperbel, die die Punkte $x = -1$ und $x = +1$ zu Scheiteln hat und deren beide Asymptoten unter Winkeln von $\pm 60^0$ gegen die $x$-Achse geneigt sind. Für die Punkte dieser Hyperbel läßt sich $u$ durch $x$ allein ausdrücken: wir brauchen dazu nur das $y$ aus der Gleichung (4) zu entnehmen und in die erste Gleichung (2) einzusetzen, und zwar ist dazu nicht einmal die Ausziehung einer Wurzel erforderlich. Wir erhalten:

$$5) \qquad u = x(x^2 - 9x^2 + 9 - 3) = -2x(4x^2 - 3).$$

Zwei Punkte der Hyperbel mit der gleichen Abszisse liefern also dasselbe reelle $w$; auch zeigt die Gleichung: wenn der Punkt $z$ den links gelegenen Hyperbelast vom Unendlichen bis zum Schnittpunkt mit der $x$-Achse durchläuft, nimmt $w$ oder $u$ von $+\infty$ bis $+2$ ab; wenn aber $z$ den rechts gelegenen Hyperbelast vom Unendlichen bis zum Scheitel durchläuft, wächst $w$ von $-\infty$ bis $-2$. Wir erhalten also für jeden reellen Wert von $w$, zu dem nur eine reelle Wurzel der Gleichung (1) gehört, noch zwei konjugiert komplexe Wurzeln dieser Gleichung (wie aus der elementaren Algebra bekannt). Damit sind aber auch alle Werte von $z$ erschöpft, die reelle $w$ liefern; wir können sagen: die Gleichung (1) hat für jedes reelle $w$, ausgenommen $w = -2$ oder $+2$, drei reelle oder eine reelle und zwei konjugiert komplexe Wurzeln.

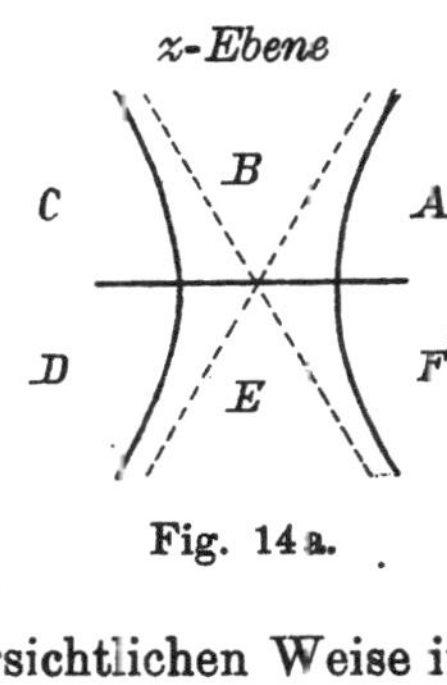

Fig. 14a.

Durch die drei Linien, deren Punkte reelle $w$ liefern, wird die $z$-Ebene in der aus Fig. 14a ersichtlichen Weise in sechs Gebiete geteilt. Allen Punkten $z$, die einem dieser Gebiete angehören, entsprechen Werte von $w$, deren imaginärer Bestandteil $iv$ dasselbe Vorzeichen hat; wir sagen kurz: jedem dieser Gebiete entspricht entweder die positive oder die negative Halbebene der $w$[1]. Denn $v$ kann als stetige Funktion von $x$ und $y$ nicht von positiven zu negativen Werten übergehen, ohne durch Null hindurchzugehen; Null wird es aber, wie wir gesehen haben, nur dann, wenn $z$ eine der Linien überschreitet, die jene Gebiete gegeneinander abgrenzen. Wollen wir von einem dieser Gebiete untersuchen, ob es der positiven oder der negativen Halbebene der $w$ entspricht, so brauchen wir nur darauf zu achten, wie die Richtungen einander entsprechen, in denen die Begrenzungslinien des Gebietes einerseits, der Halbebene andererseits durchlaufen werden. Durchlaufen wir z. B. die Begrenzung des mit $C$ bezeichneten Gebietes in der Weise, daß wir von $z = -\infty$ ausgehend die Achse der reellen $z$ bis $z = -1$ durchlaufen und dann längs der Hyperbel ins Unendliche zurückkehren, so bleibt dabei das Gebiet $C$ *links*; das ihm in der $w$-Ebene entsprechende Gebiet muß also auch links bleiben, wenn wir dort den entsprechenden Weg durchlaufen. Dieser entsprechende Weg führt aber, wie wir gesehen haben, das $w$ erst von $-\infty$ nach $+2$ und dann von da weiter nach $+\infty$. Links von diesem Weg liegt die Halbebene der $w$ mit positivem imaginären Bestandteil; diese entspricht daher dem Gebiet $C$ und ist demgemäß in der Fig. 14b ebenfalls mit $C$ bezeichnet.

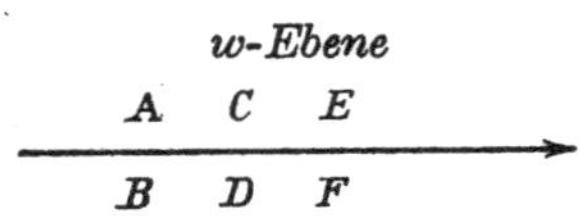

Fig. 14b.

In dieser Weise könnten wir jedes der sechs Gebiete behandeln, in die wir die $z$-Ebene zerlegt haben; es ist aber das nicht einmal nötig. Denn $v$ wechselt sein Vorzeichen, sowohl wenn $z$ die Achse der reellen Zahlen, als wenn es die Hyperbel (4) überschreitet; je zweien in der $z$-Ebene aneinander angrenzenden Gebieten entsprechen also zwei verschiedene Halbebenen der $w$-Ebene. Damit kann man, sobald einmal die Zuordnung der Gebiete $C$ gefunden ist, die Zuordnung der übrigen Gebiete Schritt für Schritt, eines nach dem andern, feststellen; man erhält eine Kontrolle, wenn man zum Schlusse wieder zu $C$ zurückkehrt.

Wir gehen nun noch mehr ins Detail, indem wir jede der Halbebenen der $w$-Ebene durch die Achse der rein imaginären $z$ in zwei Quadranten zerlegen. Wir fragen zunächst, welche Linien

[1] Durch das Vorhergehende würde zunächst nur bewiesen sein, daß einem der genannten Gebiete der $z$-Ebene ein ganz in der positiven oder ganz in der negativen Halbebene der $w$ gelegenes Gebiet entspricht; daß dieses Gebiet die betreffende Halbebene der $w$ ganz bedeckt, wird erst aus einem späteren Satze (§ 38, VIII) hervorgehen.

der $z$-Ebene den Trennungslinien entsprechen, d. h. für welche $z$ das $w$ rein imaginäre Werte annimmt, mit noch andern Worten, für welche $u = 0$ wird. Die erste Gleichung (2) zeigt, daß das eintritt einmal für $x = 0$, d. h. für die rein imaginären $z$; dann aber auch für

$$x^2 - 3y^2 - 3 = 0, \tag{6}$$

d. h. für die Punkte einer zweiten Hyperbel, die die Punkte $x = \pm\sqrt{3}$ zu Scheiteln hat und deren Asymptoten gegen die $x$-Achse um $\pm 30^0$ geneigt sind. Diese Linien teilen jedes der sechs zuerst betrachteten Gebiete der $z$-Ebene in zwei Untergebiete, deren jedes einem Quadranten der $w$-Ebene entspricht. Wollen wir entscheiden, welchem, so brauchen wir nur auf die Begrenzungen zu achten und die bereits erhaltenen Resultate zu benützen. Z. B. grenzt das mit $A_1$ bezeichnete Gebiet an ein Stück der Halbachse der positiv reellen $z$, dem die Halbachse der positiv reellen $w$ entspricht; das Gebiet $A_1$

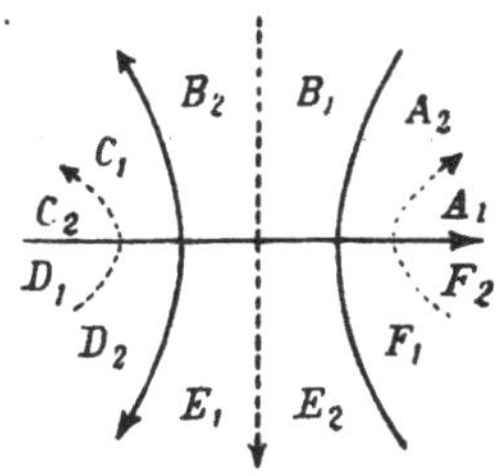


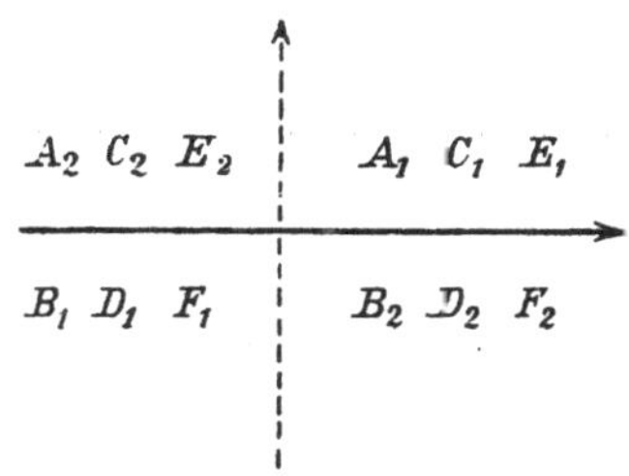


Fig. 14c. Fig. 14d.

kann also nur dem ersten Quadranten der $w$-Ebene entsprechen. Ist das festgestellt, so können wir die Zuordnung der übrigen Teilgebiete der $z$-Ebene zu den Quadranten wie vorhin finden und erhalten auch hier zum Schluß eine Kontrolle, sogar mehrere, indem gegen das Ende des Prozesses die neu hinzukommenden Gebiete an mehrere der bereits berücksichtigten angrenzen.

Sollen zu weiteren Kurven der $z$-Ebene die entsprechenden Kurven der $w$-Ebene gesucht werden, so verfährt man wohl am besten so, daß man für eine solche Kurve $x$ und $y$ als Funktionen eines Parameters ausdrückt (event. kann auch eine der Koordinaten selbst als Parameter genommen werden) und diese Ausdrücke in die Gleichungen (2) einsetzt; man erhält dann eine Parameterdarstellung für die entsprechende Kurve der $w$-Ebene.

Soll umgekehrt zu einer gegebenen Kurve der $w$-Ebene die entsprechende der $z$-Ebene gesucht werden, so braucht man bloß in die in kartesischen Koordinaten gegebene Gleichung der ersteren für $u$ und $v$ ihre Ausdrücke (2) einzusetzen; man erhält dann sofort die Gleichung der gesuchten Kurve zwischen $x$ und $y$. Man muß aber dann noch untersuchen, ob auch *allen* Punkten dieser Kurve Punkte der gegebenen Kurve der $w$-Ebene entsprechen.

Für die Erkenntnis der Verhältnisse der Abbildung unserer beiden Ebenen aufeinander ist mit der Untersuchung solcher Kurven nur wenig gewonnen. Denn abgesehen von den schon oben ausführlich diskutierten Beispielen erhält man auch in den einfachsten Fällen Kurven, deren Eigenschaften nicht mehr aus den Elementen der analytischen Geometrie bekannt sind. Vielmehr wird gerade umgekehrt die durch unsere Funktion vermittelte Abbildung dazu dienen können, das Studium der Eigenschaften solcher Kurven zu erleichtern: sie gibt vor allem sofort Auskunft darüber, in welchen der in unseren Figuren mit Buchstaben bezeichneten Gebiete die Kurve der einen Ebene verläuft, sobald man das von der entsprechenden Kurve der anderen Ebene weiß.

Damit brechen wir die Untersuchung rationaler Funktionen einer komplexen Veränderlichen ab, um zu transzendenten Funktionen überzugehen. Wie wir nämlich im ersten Abschnitt die elementaren Rechnungsoperationen von reellen auf komplexe Größen übertragen haben, so können wir auch die Frage aufwerfen, ob es nicht Funktionen einer komplexen Variabeln gibt, welche die fundamentalen Eigenschaften der elementaren transzendenten Funktionen einer reellen Variabeln teilen. Der folgende Abschnitt dient als Vorbereitung zur Beantwortung dieser Frage.

# DRITTER ABSCHNITT.

## Definitionen und Sätze aus der Theorie der reellen Veränderlichen und ihrer Funktionen.

Wenn wir auch die Elemente der Theorie einer reellen Variabeln und ihrer Funktionen, als insbesondere die Begriffe der Irrationalzahl und des Grenzwertes (A. A. Abschnitt VI), sowie den Begriff der Stetigkeit (A. A. Abschnitt IX) als bekannt voraussetzen, so müssen wir doch einerseits jene Entwicklungen in mehrfacher Beziehung ergänzen, andererseits darlegen, wie sie sich auf Funktionen von zwei reellen Variabeln übertragen lassen.

## § 23. Punktmengen auf einer Geraden; ihre Schranken und Häufungspunkte.

Es kommt häufig vor, daß von den reellen Zahlen (Punkten) eines endlichen Intervalls eine endliche oder unendlich große Anzahl durch irgend eine besondere Eigenschaft von den übrigen unterschieden ist. Man sagt dann: *in dem Intervall ist eine Punktmenge definiert.* Man wird eine solche Punktmenge immer dann — aber auch nur dann — als bestimmt definiert ansehen dürfen, wenn von jedem Punkt des Intervalls begrifflich feststeht, ob er zu den Punkten der Menge gehört; dabei ist nicht erforderlich, daß man bereits im Besitz eines Mittels ist, um von jedem Punkt des Intervalls zu entscheiden, ob er zu der Menge gehört oder nicht.

I. *Unter der oberen Schranke einer Punktmenge versteht man eine Zahl $\alpha$ von der Beschaffenheit, daß jede Zahl $\alpha - \varepsilon$, aber keine Zahl $\alpha + \varepsilon (\varepsilon > 0)$ von einer Zahl der Menge übertroffen wird.* Z. B. ist $\sqrt{2}$ obere Schranke der positiven Zahlen, deren Quadrat $< 2$ ist, 1 obere Schranke der echten Brüche. Entsprechend wird die untere Schranke einer Menge definiert. Dann gilt der Satz:

II. *Eine einem Intervall angehörende Punktmenge besitzt stets eine untere und eine obere Schranke.*

Denn wir können die rationalen Zahlen des Intervalls so in zwei Klassen teilen, daß jede Zahl $a$ der einen Klasse von mindestens einer Zahl der Menge übertroffen wird, jede Zahl $A$ der andern Klasse dagegen von keiner Zahl der Menge. Ist unter den $A$ eine kleinste oder unter den $a$ eine größte, so ist dies die obere Schranke, deren Existenz behauptet worden war; ist keines von beiden der Fall, so definiert die Zerlegung $a/A$ eine irrationale Zahl $\alpha$ (A. A. § 33), und diese ist dann die obere Schranke.

Ist unter den Zahlen der Menge eine die größte (wie das bei endlichen Mengen immer der Fall ist), so ist diese zugleich die obere Schranke; andernfalls gehört die obere Schranke der Menge selbst nicht an.

Für die untere Schranke gilt entsprechendes.

Man gebraucht ferner die Ausdrucksweise:

III. *Ein Punkt $\alpha$ heißt Häufungspunkt einer Punktmenge, wenn zwischen $\alpha - \varepsilon$ und $\alpha + \varepsilon$ immer noch Punkte*[1] *der Menge liegen, wie* (klein) *auch die positive Zahl $\varepsilon$ gewählt sein mag.*

[1] Der Plural ist hier wesentlich.

Z. B. ist der Grenzwert einer konvergenten Zahlenfolge Häufungspunkt für die der Folge angehörenden Zahlen. Wie schon dieses Beispiel zeigt, braucht ein Häufungspunkt einer Punktmenge der Menge selbst nicht anzugehören; er kann ihr aber angehören.

Eine Punktmenge braucht sich nicht als konvergente Zahlenfolge (A. A. § 37) anordnen zu lassen; besitzt sie aber einen Häufungspunkt $\alpha$, so sind in ihr Folgen enthalten, die gegen $\alpha$ konvergieren und deren sämtliche Zahlen der Menge angehören.

Nun gilt der Satz von Weierstrass:

IV. *Eine einem endlichen Intervall angehörende unendliche Punktmenge hat in diesem Intervall mindestens einen Häufungspunkt.*

Auch der Beweis dieses Satzes läßt sich einfach an die Definition der Irrationalzahlen durch Schnitte im Gebiete der Rationalzahlen anknüpfen. Wir können nämlich die Rationalzahlen des Intervalls so in zwei Klassen teilen, daß jedes $a$ von unendlich vielen Zahlen der Menge übertroffen wird, jedes $A$ nur von einer endlichen Anzahl oder überhaupt von keiner. Der Anfangspunkt des Intervalls gehört sicher zu den $a$, der Endpunkt sicher zu den $A$; es sind also beide Klassen wirklich vertreten. Es gibt demnach eine (rationale oder irrationale) Zahl $\alpha$ von der Art, daß jede kleinere Zahl zu den $a$, jede größere zu den $A$ gehört. Ist dann $\varepsilon$ irgend eine positive Zahl, so wird $\alpha - \varepsilon$ von unendlich vielen Zahlen der Menge übertroffen, $\alpha + \varepsilon$ nur von einer endlichen Anzahl; also müssen zwischen $\alpha - \varepsilon$ und $\alpha + \varepsilon$ noch unendlich viele Zahlen der Menge liegen, m. a. W. $\alpha$ ist ein Häufungspunkt der Menge.

Selbstverständlich braucht der Häufungspunkt, dessen Existenz durch diesen Schluß bewiesen ist, nicht der einzige Häufungspunkt der Menge zu sein; sie kann deren mehrere, selbst unendlich viele haben; ja es kann jeder Punkt des Intervalls ein Häufungspunkt der Menge sein. Das letztere ist z. B. der Fall bei derjenigen Menge, die aus allen rationalen Zahlen, ja schon bei derjenigen, die aus allen endlichen Dezimalbrüchen des Intervalls besteht.

Übrigens geht aus dem geführten Beweise hervor, daß keine Häufungszahl der Menge größer als das oben bestimmte $\alpha$ sein kann; man kann daher den Satz aussprechen:

V. *Unter allen Häufungszahlen der Menge ist stets eine die größte (und ebenso eine die kleinste);* man nennt die erstere wohl den oberen Limes (lim sup oder $\overline{L}$), die letztere den unteren Limes (lim inf oder $\underline{L}$) der Zahlen der Menge.

Der Satz, daß eine Folge von Zahlen, die beständig, aber nicht über jede Grenze wachsen, konvergent sein muß (A. A. § 40), ist ein spezieller Fall des hier bewiesenen. Der Beweis des letzteren — ebenso übrigens der Beweis des Satzes II — teilt mit jenem speziellen Fall die Eigenschaft, daß er kein Mittel bietet, die Zahl deren Existenz bewiesen wird, wirklich zu berechnen.

Gehört die obere Schranke einer unendlichen Menge der Menge selbst nicht an, so ist sie stets ein Häufungspunkt der Menge und dann natürlich zugleich oberer Limes. Gehört sie ihr aber an, so braucht sie kein Häufungspunkt zu sein, und wenn sie keiner ist, so ist der obere Limes von ihr verschieden.

## § 24. Anwendungen dieser Sätze; Stetigkeit in einem Intervall.

Eine Funktion einer Veränderlichen heißt an einer Stelle $x_0$ *stetig*, wenn man zu jeder gegebenen positiven Größe $\varepsilon$ eine andere $\delta$ so bestimmen kann, daß:

1) $$|f(x) - f(x_0)| < \varepsilon \quad \text{sobald} \quad |x - x_0| < \delta$$

ist (A. A. § 62); oder anders ausgedrückt (A. A. § 61), wenn

2) $$\lim_{x = x_0} f(x) = f(x_0)$$

ist. Wenn diese Bedingung für alle Punkte $x_0$ eines Intervalls erfüllt ist, kann man die Frage stellen: Läßt sich zu gegebenem $\varepsilon$ das $\delta$ auch so bestimmen, daß die Ungleichung

3) $$|f(x_1) - f(x_0)| < \varepsilon$$

besteht für *alle* Paare von Zahlen $x_0, x_1$ des Intervalls, die der Ungleichung

4) $$|x_1 - x_0| < \delta$$

genügen? Als man auf den Begriff der gleichmäßigen Annäherung an eine Grenzfunktion (A. A. § 66) aufmerksam geworden war, glaubte man zuerst, man müsse dementsprechend auch hier zwischen „Stetigkeit in jedem Punkte eines Intervalls" und „gleichmäßiger Stetigkeit in dem ganzen Intervall" unterscheiden. Es stellte sich aber bald heraus, daß eine derartige Unterscheidung hier nicht erforderlich ist; es gilt vielmehr der Satz:

I. *Wenn eine Grenzgleichung der hier betrachteten speziellen Art (2) für alle Punkte eines Intervalls besteht, so besteht sie notwendig in dem ganzen Intervall gleichmäßig.*

Angenommen nämlich, das wäre nicht der Fall, so könnte man irgend eine gegen Null konvergierende Zahlenfolge wählen:

5) $$\delta_1, \delta_2, \delta_3, \ldots; \lim \delta_n = 0$$

und zu jeder Zahl dieser Folge zwei Punkte $x_{n0}, x_{n1}$ des Intervalls von der Art finden, daß

6) $$|f(x_{n1}) - f(x_{n0})| > \varepsilon \quad \text{und} \quad |x_{n1} - x_{n0}| < \delta_n$$

wäre. Dann wären zwei Möglichkeiten:

*Entweder* es wären unter den so bestimmten Punkten $x_{n0}$ nur eine endliche Anzahl voneinander verschiedener. Dann müßten mindestens für einen von diesen Punkten — er heiße $X$ — die Ungleichungen (6) für unendlich viele Werte von $n$ bestehen können. Da die $\delta_n$ n. V. gegen Null konvergieren, so könnte man in diesem Falle zu dem angenommenen Wert von $\varepsilon$ und zu jedem $\delta$ noch einen Punkt $x_{n1}$ so angeben, daß

7) $$|f(x_{n1}) - f(X)| > \varepsilon \quad \text{und} \quad |x_{n1} - X| < \delta$$

wäre. Das wäre aber gegen die Voraussetzung, daß $f(x)$ für jeden Wert des Intervalls, also auch für $X$ stetig sei.

*Oder* unter den Punkten $x_{n0}$ wären unendlich viele voneinander verschiedene. Dann müßten sie nach Satz IV von § 23 mindestens einen Häufungspunkt haben. Sei $X$ ein solcher, so könnte man zu dem gegebenen $\varepsilon$ einen derartigen Punkt $x_{n0}$ und dazu einen andern Punkt $x_{n1}$ so finden, daß

8) $$|f(x_{n1}) - f(x_{n0})| > \varepsilon, \quad |x_{n1} - x_{n0}| < \frac{\delta}{2}, \quad |x_{n0} - X| < \frac{\delta}{2},$$

also auch

$$|x_{n1} - X| < \delta$$

wäre. Dabei könnten aber die beiden Ungleichungen

9) $$|f(x_{n1}) - f(X)| < \frac{\varepsilon}{2}, \quad |f(x_{n0}) - f(X)| < \frac{\varepsilon}{2},$$

nicht gleichzeitig bestehen, und das würde wieder aussagen, daß $f(x)$ bei $x = X$ nicht stetig wäre, gegen die Voraussetzung.

Wir kommen also in jedem Falle auf einen Widerspruch. Damit ist Satz I bewiesen.

Eine zweite Anwendung des Satzes vom Häufungspunkt besteht im Beweis des Satzes:

II. *Eine stetige Funktion $f(x)$ erreicht die obere Schranke der Werte, die sie in einem Intervall annimmt.*

Sei nämlich $Y$ diese obere Schranke. Angenommen, $Y$ gehöre nicht selbst zu den Zahlen der hier betrachteten Menge (d. h. zu den von der Funktion angenommenen Werten), so müßte sie nach der Schlußbemerkung von § 23 ein Häufungspunkt von ihnen sein. Dann könnte man eine unendliche Folge von Funktionswerten

10) $$f(x_0),\ f(x_1),\ f(x_2),\ \ldots$$

angeben, derart, daß

11) $$\lim_{n=\infty} f(x_n) = Y$$

wäre. Die zugehörigen Argumentwerte $x_0, x_1, x_2, \ldots$ brauchten keine konvergente Zahlenfolge zu bilden; aber man könnte dann aus ihnen eine unendliche Folge $\xi_0, \xi_1, \xi_2, \ldots$ herausheben, die gegen eine Häufungsstelle $X$ der aus ihnen bestehenden Menge konvergierte. Dann hätten auch die

12) $$f(\xi_0), f(\xi_1), f(\xi_2), \ldots$$

mindestens einen Häufungspunkt; da sie aber alle unter den Zahlen (10) enthalten sind und diese nur den einzigen Häufungspunkt $Y$ haben, so muß auch

13) $$\lim_{n=\infty} f(\xi_n) = Y$$

sein. Aus der vorausgesetzten Stetigkeit der Funktion $f(x)$ würde sich aber dann doch ergeben

14) $$f(X) = Y$$

w. z. b. w.

Endlich können die Sätze des vorigen Paragraphen noch dazu dienen, den Satz: „eine stetige und monotone Funktion nimmt jeden zwischen ihrem Anfangs- und Endwert gelegenen Wert an“ (A. A. § 65, II) von der Voraussetzung der Monotonie zu befreien. Ist nämlich etwa $f(a) < 0$, $f(b) > 0$, und soll gezeigt werden, daß die Funktion den dazwischen liegenden Wert 0 wirklich annimmt, so kann man folgendermaßen schließen: unter den Argumentwerten, für die $f(x)$ negativ ist, kann keiner der größte sein; denn ist $f(c) < 0$, so kann man $\delta$ so klein annehmen, daß auch noch $f(c + \delta) < 0$ ist (vgl. A. A. § 64, IV). Die obere Schranke $\alpha$ der Werte $x$, für die $f(x) < 0$ ist, muß also, da sie nicht selbst zu diesen Werten gehört, notwendig ein Häufungspunkt von ihnen sein; es sind dann unter den Zahlen zwischen $\alpha - \varepsilon$ und $\alpha$, wie klein auch die positive Größe $\varepsilon$ gewählt werden mag, immer noch solche, für die $f(x) < 0$ ist, während für alle größeren Zahlen $f(x) > 0$ ist. Das erstere in Verbindung mit der vorausgesetzten Stetigkeit macht es unmöglich (vgl. A. A. § 39, III), daß $f(\alpha) > 0$ sei; das zweite in Verbindung mit der Stetigkeit macht es unmöglich, daß $f(\alpha) < 0$ sei. Also muß $f(\alpha) = 0$ sein, w. z. b. w.

Es gilt demzufolge der Satz:

III. *Eine in einem Intervall stetige Funktion nimmt jeden zwischen ihrem Anfangs- und Endwert gelegenen Wert wirklich an,*
auch ohne die einschränkende Voraussetzung der Monotonie.

Endlich sei hier noch der (unter den Festsetzungen von § 20 geltende Satz erwähnt (vgl. A. A. § 64, I):

IV. *Eine rationale Funktion ist überall da stetig, wo sie endlich ist.*

## § 25. Punktmengen in der Ebene.

Haben wir mit zwei voneinander unabhängig (A. A. § 19) veränderlichen reellen Größen zu tun, so deuten wir sie geometrisch am bequemsten als die rechtwinkligen kartesischen Koordination eines veränderlichen Punktes der Ebene. Sollen der Veränderlichkeit der beiden Variabeln Schranken gesetzt werden, so ist es zweckmäßig, solche Beschränkungen geometrisch zu formulieren, also z. B. davon zu reden, daß der sie repräsentierende Punkt auf eine *Fläche* oder auf eine *Linie* beschränkt sein soll. Statt z. B. zu sagen: wir betrachten nur Werte von $x$ und $y$, für welche $x^2 + y^2 < 1$ ist, sagen wir: wir betrachten nur Punkte im Innern des mit dem Radius 1 um den Nullpunkt beschriebenen Kreises.

Dann ist es aber unerläßlich, daß wir genau definieren, was wir mit diesen Worten: Linie, Fläche meinen, damit über das Gültigkeitsgebiet der Sätze kein Zweifel bestehen kann; und zwar müssen wir hier, wo wir den Begriff des Punktes als des Repräsentanten eines Zahlenpaares schon haben, notwendig von diesem ausgehen (nicht etwa, was sonst ja auch möglich wäre, vom Körper zur Fläche, von dieser zur Linie und zum Punkte herabsteigen). Wir müssen also hier Flächenstücke und Linien als Punktmengen definieren.

Wir gewinnen an Kürze in der Aussprache der Sätze, wenn wir die Redeweise benützen:

I. *Die Gesamtheit der Punkte, die von einem gegebenen Punkte $A$ um weniger als eine gegebene Größe $\delta$ entfernt sind, heißt eine Umgebung des Punktes.*

Statt zu sagen: man kann $\delta$ so bestimmen, daß alle Punkte der durch $\delta$ festgelegten Umgebung von $A$ eine bestimmte Eigenschaft haben, sagt man dann häufig kürzer: alle Punkte in der Umgebung (oder: in einer hinlänglich kleinen Umgebung) von $A$ haben diese Eigenschaft. So bedeutet z. B. die Aussage: „alle Punkte der Umgebung des Punktes $(a, b)$ gehören einer bestimmten Punktmenge an“ dasselbe wie: „man kann $\delta$ so bestimmen, daß alle Punkte $(x, y)$, für die

1) $$\sqrt{(x-a)^2 + (y-b)^2} < \delta$$

ist, jener Punktmenge angehören“.

Man kann auch eine „quadratische Umgebung von $(a, b)$“ definieren durch die beiden Ungleichungen:

2) $$|x - a| < \delta, \quad |y - b| < \delta.$$

Es ist dann sowohl geometrisch wie analytisch einzusehen, daß alle Punkte, die der Ungleichung (1) genügen, auch den Ungleichungen

(2) genügen, und umgekehrt befriedigen alle Punkte, die den Ungleichungen (2) genügen, auch die Ungleichung:

$$3) \qquad \sqrt{(x-a)^2+(y-b)^2} < \delta\sqrt{2},$$

die sich von (1) nur dadurch unterscheidet, daß $\delta\sqrt{2}$ an der Stelle von $\delta$ steht. Sobald also eine Eigenschaft allen Punkten einer kreisförmigen Umgebung von $(a, b)$ zukommt, kommt sie auch allen Punkten einer quadratischen zu; und umgekehrt. Man braucht daher in vielen Fällen auf diese Unterscheidung überhaupt nicht zu achten und kann je nach augenblicklicher Bequemlichkeit den einen oder den andern Begriff verwenden.

Mit Hilfe dieses Begriffs der Umgebung läßt sich nun der Begriff des Häufungspunktes einer Punktmenge folgendermaßen auf Punktmengen in der Ebene übertragen:

II. *Ein Punkt heißt Häufungspunkt einer Punktmenge, wenn in jeder* (noch so kleinen) *Umgebung von ihm noch Punkte*[1] *der Menge liegen.*

Ferner definieren wir:

III. *Ein Punkt heißt innerer Punkt einer Menge, wenn eine Umgebung von ihm ganz zu der Menge gehört.*

IV. *Ein Punkt heißt Grenzpunkt einer Menge, wenn in jeder Umgebung von ihm sowohl Punkte der Menge liegen, als auch mindestens ein Punkt, der ihr nicht angehört.* (Dabei bleibt dahingestellt, ob der Punkt selbst der Menge angehört oder nicht.) — Jeder Häufungspunkt einer Menge, der ihr nicht angehört, ist ein Grenzpunkt von ihr.

V. *Ein Punkt einer Punktmenge, der nicht zugleich ein Häufungspunkt von ihr ist, heißt ein isolierter Punkt der Menge.*

VI. *Eine Punktmenge, die überhaupt keine isolierten Punkte enthält* (deren sämtliche Punkte zugleich Häufungspunkte sind), *heißt in sich dicht.*

VII. Eine Punktmenge kann folgende Eigenschaft haben: *Wenn irgend zwei ihrer Punkte $A$, $B$ gegeben sind und eine* (beliebig kleine) *Größe $\varepsilon$, so kann man stets eine endliche Anzahl von anderen Punkten der Menge so angeben, daß jede der Entfernungen*

$$A A_1, \quad A_1 A_2, \quad \ldots, \quad A_{n-1} A_n, \quad A_n B$$

*kleiner als $\varepsilon$ ist. Man sagt dann wohl: Die Menge ist zusammenhängend.*

Beispiele solcher zusammenhängender Punktmengen bilden die Linien und Flächen, mit welchen sich die elementare Geometrie beschäftigt. Aber eine zusammenhängende Menge liegt auch dann noch vor, wenn aus der Gesamtheit der Punkte z. B. einer Kreisfläche einzelne ausgenommen sind; und selbst dann noch, wenn man

[1] Auch hier — wie § 23, III — ist der Plural wesentlich.

von den Punkten einer solchen Fläche nur diejenigen mitrechnet, deren Koordinaten rationale Zahlen, oder auch nur diejenigen, deren Koordinaten endliche Dezimalbrüche sind. Wollen wir also von dem Begriff der Punktmenge aus zu demjenigen der Linie oder der Fläche gelangen, so müssen wir solche Möglichkeiten noch ausschließen. Zu diesem Zwecke stellt man die Definition auf:

VIII. *Eine Punktmenge, zu der alle ihre Grenzpunkte gehören, heißt abgeschlossen.*

Für „abgeschlossen und in sich dicht" gebraucht man zuweilen auch das eine Wort *perfekt.*

Die beiden zuletzt genannten Eigenschaften — die des Zusammenhanges und die der Abgeschlossenheit — kommen nun sowohl denjenigen Punktmengen zu, die man in den Elementen als Linien, als auch denjenigen, die man in den Elementen als Flächen bezeichnet z. B. sowohl der Gesamtheit der Punkte einer Kreislinie, als auch der Gesamtheit der Punkte der Kreisfläche, die von einer solchen Linie umschlossen wird, wenn man bei dieser letzteren die Punkte der Linie selbst mitrechnet; ohne die letzteren würde die Punktmenge nicht abgeschlossen sein). Der Unterschied liegt darin, daß die Linie keine inneren Punkte im Sinne der Definition III enthält. Daher kann man als allgemeinste Definitionen von Linie und Fläche von dem hier angenommenen Ausgangspunkt aus die folgenden aufstellen:

IX. *Eine zusammenhängende und abgeschlossene Punktmenge heißt ein Flächenstück, wenn sie innere Punkte enthält, ein Linienstück, wenn sie keine inneren Punkte enthält* (nur aus Grenzpunkten besteht).

Dabei kann es noch vorkommen, daß eine Punktmenge außer Grenzpunkten, die nicht von ihr abgetrennt werden können, ohne daß sie aufhört, abgeschlossen zu sein, auch noch Grenzpunkte enthält, die unbeschadet der Abgeschlossenheit von ihr abgetrennt werden könnten (z. B. eine Kreisfläche die Verlängerung eines Radius nach außen). In solchen Fällen wird es sich meistens empfehlen die Definition der Punktmenge, wenn das angeht, so abzuändern, daß solche Punkte nicht mitgerechnet werden sollen.

Andererseits kommt es gelegentlich vor, daß man Veranlassung hat, Punkte, die ihrer Natur nach innere Punkte einer Fläche sind, aus besonderen Rücksichten nicht als solche, sondern als Grenzpunkte zu behandeln, z. B. eine Kreisfläche als längs eines Radius „aufgeschnitten" anzusehen. Das muß dann jedesmal besonders gesagt werden.

Nun sind aber die aufgestellten Definitionen für unsere Zwecke noch viel zu weit: nicht allen Punktmengen, die unter die eine oder die andere von ihnen fallen, kommen diejenigen Eigenschaften zu, die wir von den Linien und Flächen der elementaren Geometrie her als für jede Linie und Fläche selbstverständlich zu betrachten gewohnt sind. Wir müssen daher noch zweckmäßige Einschränkungen hinzufügen.

Zu solchen gelangen wir, indem wir von einem ganz andern Ansatz ausgehen. Die Linien der elementaren Geometrie gestatten eine sog. *Parameterdarstellung,* d. h. man kann, wenn eine solche Linie bzw. ein Stück von ihr gegeben ist, auf mannigfache Arten zwei stetige Funktionen $\varphi(t)$, $\psi(t)$ einer Hilfsveränderlichen $t$ so angeben, daß man alle Punkte des Linienstückes und nur diese erhält, wenn man

$$4) \qquad x = \varphi(t), \quad y = \psi(t)$$

setzt und nun die Variable $t$ ein gewisses Intervall durchlaufen läßt. Auch läßt es sich dann immer so einrichten, daß man dabei jeden einfachen Punkt der Linie nur einmal erhält.

X. *Man kann daher allgemein jede durch zwei Gleichungen mit diesen Eigenschaften definierte Punktmenge als eine Linie auffassen.*

Diese neue Definition einer Linie ist nun einerseits enger, andererseits weiter, als die unter IX gegebene. Denn einerseits kann eine durch Gleichungen dieser Form definierte Punktmenge, wenn über die Funktionen $\varphi$, $\psi$ keine weiteren einschränkenden Voraussetzungen getroffen werden, sehr wohl innere Punkte enthalten; andererseits reicht man zur Darstellung einer zusammenhängenden und abgeschlossenen Punktmenge ohne innere Punkte nicht immer mit einem Paar solcher Funktionen aus.

Wir kommen aber zu einer wenigstens für unsere nächsten Zwecke ausreichenden Formulierung, wenn wir festsetzen:

XI. *Im folgenden sollen als Linien nur solche Punktmengen bezeichnet werden, die den beiden Definitionen (IX) und (X) gleichzeitig genügen.*

XII. *Insbesondere bezeichnen wir als einfache Linie eine solche, die keine Doppelpunkte hat, d. h. bei der zu verschiedenen Werten des Parameters in den Gleichungen (4) auch immer verschiedene Punkte gehören.*

Analog dazu setzen wir noch fest:

XIII. *Entsprechend sollen im folgenden als Flächen nur solche Punktmengen bezeichnet werden, die der Definition IX genügen und deren Grenzpunkte eine oder eine endliche Anzahl von einfachen, sich paarweise nicht schneidenden Linien (XI) bilden.*

Für die meisten der später abzuleitenden Sätze sind übrigens noch weitere Einschränkungen, wenn nicht erforderlich, doch jedenfalls gegenwärtig zweckmäßig. Wir setzen daher noch fest:

XIV. *Sind die Funktionen $\varphi(t)$, $\psi(t)$ stetig und abteilungsweise monoton, so soll die Linie ein Weg heißen; und eine von Wegen begrenzte Fläche soll ein Bereich heißen.*

Bei der Ableitung späterer Sätze werden wir uns meist auf Wege und Bereiche beschränken. Damit schließen wir allerdings eine Anzahl Fälle aus, die für die Funktionentheorie von Interesse sind. In vielen Fällen ist es möglich, solchen Linien und Flächenstücken dadurch beizukommen, daß man sie als Grenzfälle von Wegen, bzw. Bereichen auffaßt; doch reicht die bloße Annahme eines Grenzüberganges gewöhnlich nicht hin, vielmehr ist man, um Schlüsse ziehen zu können, genötigt, die Gleichmäßigkeit des Grenzüberganges (A. A. § 66) zu fordern. Wir definieren daher noch:

XV. *Genügen die Funktionen $\varphi_n(t)$, $\psi_n(t)$ für jeden Wert von $n$ den unter XIV ausgesprochenen Voraussetzungen, ist ferner gleichmäßig für alle in Betracht kommenden Werte von $t$, einschließlich der Grenzen,*

5) $$\lim_{n=\infty} \varphi_n(t) = \varphi(t), \quad \lim_{n=\infty} \psi_n(t) = \psi(t),$$

*so soll die durch die Gleichungen (4) dargestellte Linie ein uneigentlicher Weg, und eine von einer endlichen Anzahl solcher Linien begrenzte Fläche ein uneigentlicher Bereich heißen.*

XVI. *Der Satz vom Häufungspunkt (§ 23, IV) gilt auch für in der Ebene verteilte Punktmengen.* Denn achtet man zunächst auf die zweite Koordinate der Punkte der Menge gar nicht, so ergibt sich wie § 23: man kann eine Zahl $\alpha$ von der Beschaffenheit finden, daß unendlich viele Punkte der Menge eine zwischen $\alpha - \varepsilon$ und $\alpha + \varepsilon$ gelegene erste Koordinate haben, wie klein auch $\varepsilon$ gewählt sein mag. Indem man dann nur diese Punkte weiter berücksichtigt und auf ihre zweite Koordinate achtet, ergibt sich ganz ebenso: es gibt mindestens eine Zahl $\beta$ von der Beschaffenheit, daß noch unendlich viele unter den eben ausgeschiedenen Punkten eine zwischen $\beta - \varepsilon$ und $\beta + \varepsilon$ gelegene zweite Koordinate haben. Beides zusammen sagt aus, daß in jeder Umgebung des Punktes $(\alpha, \beta)$ noch unendlich viele Punkte liegen; w. z. b. w.

Der Schluß setzt in dieser Form voraus, daß nicht nur die Anzahl der Punkte selbst, sondern auch die Anzahl der verschiedenen Werte ihrer ersten oder ihrer zweiten Koordinaten unendlich ist. Das würde aber nur dann nicht der Fall sein können, wenn unendlich viele von den Punkten dieselbe erste oder dieselbe zweite Koordinate hätten; dann würden sie aber auf einer Geraden liegen müssen und also würde die Existenz eines Häufungspunktes sich sofort aus § 23 ergeben.

XVII. *Ein Bereich heißt einfach zusammenhängend, wenn jede in ihm verlaufende geschlossene Linie durch stetige Deformation auf einen Punkt zusammengezogen werden kann, ohne daß sie dabei den Bereich zu verlassen braucht.* Einfach zusammenhängend ist z. B. die Fläche eines Kreises oder eines Quadrates; dagegen nicht die Fläche zwischen zwei konzentrischen Kreisen. Denn z. B. einen in dieser Fläche verlaufenden, zu den beiden Begrenzungskreisen konzentrischen Kreis kann man nicht auf einen Punkt zusammenziehen, ohne die Fläche zu verlassen.

## § 26. Stetigkeit der Funktionen von zwei reellen Veränderlichen

I. (Definition.) *Eine Gleichung der Form*

1) $$\lim_{x=a}\lim_{y=b} f(x, y) = c$$

*bedeutet dasselbe wie*

$$\lim_{x=a}\left\{\lim_{y=b} f(x, y)\right\} = c,$$

m. a. W. sie ist so zu verstehen, daß der innere Grenzübergang zuerst ausgeführt werden soll.

Die Reihenfolge zweier nacheinander auszuführender Grenzübergänge an einer Funktion von zwei Veränderlichen ist nämlich schon in einfachen Fällen nicht gleichgültig; z. B. ist:

2) $$\lim_{y=0}\frac{x+y+x^2+y^2}{x-y-x^2+y^2} = \frac{1+x}{1-x}, \quad \text{also} \quad \lim_{x=0}\lim_{y=0}\frac{x+y+x^2+y^2}{x-y-x^2+y^2} = 1,$$

dagegen:

3) $$\lim_{y=0}\lim_{x=0}\frac{x+y+x^2+y^2}{x-y-x^2+y^2} = -1.$$

II. (Definition.) *Im Gegensatz dazu bedeutet die Gleichung:*

4) $$\lim_{x=a,\, y=b} f(x, y) = c$$

*soviel als: man kann zu jeder gegebenen* (noch so kleinen) *positiven Größe* $\varepsilon$ *eine andere* $\delta$ *so bestimmen, daß*

5) $$|f(x, y) - c| < \varepsilon$$

*ist für* j e d e s *von a, b verschiedene Paar von Zahlen x, y, die der Ungleichung:*

6) $$\sqrt{(x-a)^2 + (y-b)^2} < \delta$$

*genügen.*

Mit Hilfe einer in § 25 eingeführten Ausdrucksweise kann man dafür auch sagen: die Gleichung (4) bedeutet, daß $f(x, y)$ in der Umgebung von $(a, b)$ (diesen Punkt selbst event. ausgeschlossen) unendlich wenig von $c$ verschieden ist.

Besteht die Gleichung (4), so besteht auch immer die Gleichung (1), sowie die Gleichung:

7) $$\lim_{t=0} f(a + t, b + \lambda t) = c$$

für jedes $\lambda$. Das Umgekehrte gilt aber nicht; z. B. ist:

8) $$\lim_{x=0} \lim_{y=0} \frac{x^2 - y^2 + x^4}{x^2 + y^2 + y^4} = 1,$$

dagegen:

9) $$\lim_{t=0} \frac{t^2 - \lambda^2 t^2 + t^4}{t^2 + \lambda^2 t^2 + \lambda^4 t^4} = \frac{1 - \lambda^2}{1 + \lambda^2},$$

also von $\lambda$ abhängig, was nicht möglich wäre, wenn eine Gleichung wie (4) hier bestehen würde.

III. (Definition.) *Wenn für eine Funktion von zwei Veränderlichen die Gleichung gilt:*

10) $$\lim_{x=a,\, y=b} f(x, y) = f(a, b),$$

*so sagt man: $f(x, y)$ ist an der Stelle $(a, b)$ eine stetige Funktion von $x$ und $y$.*

Wie das eben angeführte Beispiel zeigt, kann eine Funktion von $x$ und $y$ für jeden Wert von $x$ und $y$ sowohl eine stetige Funktion von $x$, als auch eine stetige Funktion von $y$ sein, ohne doch eine stetige Funktion von $x$ und $y$ im Sinne der Definition III zu sein.

Dagegen gilt wie bei Funktionen von einer Veränderlichen (§ 24) der folgende Satz:

IV. *Wenn eine Funktion von zwei Veränderlichen an jeder Stelle eines endlichen Bereiches eine stetige Funktion dieser beiden Veränderlichen ist, so ist sie auch in dem ganzen Bereich (gleichmäßig) stetig;* d. h. man kann zu jeder gegebenen positiven Größe $\varepsilon$ eine andere $\delta$ so bestimmen, daß

11) $$|f(x_2, y_2) - f(x_1, y_1)| < \varepsilon$$

ist für *jedes* Paar von Punkten $(x_1, y_1)$, $(x_2, y_2)$ des Bereiches, die der Ungleichung

12) $$\sqrt{(x_2 - x_1)^2 + (y_2 - y_1)^2} < \delta$$

genügen.

Daraus kann dann weiter geschlossen werden:

V. *Sind $x$, $y$ stetige Funktionen von $u$, $v$ und ist $z$ eine stetige Funktion von $x$, $y$, so ist $z$ auch eine stetige Funktion von $u$, $v$.*

Sind:

13) $$u = \varphi(x, y), \qquad v = \psi(x, y)$$

in einem Bereich $\mathfrak{B}$ der $xy$-Ebene als (eindeutige) Funktionen von $x$ und $y$ definiert, so kann man $u$, $v$ als Koordinaten von Punkten einer andern Ebene deuten. Jedem Punkt $(x, y)$ von $\mathfrak{B}$ wird dann durch die Gleichungen (13) ein bestimmter Punkt der $uv$-Ebene zugeordnet; die Gesamtheit der Punkte, die in dieser Weise den Punkten von $\mathfrak{B}$ entsprechen, bildet eine Punktmenge in der $uv$-Ebene. Ob diese Punktmenge aber ebenfalls ein Flächenstück erfüllt, darüber läßt sich erst etwas aussagen, wenn über die Funktionen $\varphi$, $\psi$ näheres bekannt ist. Für uns genügt die Untersuchung des Falles, daß $\varphi$, $\psi$ nicht nur stetige Funktionen der beiden Variabeln $x$ und $y$ sind, sondern auch noch weiteren Einschränkungen unterliegen, die sich im Verlauf der Untersuchung ergeben werden.

Wir wollen nicht direkt von $(x, y)$ zu $(u, v)$ übergehen, sondern eine Hilfsebene $(\xi, \eta)$ einschalten, deren Punkte eine der alten und eine der neuen Variabeln zu Koordinaten haben; etwa:

14) $$\xi = x, \qquad \eta = v = \psi(x, y).$$

Wir legen dann zunächst dem $x$ einen bestimmten (in $\mathfrak{B}$ sich vorfindenden) Wert $a$ bei; geometrisch ausgedrückt, wir fassen eine Parallele zur $y$-Achse ins Auge. Hat diese Parallele mit dem Bereich $\mathfrak{B}$ nur ein abgeschlossenes und zusammenhängendes (§ 25, VII) Stück $(y_0 \ldots y_1)$ gemein, so ist durch die zweite Gleichung (14) $\eta$ in dem entsprechenden Intervall als stetige Funktion von $y$ definiert; denn aus der Stetigkeit von $\psi$ als Funktion der beiden Variabeln kann auf seine Stetigkeit als Funktion jeder einzelnen von ihnen geschlossen werden. Ist $\psi$ überdies in diesem Intervall als Funktion von $y$ monoton, so entspricht dem Intervall $(y_0 \ldots y_1)$ ein Intervall $\psi(a, y_0) \ldots \psi(a, y_1)$ in der Weise, daß auch umgekehrt in dem letzteren $y$ als stetige und monotone Funktion von $\eta$ aufgefaßt werden kann. Es entspricht also dem ins Auge gefaßten Stück einer Parallelen zur $y$-Achse ein bestimmtes Stück einer Parallelen zur $\eta$-Achse *umkehrbar eindeutig*, d. h. so, daß hier nicht nur jedem Punkt $(x, y)$ ein und nur ein Punkt $(\xi, \eta)$, sondern auch umgekehrt jedem Punkt $(\xi, \eta)$ ein und nur ein Punkt $(x, y)$ entspricht.

Hat aber die Gerade mit $\mathfrak{B}$ zwei verschiedene Stücke $(y_0 \ldots y_1)$ und $(y_2 \ldots y_3)$ gemein, und ist $\psi$ auf jedem dieser Stücke z. B. monoton zunehmend, so folgt daraus allein noch nicht, daß $\psi(a, y_2) > \psi(a, y_1)$ sein müßte. Es entspricht dann zwar jedem einzelnen dieser Stücke ein Stück einer Parallelen zur $\eta$-Achse umkehrbar eindeutig; aber die beiden Stücke können übereinander übergreifen, so daß ein Stück dieser Parallelen von ihnen *„doppelt überdeckt“* wird. Den Punkten dieses letzteren Stückes entsprechen dann je *zwei* Punkte der $xy$-Ebene.

Kehren wir aber zunächst zu der ersteren Voraussetzung zurück und fassen eine benachbarte Gerade $x = a + h$ ins Auge. Hat diese ebenfalls nur ein Stück mit $\mathfrak{B}$ gemein, so entspricht diesem ein Stück der Geraden $\xi = a + h$. Die Grenzen $y_0$, $y_1$ dieses Stückes werden für $x = a + h$ andere Werte haben als die des entsprechenden Stückes für $x = a$. Aber da $\mathfrak{B}$ als Bereich vorausgesetzt war, werden, für hinlänglich kleine $h, y_0(a + h)$ und $y_1(a + h)$ unendlich wenig von $y_0(a)$ bzw. $y_1(a)$ verschieden sein; und wegen der vorausgesetzten Stetigkeit werden dann auch $\psi(a + h, y_0(a + h))$ und $\psi(a + h, y_1(a + h))$ unendlich wenig von $\psi(a, y_0(a))$ bezw. $\psi(a, y_1(a))$ verschieden sein.

Wir nehmen an, daß diese Voraussetzungen für *alle* in Betracht kommenden Werte von $x$ gelten. Dann werden nach dem zuletzt Bewiesenen durch die Gleichungen:

15) $$\eta_0 = \psi(\xi, y_0(\xi)), \qquad \eta_1 = \psi(\xi, y_1(\xi))$$

zwei *stetige* Funktionen von $\xi$, also zwei Linien in der $\xi\eta$-Ebene definiert. Diese Linien haben, wenn $\psi$, wie schon oben, als monotone Funktion seines zweiten Arguments vorausgesetzt wird, keinen Punkt gemein, da für jedes $\xi$

$$y_0(\xi) < y_1(\xi)$$

ist; die Gesamtheit der Punkte $(\xi, \eta)$, für die

16) $$\eta_0(\xi) \leqq \eta \leqq \eta_1(\xi)$$

ist, bilden ein Flächenstück $\mathfrak{C}$ der $\xi\eta$-Ebene, und dieses Flächenstück entspricht dem Bereich $\mathfrak{B}$ umkehrbar eindeutig. Auch ist die durch Umkehrung der zweiten Gleichung (14) erhaltene Funktion:

17) $$y = \chi(\xi, \eta) = \chi(x, v)$$

für alle $\xi\eta$ dieses Flächenstückes eine stetige Funktion ihrer beiden Variabeln und bei festgehaltenem $x$ eine monotone Funktion von $v$. (Die Stetigkeit in bezug auf beide Variable läßt sich aus der entsprechenden Eigenschaft von $\psi$ ebenso ableiten, wie bei Funktionen einer Variabeln (A. A. § 65, III).)

Gehen wir nun von der $\xi\eta$-Ebene durch die Gleichungen:

18) $$u = \varphi(x, y) = \varphi(\xi, \chi(\xi, \eta)) = f(\xi, \eta), \qquad v = \eta$$

zur $uv$-Ebene über, so können wir entsprechende Schlüsse ziehen, wenn die Funktionen entsprechenden Voraussetzungen genügen. Dabei ist nur folgender Umstand zu beachten: Wenn auch jede

Parallele zur $x$-Achse mit dem Bereich $\mathfrak{B}$ nur ein zusammenhängendes Stück gemein hat, so kann daraus nicht Entsprechendes für die $\xi\eta$-Ebene geschlossen werden: das Flächenstück $\mathfrak{C}$ kann sehr wohl mit einer Parallelen zur $\xi$-Achse mehrere getrennte Stücke gemein haben. Dann kann es vorkommen, daß Teile der $uv$-Ebene von den durch (13) definierten Punkten mehrfach überdeckt werden. Wir müssen also diese Möglichkeit noch ausdrücklich ausschließen und kommen dann zunächst zu folgender Formulierung unserer Resultate:

VI. *Sind die Funktionen (13) im Bereich $\mathfrak{B}$ stetig und so beschaffen, daß zwei verschiedenen Punkten $(x, y)$ dieses Bereiches auch immer zwei verschiedene Wertepaare $(u, v)$ zugehören; ist ferner $\psi$ bei gegebenem $x$ eine monotone Funktion von $y$ und die durch (18) definierte Funktion $f$ bei gegebenem $\eta$ eine monotone Funktion von $\xi$: dann bedecken die den Punkten von $\mathfrak{B}$ vermöge (13) entsprechenden Punkte der $uv$-Ebene ein Flächenstück $\mathfrak{C}$ dieser Ebene einfach und lückenlos; und in diesem Flächenstück sind auch umgekehrt $x$, $y$ stetige Funktionen von $u$, $v$.*

Man sagt dann: *der Bereich $\mathfrak{B}$ wird durch die Funktionen (13) stetig auf das Flächenstück $\mathfrak{C}$ abgebildet.*

## § 27. Differentialquotienten.

I. *Der Differentialquotient einer Funktion $f(x)$ an einer bestimmten Stelle $x$ ist definiert durch die Gleichung:*

$$1)\qquad \frac{dy}{dx} = \lim_{h=0} \frac{f(x+h) - f(x)}{h},$$

*vorausgesetzt natürlich, daß dieser Grenzwert existiert.* Existiert er für jeden Wert von $x$ wenigstens in einem bestimmten Intervalle, so bilden seine Werte in diesem Intervalle eine bestimmte Funktion $f'(x)$ von $x$, die *abgeleitete Funktion* oder *Ableitung* von $f(x)$ heißt.

Ist $f(x)$ eine rationale Funktion von $x$, so wird die auf der rechten Seite von (1) stehende Funktion eine rationale Funktion der beiden Variabeln $x$ und $h$. Es können dann nach § 24, IV bei gegebenem $x$ nur zwei Fälle eintreten: entweder diese Funktion wächst mit abnehmendem $h$ über alle Grenzen, oder der Grenzwert existiert; und zwar tritt der erstere Fall, wie in den Elementen der Differentialrechnung gezeigt wird, nur dann ein, wenn der gegebene Wert von $x$ eine Nullstelle des Nenners von $f(x)$ ist. Es gilt also der Satz:

II. *Eine rationale Funktion einer reellen Variabeln hat überall da einen bestimmten Differentialquotienten, wo sie selbst endlich ist.*

Zur Berechnung dieses Wertes ist es nicht immer erforderlich, die Definition I direkt auf die vorgelegte Funktion anzuwenden;

vielmehr lehrt die Differentialrechnung Regeln, nach welchen die Differentiation verwickelterer Funktionen auf die von einfacheren zurückgeführt werden kann. Wir setzen diese Regeln, sowie die Werte der Differentialquotienten der einfachsten Funktionen hier als bekannt voraus.

Ebenso setzen wir als bekannt voraus, daß eine durch eine *Potenzreihe* dargestellte Funktion einer reellen Variabeln in jedem innern Punkte ihres Konvergenzintervalls einen bestimmten Differentialquotienten hat, und daß dieser Differentialquotient durch gliedweise Differentiation der gegebenen Reihe gefunden werden kann (A. A. § 81).

Endlich setzen wir auch noch als bekannt voraus, daß der Differentialquotient, sofern er an einer bestimmten Stelle im Innern eines Intervalls überhaupt existiert, nicht negativ (nicht positiv) sein kann, wenn die Funktion dort mit wachsendem $x$ wächst (abnimmt), und daß er gleich Null sein muß, wenn die Funktion dort ein Extremum hat.

III. *Der partielle Differentialquotient einer Funktion $f(x, y)$ nach $x$ bei konstantem $y$ ist definiert durch die Gleichung:*

$$2)\qquad \frac{\partial f}{\partial x} = \lim_{h=0} \frac{f(x+h, y) - f(x, y)}{h}.$$

Er ist erst dann vollständig bestimmt, wenn nicht nur angegeben ist, nach welcher Variabeln differentiiert werden soll, sondern auch, welche andere Variabeln dabei als konstant zu behandeln sind.

Die Regeln über die Transformation solcher partieller Differentialquotienten beim Übergang zu neuen Variabeln sind ohne Schwierigkeit arithmetisch zu begründen, wenn man nicht nur die Existenz, sondern auch die Stetigkeit der vorkommenden Differentialquotienten voraussetzt. Mit dieser Bedingung dürfen wir auch sie als bekannt annehmen.

Dann können wir die Voraussetzungen des Satzes VI von § 26, an denen das Auftreten der zunächst nicht bekannten Funktion $f$ störend ist, noch durch weniger allgemeine, aber einfachere ersetzen. Denn nach jenen Regeln ist einerseits:

$$\left(\frac{\partial u}{\partial \xi}\right)_{\eta=\text{const.}} = \left(\frac{\partial u}{\partial x}\right)_{y=\text{const.}} + \left(\frac{\partial u}{\partial y}\right)_{x=\text{const.}} \cdot \left(\frac{\partial y}{\partial \xi}\right)_{\eta=\text{const.}},$$

andererseits:

$$\left(\frac{\partial v}{\partial \xi}\right)_{\eta=\text{const.}} = 0 = \left(\frac{\partial v}{\partial x}\right)_{y=\text{const.}} + \left(\frac{\partial v}{\partial y}\right)_{x=\text{const.}} \cdot \left(\frac{\partial y}{\partial \xi}\right)_{\eta=\text{const.}},$$

also:

$$3)\qquad \left(\frac{\partial v}{\partial y}\right)_{x=\text{const.}} \cdot \left(\frac{\partial u}{\partial \xi}\right)_{\eta=\text{const.}} = \frac{\partial u}{\partial x}\frac{\partial v}{\partial y} - \frac{\partial v}{\partial x}\frac{\partial u}{\partial y},$$

wenn rechts $y$ bei der Differentiation nach $x$, $x$ bei der nach $y$ als konstant behandelt wird. Da aber stetige Funktionen ihr Vorzeichen nur wechseln können, wenn sie durch Null hindurchgehen, so folgt: wenn die auf der rechten Seite der Gleichung (3) stehende „Funktionaldeterminante" im ganzen Bereich $\mathfrak{B}$ von 0 verschieden ist, ist $\psi$ eine monotone Funktion von $y$ bei konstantem $x$ und $f$ eine monotone Funktion von $\xi$ bei konstantem $\eta$. Also folgt aus § 26, VI:

IV. *Sind $u$, $v$ im Bereich $\mathfrak{B}$ stetige Funktionen von $x$ und $y$ mit stetigen ersten partiellen Ableitungen und ist die Funktionaldeterminante (3) in ihm überall von Null verschieden, so wird dieser Bereich durch $u$, $v$ auf ein Flächenstück $\mathfrak{C}$ der $uv$-Ebene stetig abgebildet,* und zwar überdeckt dieses Flächenstück die $uv$-Ebene überall nur einfach, wenn verschiedenen Punkten von $\mathfrak{B}$ stets verschiedene Wertepaare $u$, $v$ entsprechen.

Es sind dann auch umgekehrt $x, y$ innerhalb $\mathfrak{C}$ stetige Funktionen von $u$, $v$ mit stetigen ersten partiellen Ableitungen, die nach bekannten Regeln zu bilden sind.

## § 28. Integrale.

Etwas ausführlicher müssen wir auf die arithmetische Definition des bestimmten Integrals einer Funktion einer reellen Variabeln eingehen. Sei ein Intervall $(a \ldots b)$ und in ihm eine Funktion $f(x)$ gegeben. Wir teilen das Intervall in eine beliebige Anzahl Teilintervalle durch die Punkte $x_1, x_2, \ldots, x_n$, bestimmen für jedes dieser Teilintervalle die *obere* Schranke $M_\nu$ der ihm angehörenden Funktionswerte und bilden die Summe

$$1)\qquad M_0(x_1 - a) + M_1(x_2 - x_1) + M_2(x_3 - x_2) + \ldots + M_{n-1}(x_n - x_{n-1}) + M_n(b - x_n).$$

Diese Summe wird verschiedene Werte haben können, je nach der Auswahl der eingeschalteten Punkte. Wenn aber die Werte der Funktion in dem gegebenen Intervall alle zwischen zwei endlichen Grenzen $m$ und $M$ liegen, so liegen auch alle möglichen Werte dieser Summe sicher in dem endlichen Intervall $[m(b-a) \ldots M(b-a)]$ und haben daher nach § 23, II eine *untere* Schranke.

I. *Diese untere Schranke der Werte der Summe (1) nennt man das obere Integral der Funktion $f(x)$ zwischen den Grenzen $a$ und $b$.*

Unter derselben Voraussetzung haben die Werte der Summe

$$2)\qquad m_0(x_1 - a) + m_1(x_2 - x_1) + m_2(x_3 - x_2) + \ldots + m_{n-1}(x_n - x_{n-1}) + m_n(b - x_n),$$

in der $m_\nu$ die untere Schranke der dem Intervall $(x_\nu \ldots x_{\nu+1})$ angehörenden Funktionswerte bezeichnet, eine *obere* Schranke.

II. *Diese obere Schranke heißt das untere Integral von $f(z)$ zwischen den Grenzen $a$ und $b$.*

Jeder Wert von (1) ist größer als jeder Wert von (2), auch wenn man bei der Bildung von (2) andere Zwischenpunkte benutzt, als bei der Bildung von (1); man erkennt das, wenn man jedes Teilintervall der bei (1) benutzten Teilung durch die bei (2) benutzten Teilpunkte noch weiter teilt. Es kann also auch das untere Integral nicht größer sein als das obere, sondern ihm höchstens gleich.

III. *Wenn das obere Integral dem unteren gleich ist, nennt man ihren gemeinsamen Wert einfach: das Integral von $f(x)$ zwischen $a$ und $b$ und sagt dann: die Funktion $f(x)$ ist in dem Intervall $(a \ldots b)$ integrierbar.*

Das ist namentlich stets dann der Fall, wenn $f(x)$ im Intervall stetig ist. Denn dann kann man nach § 24, I zu jeder gegebenen positiven Zahl $\varepsilon$ eine andere $\delta$ so bestimmen, daß für irgend zwei Punkte $x_1$, $x_2$ des Intervalls

$$|f(x_2) - f(x_1)| < \frac{\varepsilon}{b-a}, \quad \text{sobald nur} \quad |x_2 - x_1| < \delta$$

ist. Dann ist aber auch

$$|M_\nu - m_\nu| \leqq \frac{\varepsilon}{b-a}, \tag{3}$$

sobald $|x_{\nu+1} - x_\nu| < \delta$ ist. Wählt man also die eingeschalteten Punkte so, daß diese Ungleichung für jedes einzelne Teilintervall erfüllt ist, so erhält man zwei Werte der Summen (1) und (2), die höchstens um $\varepsilon$ voneinander verschieden sind. Das würde aber nicht möglich sein, wenn die obere Schranke der kleineren Summen um mehr als $\varepsilon$ von der unteren Schranke der größeren entfernt wäre. Da dies für jeden Wert von $\varepsilon$ gilt, so müssen die beiden genannten Schranken einander gleich sein (A. A., Zusatz zu § 39, II). Damit ist also in der Tat der Satz bewiesen:

IV. *Eine Funktion ist in jedem Intervall integrierbar, in dem sie stetig ist.*

Ohne Beweis sei erwähnt, daß dieser Satz nicht umkehrbar ist.

Übrigens geht aus dem geführten Beweise noch hervor:

V. *Ist $f(x)$ im Intervall $(a \ldots b)$ integrierbar, so kann man zu jeder gegebenen Genauigkeitsgrenze $\varepsilon$ eine andere $\delta$ so bestimmen, daß der Wert der Summe*

$$(x_1 - a) f(\xi_0) + (x_2 - x_1) f(\xi_1) + \ldots + (b - x_n) f(\xi_n) \tag{4}$$

*um weniger als $\varepsilon\,(b-a)$ von dem Wert des Integrals*

$$\int_a^b f(x)\,dx \tag{5}$$

*verschieden ist, wie auch die Teilintervalle* $(x_\nu \ldots x_{\nu+1})$ *und in ihnen die Zwischenwerte* $\xi_\nu$ *gewählt werden mögen, wenn nur jedes dieser Teilintervalle kleiner als* $\delta$ *ist.*

Damit ist die Möglichkeit gegeben, das Integral einer stetigen Funktion mit beliebig vorgeschriebener Genauigkeit zu berechnen.

Die elementaren Sätze über Integrale einer Summe usw., über Zerlegung des Integrationsintervalls in Teilintervalle, über Einführung einer neuen Integrationsvariabeln ergeben sich aus der hier benutzten Definition des Integrals ohne neue prinzipielle Schwierigkeit.

Wird von den beiden Grenzen des Integrals die eine $a$ festgehalten, die andere $b$ als Veränderliche behandelt und als solche mit $x$ bezeichnet, so erscheint der Integralwert als Funktion dieser Veränderlichen; diese Funktion sei mit $F(x)$ bezeichnet. Sind $m$ und $M$ untere und obere Schranke der Werte der Funktion $f$ im Intervall $(x \ldots x + h)$, so liegt $F(x+h) - F(x) = \int_x^{x+h} f(\xi)\, d\xi$ zwischen $mh$ und $Mh$; also ist:

6) $$m < \frac{F(x+h) - F(x)}{h} < M$$

daraus ergibt sich auf jeden Fall:

7) $$\lim_{h=0} F(x+h) = F(x),$$

und wenn $f(x)$ überdies als stetig vorausgesetzt wird, wegen A. A. § 39, IV:

8) $$\lim_{h=0} \frac{F(x+h) - F(x)}{h} = f(x),$$

d. h.

VI. *Der Wert des Integrals ist eine stetige und wenn der Integrand stetig ist auch eine differentiierbare Funktion seiner oberen Grenze; und zwar ist im letzteren Falle seine Ableitung gleich der gegebenen Funktion selbst.*

Differentiieren und Integrieren sind also reziproke Operationen.

Daher können die Regeln für die Integration einer rationalen ganzen oder einer durch eine konvergente Potenzreihe darstellbaren Funktion durch Umkehrung der entsprechenden Differentiationsregeln abgeleitet werden; wir setzen auch sie hier als bekannt voraus.

Zur Integration komplizierterer Funktionen gelangen wir von da aus durch den Satz:

VII. *Ist im Intervall* $(a \ldots b)$ *gleichmäßig*

9) $$\lim_{n=\infty} f_n(x) = f(x),$$

*so ist auch*

10) $$\lim_{n=\infty} \int_a^b f_n(x)\, dx = \int_a^b f(x)\, dx.$$

Denn die Voraussetzung der Gleichmäßigkeit des Grenzüberganges (9) sagt aus: man kann zu jedem $\varepsilon$ das $N$ so bestimmen, daß für alle $x$ des Intervalls

11) $$|f(x) - f_n(x)| < \varepsilon, \quad \text{sobald} \quad n > N.$$

Aber nach einer der eben als bekannt vorausgesetzten elementaren Integrationsregeln ist das Integral einer Differenz gleich der Differenz der Integrale von Minuend und Subtrahend und der absolute Betrag eines Integrals höchstens gleich dem Integral des absoluten Betrags des Integranden; also folgt aus (11):

12) $$\left|\int_a^b f(x)\,dx - \int_a^b f_n(x)\,dx\right| < \varepsilon(b-a), \quad \text{sobald} \quad n > N.$$

Da $\varepsilon(b-a)$ durch geeignete Wahl von $\varepsilon$ beliebig klein gemacht werden kann, so folgt die zu beweisende Gleichung (10).

VIII. *Insbesondere darf eine gleichmäßig konvergente unendliche Reihe gliedweise integriert werden.*

Für die Differentiation gelten nicht entsprechende Sätze: daraus allein, daß eine Funktion in einem bestimmten Intervall absolut genommen unterhalb einer bestimmten Grenze bleibt, kann über die Werte ihrer Ableitung in diesem Intervall nichts geschlossen werden. Doch kann man durch Anwendung von VII und VIII auf die Funktionen $df_n(x)/dx$ wenigstens zu den beiden folgenden Sätzen gelangen:

IX. *Ist in der Umgebung eines bestimmten Punktes* $x$

$$\lim_{n=\infty} f_n(x) = f(x),$$

*sind ferner die Funktionen* $df_n(x)/dx$ *stetig und nähert sich überdies* $df_n(x)/dx$ *mit wachsendem* $n$ *gleichmäßig einer bestimmten Grenzfunktion, so hat* $f(x)$ *dort eine bestimmte Ableitung und diese ist gleich der genannten Grenzfunktion.*

X. *Eine konvergente Reihe von Funktionen mit stetigen Ableitungen darf gliedweise differentiiert werden, wenn die so entstehende Reihe gleichmäßig konvergiert.*

Die Ausdehnung der Sätze VII—X auf den Fall, daß man mit dem allgemeinen Begriff des Grenzüberganges (A. A. § 62) zu tun hat, bietet keine neue Schwierigkeit.

## § 29. Kurvenintegrale.

I. *Ist in der Ebene ein Weg* $C$ *von einem Punkt mit der Abszisse* $a$ *nach einem Punkt mit der Abszisse* $b$ *durch die monotone und stetige Funktion*

1) $$y = f(x)$$

*gegeben, und eine wenigstens längs dieses Weges stetige Funktion* $P(x, y)$, *so versteht man unter dem* ***Kurvenintegral***

2)
$$\int_{(C)} P(x, y)\, dx$$

*das Integral:*

3)
$$\int_a^b P(x, f(x))\, dx.$$

II. *Das Kurvenintegral ändert sein Vorzeichen, wenn man den Sinn ändert, in welchem die Kurve durchlaufen werden soll.*

Entsprechend ist $\int Q(x, y)\, dy$ zu definieren[1]; statt $\int P\,dx + \int Q\,dy$ schreibt man kürzer $\int(P\,dx + Q\,dy)$.

Das Kurvenintegral über einen beliebigen Weg (§ 25, XIV) kann dann dadurch definiert werden, daß man den Weg in Stücke von der Art zerlegt, daß für jedes dieser Stücke sowohl $y$ eine monotone Funktion von $x$, als auch $x$ eine monotone Funktion von $y$ ist, und hierauf die Summe der Integrale über die einzelnen Stücke bildet.

Sind die den Weg definierenden Funktionen $x = \varphi(t)$, $y = \psi(t)$ differentiierbar, so ist:

4)
$$\int(P\,dx + Q\,dy) = \int\{P\varphi'(t) + Q\psi'(t)\}\,dt.$$

Aber auch wenn das nicht der Fall ist, läßt sich das Kurvenintegral mit beliebiger Annäherung durch eine Summe der Form:

5)
$$\sum\{P(\xi_\nu, \eta_\nu)(x_{\nu+1} - x_\nu) + Q(\xi_\nu, \eta_\nu)(y_{\nu+1} - y_\nu)\}$$

berechnen.

Von Kurvenintegralen gelten nicht nur die Sätze VII, VIII von § 28, sondern auch der folgende:

III. *Sind die Funktionen $P$, $Q$ in einem Bereich der Ebene stetig, und ist in diesem Bereich eine Schar von Wegen $C_n$ gegeben, die sich mit wachsendem $n$ einem bestimmten Weg $C$ des Bereiches* ***gleichmäßig*** *nähern, so ist*

6)
$$\lim_{n=\infty} \int_{(C_n)} (P\,dx + Q\,dy) = \int_{(C)} (P\,dx + Q\,dy).$$

Der Beweis beruht darauf, daß $P(x, f(x))$ eine stetige Funktion von $x$ ist, wenn $P(x, y)$ eine stetige Funktion von $x$ und $y$ und $f(x)$ eine stetige Funktion von $x$ ist, und auf § 28, VII.

IV. *Auch wenn $C = \lim C_n$ kein eigentlicher, sondern ein uneigentlicher Weg ist, kann man aus den Prämissen schließen, daß der Grenzwert auf der linken Seite von (6) existiert und daß er nur von $C$ abhängt, nicht von der zur Annäherung an $C$ benutzten Kurvenschar $C_n$. Man kann ihn also dazu benutzen, um das Kurvenintegral für diesen Fall zu* ***definieren.***

[1] Die Voraussetzung der Monotonie von $f$ ist nur erforderlich, damit hier $x$ eine eindeutige Funktion von $y$ wird.

V. *Insbesondere kann jeder Integrationsweg durch einen sog. Treppenweg beliebig gleichmäßig approximiert werden, d. h. durch einen Weg, der aus geradlinigen Stücken besteht, die abwechselnd zur einen und andern Koordinatenachse parallel sind.*

Denn ist 1.) längs des Weges $y$ eine stetige und monotone Funktion von $x$ und umgekehrt, und ist eine Genauigkeitsgrenze $\varepsilon$ vorgeschrieben, so kann man auf dem Wege eine endliche Anzahl von Punkten $x_\nu y_\nu$ so annehmen, daß keine der Differenzen $|x_{\nu+1} - x_\nu|$, $|y_{\nu+1} - y_\nu|$ größer als $\varepsilon/\sqrt{2}$ ist. Wegen der vorausgesetzten Monotonie liegt dann das Wegstück $(\nu \ldots \nu + 1)$ ganz innerhalb des von vier Punkten $(x_\nu y_\nu)$, $(x_{\nu+1} y_\nu)$, $(x_{\nu+1} y_{\nu+1})$, $(x_\nu y_{\nu+1})$ gebildeten Rechtecks; keiner seiner Punkte ist also von irgend einem Punkte der Begrenzung dieses Rechtecks um mehr als $\varepsilon$ entfernt. Man kann daher dieses Wegstück mit der Genauigkeit $\varepsilon$ durch ein Paar aneinanderstoßender Seiten dieses Rechtecks ersetzen, die $(x_\nu y_\nu)$ mit $(x_{\nu+1} y_{\nu+1})$ verbinden.

Ist 2.) der Weg überhaupt ein eigentlicher, so kann man ihn in eine endliche Anzahl von Stücken zerlegen, für deren jedes die Voraussetzungen des Falles (1) erfüllt sind.

Hat man endlich 3.) mit einem uneigentlichen Wege zu tun, so kann man ihn mit der Genauigkeit $\varepsilon/2$ durch einen eigentlichen Weg und diesen mit der Genauigkeit $\varepsilon/2$ durch einen Treppenweg ersetzen; dann ist der vorgelegte uneigentliche Weg mit der Genauigkeit $\varepsilon$ durch den Treppenweg ersetzt.

Man kann übrigens auch noch verlangen, daß alle Eckpunkte des approximierenden Treppenweges *rationale* Koordinaten haben sollen.

VI. *Wenn $P\,dx + Q\,dy$ = dem vollständigen Differential $dF$ einer in dem betrachteten Bereich eindeutigen und stetigen Funktion $F(x, y)$ ist, so ist:*

$$\int_{(x_0 y_0)}^{(x_1 y_1)} (P\,dx + Q\,dy) = F(x_1, y_1) - F(x_0, y_0), \tag{7}$$

wie auch der Integrationsweg von $(x_0 y_0)$ nach $(x_1 y_1)$ in dem betrachteten Bereich gewählt werden möge. Das ist sofort einzusehen, wenn $\varphi(t)$, $\psi(t)$ längs des Weges differentiierbar sind; denn dann geht der Integrand auf der linken Seite von (7) durch Einführung von $t$ als Integrationsvariabeln über in:

$$\frac{\partial F}{\partial x}\frac{dx}{dt}dt + \frac{\partial F}{\partial y}\frac{dy}{dt}dt = \frac{dF}{dt}dt.$$

Für andere Wege kommt man dann mit Hilfe der Sätze III und IV zu demselben Resultat.

Im allgemeinen Fall dagegen hängt der Wert eines Kurvenintegrals, genommen über einen zwei bestimmte Punkte der Ebene verbindenden Weg, nicht nur von jenen zwei Punkten ab, sondern ganz wesentlich noch von dem Wege: zwei Wege, die dieselben zwei Punkte verbinden, geben im allgemeinen verschiedene Integralwerte. Insbesondere gibt ein geschlossener Weg nicht notwendig den Integralwert Null. Es ist für unsere Zwecke nicht erforderlich, daß wir die allgemeinsten Bedingungen untersuchen, unter welchen das eintritt; vielmehr genügt die Ableitung der folgenden Sätze:

Verbinden wir zwei Punkte $BD$ eines geschlossenen Integrationsweges $ABCDA$ durch einen Weg $BED$, der den ersteren nicht schneidet, so kommen zwei ebenfalls geschlossene Integrationswege $ABEDA$ und $BCDEB$ zustande. Es ist dann allgemein:

$$\int_{ABEDA} = \int_{BED} + \int_{DAB}, \quad \int_{BCDEB} = \int_{BCD} + \int_{DEB}$$

und

$$\int_{ABCDA} = \int_{DAB} + \int_{BCD},$$

aber auch:

$$\int_{DEB} = -\int_{BED},$$

also:

$$\int_{ABCDA} = \int_{ABEDA} + \int_{BCDEB}.$$

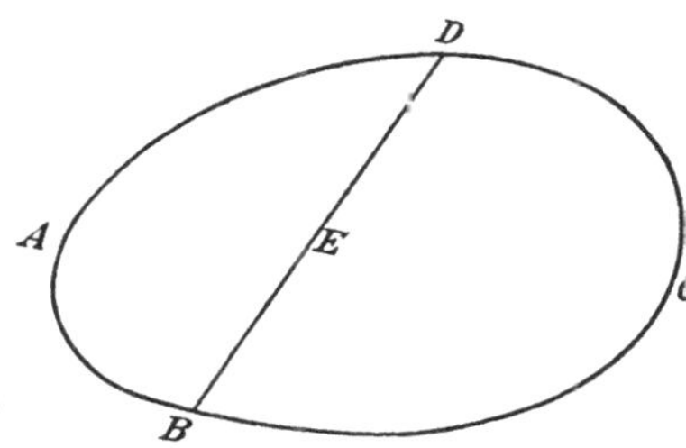

Fig. 15.

Durch Wiederholung dieses Schlusses kommt man zu dem Satze:

VII. *Wird ein Bereich durch irgendwelche Wege in eine beliebige Anzahl von Teilbereichen geteilt, so ist ein beliebiges Integral, genommen um die Begrenzung des ganzen Bereiches, gleich der Summe der entsprechenden Integrale, genommen in derselben Umlaufsrichtung um die Begrenzungen der einzelnen Teilbereiche.*

Daraus kann man sofort schließen: Ist das Integral für jeden hinlänglich kleinen geschlossenen Integrationsweg innerhalb eines einfach zusammenhängenden[1] Bereiches Null, so ist es auch Null für

[1] Die Voraussetzung des einfachen Zusammenhanges kann hier in der Tat nicht entbehrt werden: die zu § 25, XVII als Beispiel genannte Linie kann nicht durch lauter beliebig kleine geschlossene Integrationswege ersetzt werden, wenn diese ganz innerhalb des Kreisringes verlaufen sollen.

jeden geschlossenen Integrationsweg, der ganz innerhalb dieses Bereiches verläuft. Doch ist mit diesem Satz noch nicht viel anzufangen; wohl aber mit dem folgenden:

VIII. *Ist ein Integral, genommen über die Begrenzung eines jeden Quadrats von der Seitenlänge $\delta$, das ganz in einem Bereich $\mathfrak{B}$ liegt, kleiner als $\delta^2 \varepsilon$, sobald $\delta$ hinlänglich klein ist — unter $\varepsilon$ eine von der Auswahl dieses Quadrats unabhängige Größe verstanden, die mit $\delta$ zugleich unendlich klein wird —, so ist es für jeden ganz dem Bereich angehörenden geschlossenen Integrationsweg Null.*

Denn ist zunächst ein von einem geschlossenen Treppenweg begrenzter Bereich gegeben, der sich durch solche Quadrate ganz ausfüllen läßt, so ist der Wert des Integrals um ihn kleiner als $\varepsilon \sum \delta^2$. $\sum \delta^2$ ist aber die von dem Treppenweg umschlossene Fläche $F$, also eine gegebene Größe. Der Integralwert muß also kleiner sein als das Produkt aus der gegebenen Größe $F$ in eine Zahl $\varepsilon$, die beliebig klein angenommen werden kann. Das ist nur möglich, wenn er Null ist.

Für einen beliebigen anderen geschlossenen Integrationsweg gilt derselbe Satz, wie man erkennt, indem man ihn durch Treppenwege mit rationalen Ecken approximiert.

Für die Anwendungen dieses Satzes ist es noch unbequem, daß in ihm $\varepsilon$ als von der Auswahl des Quadrats unabhängig vorausgesetzt werden mußte.

IX. *Man kann aber zu demselben Resultat auch noch gelangen, wenn man nur annimmt, daß zu jedem Punkt von $\mathfrak{B}$ ein $\varepsilon$ von der Art gehört, daß die Bedingungen des Satzes VIII für jedes der Umgebung dieses Punktes angehörende Quadrat erfüllt sind.*

Denn angenommen, das Integral um irgend einen solchen Bereich wäre absolut $> A$, so zerlegen wir ihn in zwei Teilbereiche; für mindestens einen von ihnen müßte es dann $> \frac{1}{2} A$ sein. Diesen zerlegen wir wieder; für mindestens einen der neuen Teile müßte es dann $> \frac{1}{4} A$ sein. So fortfahrend kommen wir nach $n$ Teilungen zu einem Bereich von der Fläche $2^{-n} F$, für dessen Begrenzung das Integral $> 2^{-n} A$ sein würde. Wir können aber die Teilung so weit treiben, bis einer der erhaltenen Teilbereiche und also alle folgenden ganz der Umgebung eines seiner Punkte angehören; denn die Menge ihrer Eckpunkte muß mindestens einen Häufungspunkt haben. Für einen solchen Teilbereich wäre dann das Randintegral einerseits $< \varepsilon 2^{-n} F$ andererseits $> 2^{-n} A$. Darin liegt ein Widerspruch, da $\varepsilon$ beliebig klein genommen werden kann; der Widerspruch hebt sich nur für $A = 0$.

# VIERTER ABSCHNITT.

## Eindeutige analytische Funktionen einer komplexen Veränderlichen.

### § 30. Vorbemerkungen.

Im zweiten Abschnitt haben wir bereits eine Reihe elementarer Funktionen einer komplexen Veränderlichen $z$ kennen gelernt und zum Teil eingehend untersucht; die allgemeine Erörterung des Begriffes, den wir mit den Worten „Funktion einer komplexen Variabeln" verbinden, haben wir damals noch hinausgeschoben. Wir müssen jetzt an sie herangehen.

Man könnte ja $X + iY$ im allgemeinsten Sinne eine Funktion von $x + iy$ nennen, wenn die reellen Größen $X$, $Y$ Funktionen der reellen Variabeln $x$, $y$ sind. Dann würde die Theorie der Funktionen einer komplexen Variabeln nichts anderes sein, als die Theorie der Paare von Funktionen zweier reellen Variabeln. Es ist jedoch üblich, das Wort in einem engeren Sinne zu gebrauchen, so daß die „Theorie der Funktionen einer komplexen Variabeln" nur einen besonders wichtigen und leicht zugänglichen Abschnitt aus der Theorie der Paare von Funktionen zweier reellen Variabeln vorstellt. Man gelangt zu dem hiermit angedeuteten Standpunkt durch Überlegungen folgender Art:

Der speziellen Bezeichnung: *rationale Funktion einer komplexen Größe* $x + iy$ ist bereits im II. Abschnitt auf Grund der im I. gegebenen Definitionen der elementaren Rechnungsoperationen mit komplexen Größen ein bestimmter Sinn beigelegt worden. Man könnte nun versucht sein, auf die Definition transzendenter Funktionen durch Grenzwerte von rationalen zurückzugehen — wie z. B.

$$e^x = \lim_{n=\infty} \left(1 + \frac{x}{n}\right)^n —$$

und darauf die Definition einer transzendenten Funktion komplexen Arguments zu stützen. Aber dem stellen sich Schwierigkeiten entgegen: es kann vorkommen, daß ein solcher Grenzwert für alle reellen und doch für keinen komplexen Wert von $x$ existiert; es kann ferner vorkommen, daß zwei solche Grenzwerte, die für reelle

$x$ dieselbe transzendente Funktion darstellen, für komplexe $x$ verschieden ausfallen. Bei einer bestimmten Klasse solcher Grenzwerte ist man allerdings, wie wir bald (§ 38) sehen werden, sicher, daß diese Schwierigkeiten nicht auftreten: nämlich bei den Summen unendlicher Potenzreihen; WEIERSTRASS[1] hat deshalb seine Funktionentheorie auf die Lehre von den Potenzreihen gegründet. CAUCHY und RIEMANN dagegen knüpfen überhaupt nicht an eine *analytische Ausdrucksform* an, sondern an eine bestimmte *Eigenschaft*, die jeder rationalen Funktion einer komplexen Veränderlichen zukommt, aber nicht jedem Ausdruck $X + iY$, dessen Glieder rationale Funktionen der reellen Veränderlichen $x, y$ sind. Dieser Auffassung wollen wir uns anschließen; dazu müssen wir vor allem diese unterscheidende Eigenschaft der rationalen Funktionen einer komplexen Veränderlichen kennen lernen, was einiger Vorbereitungen bedarf.

## § 30a. Grenzwerte von konvergenten Folgen komplexer Zahlen.

Die Übertragung des Begriffs einer konvergenten Zahlenfolge auf komplexe Zahlen bietet keine wesentliche Schwierigkeit. Denn wenn

$$|x + iy| < \varepsilon$$

ist, so ist auch (vgl. die analoge Bemerkung bei § 25, I):

$$|x| < \varepsilon, \quad |y| < \varepsilon.$$

Ist also eine Folge komplexer Zahlen

$$z_0 = x_0 + iy_0, \quad z_1 = x_1 + iy_1, \quad z_2 = x_2 + iy_2, \quad \ldots, \quad z_n = x_n + iy_n, \quad \ldots$$

so beschaffen, daß man zu jeder gegebenen Genauigkeitsgrenze $\varepsilon$ den Index $n$ so bestimmen kann, daß für jedes positive $p$

1) $$|z_{n+p} - z_n| < \varepsilon$$

wird, so wird für denselben Wert des Index $n$ auch:

2) $$|x_{n+p} - x_n| < \varepsilon, \quad |y_{n+p} - y_n| < \varepsilon$$

für jedes positive $p$; die reellen und die rein imaginären Bestandteile der $z$ bilden daher dann je für sich konvergente Zahlenfolgen, und es existieren die Grenzwerte:

3) $$\lim_{n=\infty} x_n = a, \quad \lim_{n=\infty} y_n = b.$$

[1] Eine authentische Veröffentlichung der Vorlesungen von WEIERSTRASS ist seit Jahren in Aussicht gestellt. Von ähnlichen Grundsätzen gehen aus J. THOMAE, Elementare Theorie der analytischen Funktionen einer komplexen Veränderlichen (Halle 1880, 2. Aufl. 1898) und CH. MÉRAY, Leçons nouvelles sur l'analyse infinitésimale (Paris 1894—95).

Umgekehrt, wenn die Ungleichungen (2) für ein bestimmtes $n$ und alle positiven $p$ bestehen, so besteht in demselben Umfang auch die Ungleichung:

4) $$|z_{n+p} - z_n| < \varepsilon\sqrt{2}.$$

Indem wir $a + ib = c$ setzen, ziehen wir die beiden Grenzgleichungen (3) zu einer zusammen; d. h. wir definieren:

I. *Die Grenzgleichung:*

$$\lim_{n=\infty} z_n = c$$

*soll nichts anderes bedeuten als das System der beiden Gleichungen (3).*

Daran können wir sofort die weitere Definition anschließen (vgl. A. A. § 53):

II. *Eine unendliche Reihe von komplexen Größen:*

$$z_0 + z_1 + z_2 + \ldots + z_n + \ldots$$

*heißt konvergent, und die komplexe Größe S heißt Summe dieser Reihe, wenn der Grenzwert*

5) $$\lim_{n=\infty}(z_0 + z_1 + z_2 + \ldots + z_n)$$

*existiert und gleich S ist.*

Nur eine andere Formulierung dieser Definition ist die folgende Aussage:

III. *Für die Konvergenz einer unendlichen Reihe von komplexen Größen ist notwendig und hinreichend, daß die aus den reellen Bestandteilen einerseits, den rein imaginären andererseits gebildeten Reihen konvergieren.*

Wir definieren ferner:

IV. *Eine Reihe von komplexen Größen heißt absolut konvergent, wenn die aus ihren absoluten Beträgen gebildete Reihe konvergiert.*

Auf Grund von § 40 der A. A. und § 5, III dieses Heftes ergibt sich dann der Satz:

V. *Konvergiert eine Reihe von komplexen Größen absolut, so konvergieren auch die aus ihren reellen, bzw. ihren imaginären Bestandteilen gebildeten Reihen absolut;*

und aus ihm auf Grund von A. A. § 58, I der weitere:

VI. *Die Summe einer absolut konvergenten Reihe komplexer Größen ist unabhängig von der Reihenfolge der Glieder.*

## § 31. Stetigkeit der rationalen Funktionen einer komplexen Variabeln.

Der Vollständigkeit wegen beginnen wir mit der Definition:

I. *Unter einer komplexen Funktion einer oder mehrerer reellen Veränderlichen verstehen wir eine komplexe Veränderliche $Z = X + iY$, deren Komponenten $X$, $Y$ Funktionen jener Veränderlichen sind.*

Ist die Anzahl der unabhängigen Veränderlichen zwei und sind sie mit $x, y$ bezeichnet, so können wir sie auch zu einer komplexen Veränderlichen $z = x + iy$ zusammenfassen und schreiben

1) $$Z = f(z).$$

Wir wollen das vorläufig in der Tat tun, wenn wir auch diese Bezeichnung später nur in einem engeren Sinne benutzen werden.

Der Begriff der *Stetigkeit* (§ 24; A. A. § 61) überträgt sich auf Grund der Definitionen von § 30a unmittelbar auf komplexe Funktionen:

II. *Eine komplexe Funktion heißt an einer bestimmten Stelle $z = a$ stetig, wenn die Gleichung*

2) $$\lim_{n=\infty} f(z_n) = f(a)$$

*besteht für jede Zahlenfolge, für die*

3) $$\lim_{n=\infty} z_n = a$$

*ist.*

Hält man diese Definition mit den Auseinandersetzungen von § 26 zusammen, so sieht man, daß sie gleichbedeutend mit der folgenden ist:

*Eine Funktion einer komplexen Variabeln $z = x + iy$ wird nur dann als eine stetige Funktion von $z$ angesehen, wenn sie in dem § 26, III definierten Sinn eine stetige Funktion der beiden reellen Veränderlichen $x$ und $y$ ist* (nicht etwa auch dann, wenn sie eine stetige Funktion von $x$ und eine stetige Funktion von $y$ ist).

Dementsprechend verfahren wir überhaupt bei der Übertragung des allgemeinen Begriffs des Grenzüberganges (A. A. § 62) auf komplexe Funktionen; wir sagen:

III. *Die Gleichung*

4) $$\lim_{z=a} f(z) = b$$

*bedeutet soviel als: für jede gegen $a$ konvergierende Zahlenfolge ist*

5) $$\lim_{n=\infty} f(z_n) = b.$$

Wir schreiben einer komplexen Funktion also nur dann an einer bestimmten Stelle einen bestimmten Grenzwert zu, wenn dieser Grenzwert bei Benutzung *beliebiger* Annäherungswerte für das Argument erreicht wird, oder wie wir es wohl geometrisch ausdrücken, wenn wir uns demselben Funktionswert nähern, längs welcher Kurve wir auch das Argument seinem Grenzwert sich nähern lassen. Gelegentlich kommen wir allerdings in die Lage, daß wir nicht

Annäherung an einen Grenzpunkt längs beliebiger Kurven zu betrachten haben, sondern nur längs spezieller, z. B. Annäherung an den Nullpunkt nur längs solcher Kurven, die ihn nicht unendlich oft umwinden, oder nur längs solcher, die ganz in der positiven Halbebene bleiben. Solche Einschränkungen müssen dann jedesmal besonders angegeben werden.

IV. *Der Satz, daß Summe, Differenz, Produkt, und, wenn der Nenner nicht Null ist, auch der Quotient zweier stetiger Funktionen selbst wieder stetige Funktionen sind, gilt für komplexe Variable, wie für reelle.*

Denn der Beweis dieses Satzes (A. A. § 64) beruht nur auf den beiden Sätzen, daß der absolute Betrag einer Summe oder Differenz nicht größer ist als die Summe der absoluten Beträge der einzelnen Bestandteile, und daß der absolute Betrag eines Produktes oder eines Quotienten gleich ist dem Produkt, bzw. Quotienten der absoluten Beträge derselben. Diese beiden Sätze gelten aber für komplexe Größen wie für reelle (§ 5, III; § 6, I; § 7, II).

Da aus der Definition II unmittelbar folgt, daß $z$ selbst eine stetige Funktion von $z$ ist, so ergibt sich wie § 26, IV:

V. *Eine rationale Funktion einer komplexen Variabeln ist überall da stetig, wo sie endlich ist.*

Man hat dabei nur die Festsetzungen von § 20 zu beachten, denen zufolge eine rationale Funktion immer auf eine solche Form gebracht werden kann, daß der Nenner nur da Null wird, wo die Funktion nicht mehr endlich bleibt.

Ferner folgt aus den Entwicklungen von § 20:

VI. *In den Polen, in welchen die rationale Funktion selbst nicht mehr stetig ist, ist wenigstens ihr reziproker Wert stetig.*

Die Sätze V und VI beziehen sich zunächst auf endliche Werte der unabhängigen Variabeln; durch die Festsetzungen der §§ 12 und 21 übertragen sie sich auch auf den Wert $\infty$:

VII. *Auch für $z = \infty$ ist eine rationale Funktion entweder selbst stetig, oder ihr reziproker Wert (oder beide).*

Gleichungen der Form:

6) $$f(z_0) = \infty, \quad f(\infty) = w_0, \quad f(\infty) = \infty$$

war in den §§ 20 und 21 zunächst eine rein konventionelle Bedeutung beigelegt worden, auf Grund der in § 12 geschehenen Einführung des Zeichens „$\infty$". Andererseits kann man den Sinn solcher Gleichungen noch in einer andern Weise festlegen (A. A. § 63), die sich auf komplexe Variable folgendermaßen überträgt:

VIII. $f(z_0) = \infty$ *bedeutet: zu jeder gegebenen positiven Größe $M$ läßt sich eine andere $\delta$ so bestimmen, daß:*

$$|f(z_0 + \zeta)| > M, \quad \text{sobald} \quad |\zeta| < \delta.$$

IX. $f(\infty) = w_0$ *bedeutet: zu jeder gegebenen positiven Größe $\varepsilon$ läßt sich eine andere $N$ so bestimmen, daß:*

$$|f(z) - w_0| < \varepsilon, \quad \text{sobald} \quad |z| > N.$$

X. $f(\infty) = \infty$ *bedeutet: zu jeder gegebenen positiven Größe $M$ läßt sich eine andere $N$ so bestimmen, daß:*

$$|f(z)| > M, \quad \text{sobald} \quad |z| > N.$$

Die Sätze VI und VII sagen dann aus:

XI. *Bei rationalen Funktionen stehen diese beiden Auffassungen des Zeichens $\infty$ nie im Widerspruch; jede solche Gleichung (6), die bei der einen Auffassung richtig ist, ist es auch bei der andern.*

Geometrisch sagen die Sätze dieses Paragraphen aus:

XII. *Die durch eine rationale Funktion $w = f(z)$ vermittelte Abbildung der $z$-Kugel auf die $w$-Kugel ist überall stetig, auch in der Umgebung des Punktes $\infty$ der einen wie der andern Kugel.*

Übrigens sind auch die Gleichungen der zweiten und dritten Form (6) stets so zu verstehen, daß sie für Annäherung des Kugelpunktes, der die unabhängige Variable repräsentiert, an den Punkt $\infty$ der Kugel längs einer *beliebigen* Kurve gelten sollen. Will man nur spezielle solche Kurven in Betracht ziehen, so muß auch das jedesmal besonders gesagt werden, z. B. wenn nur behauptet werden soll, daß ein bestimmter Grenzwert erreicht wird, wenn man die unabhängige Variable durch positiv reelle Werte über alle Grenzen wachsen läßt.

## § 32. Differentialquotient einer rationalen Funktion komplexen Arguments.

Um die am Schlusse von § 30 angekündigte Untersuchung weiterzuführen, betrachten wir für einen bestimmten Wert $z_0$ von $z$, für welchen die rationale Funktion $f(z)$ endlich ist, den Quotienten:

$$\frac{f(z_0 + \zeta) - f(z_0)}{\zeta} = \psi(\zeta) \tag{1}$$

als Funktion von $\zeta$. Er ist eine rationale Funktion von $\zeta$, die für $\zeta = 0$ in der unbestimmten Form $0/0$ erscheint. Wir haben uns aber in § 20 bereits davon überzeugt, daß wir bei einer rationalen

Funktion von $\zeta$ eine solche Unbestimmtheit stets durch geeignete Umformungen beseitigen können. M. a. W. wir können stets eine andere rationale Funktion $\psi_1(\zeta)$ angeben, die für alle diejenigen Werte von $\zeta$, für welche $\psi(\zeta)$ bestimmt ist, mit $\psi(\zeta)$ übereinstimmt, die aber auch für $\zeta = 0$ entweder einen bestimmten Wert hat oder in dem dort definierten Sinne bestimmt unendlich wird. In der Differentialrechnung wird nun gezeigt (vgl. auch § 27), daß unter Beschränkung auf reelle Werte von $z_0$ und $\zeta$ diese Funktion $\varphi_1(\zeta)$ unter den getroffenen Annahmen auch für $\zeta = 0$ einen bestimmten Wert hat, und daß dieser Wert eine rationale Funktion von $z_0$ ist, die mit:

$$f'(z_0)$$

bezeichnet und Ableitung von $f(z)$ genannt zu werden pflegt. Dabei wird zwar auch $f(z)$ als reell vorausgesetzt; wir können uns aber von dieser Voraussetzung frei machen, wenn wir $\psi(\zeta)$ in seinen reellen und imaginären Bestandteil zerlegen:

$$\psi(\zeta) = \varphi(\zeta) + i\chi(\zeta) \tag{2}$$

und jeden dieser Bestandteile für sich behandeln. Es folgt also, daß der Quotient $\psi(\zeta)$ unter der Voraussetzung $f(z_0) \mp \infty$ für $\zeta = 0$ einen bestimmten (noch von $z_0$ abhängigen) Grenzwert $f'(z_0)$ besitzt, sofern wir $\zeta$ auf reelle Werte beschränken. Im vorigen Paragraphen haben wir aber gesehen, daß eine *rationale* Funktion einer komplexen Veränderlichen $\zeta$ überall da stetig ist, wo sie endlich ist; wenn also

$$\lim_{\zeta=0} \frac{f(z_0+\zeta) - f(z_0)}{\zeta} = f'(z_0)$$

ist, sobald $\zeta$ durch reelle Werte der Null sich nähert, so folgt für *rationale* Funktionen $f$, daß diese Gleichung gelten muß, *in welcher Weise* auch $\zeta$ gegen Null konvergiert. Wir sprechen dieses Ergebnis in folgendem Satze aus:

I. *Eine rationale Funktion $f(z)$ einer komplexen Veränderlichen hat in jedem Punkte $z$, in welchem sie endlich ist, einen bestimmten von der Art, wie $dz$ der Null sich nähert, unabhängigen Differentialquotienten:*

$$\frac{df(z)}{dz} = f'(z), \tag{3}$$

*der nach den Regeln der Differentialrechnung für reelle Veränderliche und Funktionen gefunden werden kann.*

Nun ist leicht zu sehen, daß diese Eigenschaft nicht jedem Ausdruck $u + iv$ zukommt, dessen Glieder rationale Funktionen von $x$ und $y$ sind. Denn für einen solchen Ausdruck ist nach elementaren Sätzen der Differentialrechnung für Funktionen zweier Veränderlicher die Totaländerung:

$$\Delta u + i\Delta v = \left(\frac{\partial u}{\partial x} + i\frac{\partial v}{\partial x} + \varepsilon_1\right)\Delta x + \left(\frac{\partial u}{\partial y} + i\frac{\partial v}{\partial y} + \varepsilon_2\right)\Delta y,$$

wo $\varepsilon_1$, $\varepsilon_2$ Größen bezeichnen, die mit $\Delta x$ und $\Delta y$ unendlich klein werden. Der Differenzenquotient

$$\frac{\Delta u + i\Delta v}{\Delta x + i\Delta y}$$

kann also geschrieben werden:

$$\frac{\left(\frac{\partial u}{\partial x} + i\frac{\partial v}{\partial x} + \varepsilon_1\right) + \left(\frac{\partial u}{\partial y} + i\frac{\partial v}{\partial y} + \varepsilon_2\right)\frac{\Delta y}{\Delta x}}{1 + i\frac{\Delta y}{\Delta x}}.$$

Lassen wir nun $\Delta y$ und $\Delta x$ in der Weise gegen Null konvergieren, daß der Quotient $\Delta y / \Delta x$ gegen einen bestimmten Grenzwert[1] $dy / dx$ konvergiert (d. h. geometrisch ausgedrückt, lassen wir den Punkt $(x + \Delta x, y + \Delta y)$ sich dem Punkte $(x, y)$ auf einer Kurve nähern, die in $(x, y)$ eine bestimmte Tangente hat), so konvergiert der genannte Differenzenquotient gegen den Grenzwert:

$$\frac{\left(\frac{\partial u}{\partial x} + i\frac{\partial v}{\partial x}\right) + \left(\frac{\partial u}{\partial y} + i\frac{\partial v}{\partial y}\right)\frac{dy}{dx}}{1 + i\frac{dy}{dx}}.$$

Dieser Grenzwert wird im allgemeinen ganz wesentlich von $dy / dx$ abhängen; er wird dann und nur dann davon unabhängig sein, wenn auch im Zähler (wie im Nenner) das von $dy / dx$ freie Glied sich zu dem Koeffizienten von $dy / dx$ verhält wie $1 : i$, m. a. W. wenn

$$\frac{\partial u}{\partial y} + i\frac{\partial v}{\partial y} = i\left(\frac{\partial u}{\partial x} + i\frac{\partial v}{\partial x}\right) \tag{4}$$

ist. Diese Gleichung besteht aber (§ 2, I) dann und nur dann, wenn einzeln:

$$\begin{cases} \dfrac{\partial u}{\partial y} = -\dfrac{\partial v}{\partial x} \\[2mm] \dfrac{\partial v}{\partial y} = \dfrac{\partial u}{\partial x} \end{cases} \tag{5}$$

ist. Wir haben also zunächst das Resultat:

[1] Der hier auch $\infty$ sein kann.

II. *Ein Ausdruck der Form $u + iv$, in welchem $u$, $v$ rationale Funktionen von $x$ und $y$ bedeuten, kann jedenfalls nur dann auf die Form einer rationalen Funktion von $z = x + iy$ gebracht werden, wenn $u$ und $v$ den partiellen Differentialgleichungen (5) genügen.*

Andererseits ist zu beachten, daß für *rationale* Funktionen die formalen Rechnungsregeln der Differentialrechnung einfach Konsequenzen der fundamentalen Sätze der elementaren Algebra sind. Da wir nun im ersteren Abschnitt gezeigt haben, daß diese letzteren für komplexe Größen ebenso gelten wie für reelle, so folgt, daß wir auch jene Differentiationsregeln auf *rationale* Funktionen komplexer Veränderlicher anwenden dürfen. So können wir z. B. in eine solche Funktion, die wir zunächst als von $x$ und $y$ abhängig betrachtet haben, $z = x + iy$ an Stelle von $x$ als unabhängige Veränderliche neben $y$ einführen; unterscheiden wir dann die nach diesen unabhängigen Veränderlichen genommenen partiellen Differentialquotienten von den auf $x$ und $y$ als unabhängige Veränderliche bezogenen dadurch, daß wir sie in Klammern schließen, so ist nach jenen Regeln:

$$6) \qquad \frac{\partial f}{\partial x} = \left(\frac{\partial f}{\partial z}\right), \qquad \frac{\partial f}{\partial y} = \left(\frac{\partial f}{\partial y}\right) + i\left(\frac{\partial f}{\partial z}\right).$$

Haben wir nun einen komplexen Ausdruck $u + iv$, dessen Glieder rationale Funktionen von $x$ und $y$ sind und der der Gleichung (4) genügt, und setzen wir diesen für $f$ in die Gleichungen (6) ein, so folgt, daß für ihn:

$$\left(\frac{\partial (u + iv)}{\partial y}\right) = \frac{\partial (u + iv)}{\partial y} - i\frac{\partial (u + iv)}{\partial x} = 0$$

ist. Wenn also $z = x + iy$ als neue unabhängige Variable an Stelle von $x$ neben $y$ in einen komplexen Ausdruck der genannten Form eingeführt wird, welcher der Gleichung (4) genügt, fällt $y$ von selbst heraus, m. a. W.:

III. *Sind $u$ und $v$ rationale Funktionen von $x$ und $y$, so ist das Bestehen der Gleichungen (5) nicht nur notwendige, sondern auch hinreichende Bedingung dafür, daß $u + iv$ auf die Form einer rationalen Funktion von $z$ allein gebracht werden kann.*

## § 33. Definition regulärer Funktionen komplexen Arguments.

Die im letzten Paragraphen abgeleitete Eigenschaft der *rationalen* Funktionen einer komplexen Veränderlichen wollen wir nunmehr zum Ausgangspunkt für die aufzustellende Definition dessen nehmen, was wir überhaupt unter einer Funktion komplexen Arguments verstehen wollen:

I. $w = f(z)$ *soll nur dann eine (reguläre) Funktion des komplexen Arguments $z$ in einem bestimmten Bereiche heißen, wenn für jeden Punkt $z$ dieses Bereiches der Grenzwert*

$$1) \qquad \lim_{\zeta = 0} \frac{f(z + \zeta) - f(z)}{\zeta}$$

*in dem § 31, III definierten Sinne existiert.*

Das Zeichen $f(z)$ soll im folgenden ausschließlich für solche reguläre Funktionen von $z$ gebraucht, der Grenzwert (1) wie bei reellen Variabeln und Funktionen mit $\frac{d f(z)}{d z}$ oder $f'(z)$ bezeichnet werden.

Wird die Funktionen $w$ in ihren reellen und imaginären Bestandteil zerlegt:

$$w = u + i v,$$

und wird angenommen, daß die Funktionen $u$, $v$ stetige partielle Differentialquotienten besitzen, so zeigen die Entwicklungen von § 32, daß der Grenzwert (1) nur dann von der Art unabhängig ist, in der $z$ gegen Null konvergiert, wenn diese Differentialquotienten den Gleichungen § 32, (5) genügen. Umgekehrt ergibt sich, wenn man jene Entwicklungen rückwärts durchläuft: diese Gleichungen zusammen mit der Voraussetzung der Stetigkeit der in ihnen auftretenden Differentialquotienten genügen auch, um die Existenz des Grenzwertes (1) in dem festgestellten Sinne abzuleiten. Cauchy und Riemann haben daher diese Differentialgleichungen zur Definition der Funktionen komplexen Arguments benutzt.

Übrigens ist zu beachten, daß wir für den Übergang von den Differentialgleichungen § 32 (5) zu dem Grenzwert (1) und umgekehrt die Voraussetzung der Stetigkeit der auftretenden partiellen Differentialquotienten nötig hatten; dagegen werden wir sehen, daß wir, wenn wir die weitere Entwicklung an den Grenzwert (1) anknüpfen, nur dessen Existenz für jeden Punkt des Bereiches vorauszusetzen brauchen, nicht seine Stetigkeit als Funktion von $z$. Diese Stetigkeit wird sich vielmehr als Folge der übrigen Voraussetzungen ergeben.

Ein Beispiel einer regulären, aber nicht rationalen Funktion komplexen Arguments erhalten wir, wenn wir setzen:

$$u = e^x \cos y, \qquad v = e^x \sin y;$$

es ist nämlich dann:

$$\frac{\partial u}{\partial x} = \frac{\partial v}{\partial y} = e^x \cos y, \qquad \frac{\partial u}{\partial y} = -\frac{\partial v}{\partial x} = -e^x \sin y.$$

Also ist $e^x(\cos y + i \sin y)$ eine (in der ganzen Ebene) reguläre Funktion von $z = x + iy$.

Die Existenz oder Stetigkeit *höherer* Ableitungen wird in der Definition I zunächst nicht gefordert (doch werden wir später sehen, daß sie aus ihr gefolgert werden kann). Nehmen wir sie aber an, so können wir aus den Differentialgleichungen (5) von § 32 durch abermalige Differentiation die Gleichungen ableiten:

$$\text{2)} \qquad \frac{\partial^2 u}{\partial x^2} + \frac{\partial^2 u}{\partial y^2} = \frac{\partial^2 v}{\partial x \partial y} - \frac{\partial^2 v}{\partial y \partial x} = 0,$$

$$\text{3)} \qquad \frac{\partial^2 v}{\partial x^2} + \frac{\partial^2 v}{\partial y^2} = -\frac{\partial^2 u}{\partial x \partial y} + \frac{\partial^2 u}{\partial y \partial x} = 0,$$

wir erhalten also den Satz:

II. *Weder der reelle, noch der rein imaginäre Bestandteil einer analytischen Funktion komplexen Arguments können als willkürliche Funktionen von $x$ und $y$ angenommen werden; sie müssen vielmehr beide der „*Laplace*schen" Differentialgleichung:*

$$\text{4)} \qquad \frac{\partial^2 u}{\partial x^2} + \frac{\partial^2 u}{\partial y^2} = 0$$

*Genüge leisten.*

## § 34. Konforme Abbildung.

Bereits in § 27 haben wir stetige Abbildungen eines Bereiches der $xy$-Ebene auf ein Flächenstück der $uv$-Ebene untersucht. Eine besondere Klasse solcher Abbildungen bilden diejenigen, für welche $u + iv$ in dem im vorigen Paragraphen definierten Sinne eine reguläre Funktion von $x + iy$ ist; wir wollen diese Klasse durch eine geometrische Eigenschaft charakterisieren.

Zu diesem Zwecke formen wir die Bedingung des vorigen Paragraphen etwas um. Seien $z_1$, $z_2$, $z_3$ drei Werte von $z = x + iy$, $w_1$, $w_2$, $w_3$ die entsprechenden Werte von $w = u + iv$; wir bilden die Differenzenquotienten:

$$\frac{w_2 - w_1}{z_2 - z_1} \quad \text{und} \quad \frac{w_3 - w_1}{z_3 - z_1}.$$

Lassen wir $z_2$ und $z_3$ unendlich nahe an $z_1$ rücken, so werden diese beiden Quotienten unendlich wenig verschieden sein; denn jeder von ihnen ist dann unendlich wenig verschieden von dem eindeutig bestimmten Werte des Differentialquotienten

$$\frac{dw}{dz}$$

an der Stelle $z = z_1$. Es ist also:

$$\frac{w_2 - w_1}{z_2 - z_1} = \frac{w_3 - w_1}{z_3 - z_1} + \varepsilon, \tag{1}$$

wo $\varepsilon$ mit $z_2 - z_1$ und $z_3 - z_1$ unendlich klein wird. Umgekehrt, wenn eine solche Gleichung besteht, in welcher Weise auch $z_2$ und $z_3$ dem Punkte $z_1$ sich nähern mögen, so folgt daraus, daß der Differentialquotient $\frac{dw}{dz}$ von der Richtung des Differentials $dz$ unabhängig ist.

Aus Gleichung (1) können wir im allgemeinen, d. h. abgesehen von einem alsbald zu besprechenden Ausnahmefall (VI), den Schluß ziehen, daß auch in der Gleichung:

$$\frac{w_2 - w_1}{w_3 - w_1} = \frac{z_2 - z_1}{z_3 - z_1} + \varepsilon' \tag{2}$$

$\varepsilon'$ mit $z_2 - z_1$ und $z_3 - z_1$ unendlich klein wird. Lassen wir aus dieser Gleichung $\varepsilon'$ weg, so geht sie (abgesehen von der Bezeichnung) in die Gleichung (17) des § 10 über, deren geometrische Bedeutung dort angegeben war. Damit haben wir eine Antwort auf die gestellte Frage; wir können sie so formulieren:

I. *Ist $w$ eine reguläre Funktion von $z$, so ist jedes Dreieck der $z$-Ebene, dessen Seiten unendlich kleine Größen derselben Ordnung sind, dem entsprechenden Dreieck der $w$-Ebene bis auf unendlich kleine Größen höherer Ordnung ähnlich*, d. h. Seitenverhältnisse und Winkel des einen sind von den entsprechenden Stücken des andern unendlich wenig verschieden.

Insbesondere folgt aus den Entwicklungen des § 10, wenn wir sie von den dort behandelten endlichen Dreiecken auf die hier auftretenden unendlich kleinen übertragen:

II. *Der absolute Betrag des Differentialquotienten $\frac{dw}{dz}$ an einer Stelle der $z$-Ebene gibt das an dieser Stelle stattfindende Vergrößerungsverhältnis, d. h. den Faktor, mit welchem man die Länge einer dort befindlichen unendlich kleinen Linie multiplizieren muß, um die Länge der entsprechenden Linie der $w$-Ebene zu erhalten.*

III. *Der Arcus $\alpha$ von $\frac{dw}{dz}$ gibt den Winkel an, um welchen jedes an der Stelle $z$ befindliche Linienelement gedreht werden muß, wenn es dem entsprechenden Linienelement der $w$-Ebene parallel werden soll.*

Da dieser Winkel nur von der Stelle $z$, nicht von der Richtung des betrachteten Linienelements abhängt, so folgt:

IV. *Irgend zwei Kurven der z-Ebene bilden in jedem ihrer Schnittpunkte denselben Winkel miteinander, wie die entsprechenden Kurven der w-Ebene in dem entsprechenden Schnittpunkte* —

oder (mit Benutzung der § 11, VII eingeführten Terminologie):

V. *Durch eine in einem Bereiche der z-Ebene definierte reguläre Funktion w des komplexen Arguments z wird dieser Bereich konform auf ein Flächenstück der w-Ebene abgebildet.*

Beispiele solcher Abbildungen in großer Zahl haben wir im II. Abschnitt bereits kennen lernen; im folgenden werden uns noch viele weitere begegnen.

Der Schluß von (1) auf (2) ist nur zulässig, wenn der Grenzwert von $(z_2 - z_1)/(w_3 - w_1)$ endlich, also der von $(w_3 - w_1)/(z_2 - z_1)$ von Null verschieden ist. Da wir nur von solchen unendlich kleinen Dreiecken reden, deren Seiten alle von derselben Größenordnung sind, ist das dann und nur dann der Fall, wenn:

$$\lim_{z_2 = z_1} \frac{w_2 - w_1}{z_2 - z_1} = \left(\frac{dw}{dz}\right)_{z = z_1}$$

von Null verschieden ist. Also müssen wir Satz V durch folgenden Zusatz vervollständigen:

VI. *An denjenigen Stellen, an welchen:*

$$\frac{dw}{dz} = 0$$

*ist, ist die Konformität der Abbildung nicht bewiesen.*

In welcher Beziehung an einer solchen Stelle die Winkel in der einen Ebene zu den entsprechenden Winkeln in der andern Ebene stehen, wollen wir erst später (§ 69) besprechen.

In vielen Fällen ist es von Interesse, zuzusehen, auf welche Linien der $w$-Ebene die Parallelen zu den Koordinatenachsen der $z$-Ebene abgebildet werden. Man erhält die Gleichungen dieser Linien, wenn man $w = f(z) = \varphi(x, y) + i\psi(x, y)$ setzt und dann aus den Gleichungen:

3) $$\varphi(x, y) = u, \qquad \psi(x, y) = v$$

$x$, bzw. $y$ eliminiert. Umgekehrt stellen die Gleichungen

4) $$\varphi(x, y) = \text{const.}$$

und

5) $$\psi(x, y) = \text{const.}$$

diejenigen Kurvensysteme der $z$-Ebene vor, denen die Parallelen zu den Koordinatenachsen der $w$-Ebene entsprechen. Wegen der

Konformität der Abbildung schneidet jede Kurve des Systems (4) jede Kurve des Systems (5) unter rechten Winkeln; die beiden Kurvensysteme sind zueinander *orthogonal.* Wählt man ferner aus den Scharen der Parallelen zu den Koordinatenachsen in der $w$-Ebene je eine diskrete Menge solcher, die in gleichen für beide Scharen übereinstimmenden Abständen aufeinander folgen, so teilen sie die $w$-Ebene in Quadrate; diese entsprechen Stücken der $z$-Ebene, die von Quadraten sich um so weniger unterscheiden, je kleiner jener konstante Abstand gewählt ist. Man drückt diese Eigenschaft der Kurvensysteme (4) und (5) gewöhnlich kurz so aus, daß man sagt: *sie teilen die z-Ebene in unendlich kleine Quadrate.* Man nennt ein Kurvensystem, zu dem ein zweites sich so finden läßt, daß beide zusammen die Ebene (oder überhaupt irgend eine Fläche) in unendlich kleine Quadrate teilen, ein *isometrisches* oder *isothermisches.*

Die letztere Bezeichnung hängt mit der physikalischen Bedeutung solcher Kurvensysteme zusammen, die wir wenigstens erwähnen müssen. Nehmen wir an, in der $xy$-Ebene ströme eine (ponderable oder imponderable) Flüssigkeit; $\xi$, $\eta$ seien die Komponenten ihrer Geschwindigkeit nach den Koordinatenachsen in irgend einem Punkte $x, y$. Fassen wir ein bestimmtes Rechteck ins Auge, dessen Seiten zu den Koordinatenachsen parallel sind und von ihnen bzw. die Abstände $x, x + dx$, $y, y + dy$ haben. Durch die Seite ($x$) tritt dann in dem Zeitelement $dt$ die Flüssigkeitsmenge $\xi\, dt\, dy$ ein, durch die gegenüberliegende Seite tritt $\left(\xi + \frac{\partial \xi}{\partial x} dx\right) dt\, dy$ aus. Ebenso tritt durch die Seite ($y$) $\eta\, dt\, dx$ ein, durch die gegenüberliegende $\left(\eta + \frac{\partial \eta}{\partial y} dy\right) dt\, dx$ aus. Es vermehrt sich also die in dem Rechteck $dx\, dy$ enthaltene Flüssigkeitsmenge im Zeitelement $dt$ um:

$$-\left(\frac{\partial \xi}{\partial x} + \frac{\partial \eta}{\partial y}\right) dt\, dx\, dy;$$

ist die Flüssigkeit als inkompressibel zu denken, kann also eine Vermehrung oder Verminderung der in dem Rechteck enthaltenen Flüssigkeitsmenge nicht stattfinden, so muß:

$$6)\qquad \frac{\partial \xi}{\partial x} + \frac{\partial \eta}{\partial y} = 0$$

sein. Sind außerdem $\xi$, $\eta$ die Ableitungen einer und derselben Funktion $v(x, y)$ (des „Geschwindigkeitspotentials") nach den Koordinaten:

$$\xi = \frac{\partial v}{\partial x}, \qquad \eta = \frac{\partial v}{\partial y},$$

so folgt:

$$7) \qquad \frac{\partial \xi}{\partial y} - \frac{\partial \eta}{\partial x} = 0.$$

Die beiden Gleichungen (6) und (7) zusammen sagen aus, daß $\zeta = \eta + i\xi$ eine Funktion des komplexen Arguments $z = x + iy$ ist; und $vi$ ist der imaginäre Teil der (im nächsten Paragraphen zu definierenden) Funktion $\int \zeta\, dz$. Nennen wir $u$ den reellen Teil dieser Funktion, so folgt:

$$8) \qquad \xi = -\frac{\partial u}{\partial y}, \quad \eta = \frac{\partial u}{\partial x},$$

m. a. W. die Richtung der Geschwindigkeit fällt in jedem Punkt in die Tangente der durch diesen Punkt gehenden Linie $u =$ const. Diese Linien sind also die Stromkurven. Wir finden so:

*Die „Niveaulinien" (Linien gleichen Potentials) $v =$ const. und „Stromkurven" $u =$ const. bei einer stationären Strömung einer inkompressibeln Flüssigkeit in der Ebene, der ein Geschwindigkeitspotential zukommt, teilen zusammen die Ebene in unendlich kleine Quadrate.*

*Ist umgekehrt eine reguläre Funktion $w = u + iv$ der komplexen Variabeln $z = x + iy$ gegeben, so können stets die Linien $u =$ const., $v =$ const. als Stromkurven und Niveaulinien für eine in diesem Teil der Ebene wirbelfreie stationäre Strömung einer inkompressibeln Flüssigkeit angesehen werden.*

Für die Bewegung der Wärme tritt an die Stelle des Geschwindigkeitspotentials die Temperatur; für die der Elektrizität das elektrische Potential.

## § 35. Das Integral einer regulären Funktion komplexen Arguments.

I. *Unter dem Integral einer komplexen Funktion $u + iv$ einer reellen Variabeln $t$ zwischen den reellen Grenzen $a$, $b$*

$$1) \qquad \int_a^b (u + iv)\, dt$$

*verstehen wir* (vgl. § 28):

$$\int_a^b u\, dt + i \int_a^b v\, dt.$$

Was aber unter einem Integral zwischen komplexen Grenzen zu verstehen ist, bedarf einiger Erläuterung. Eine *reelle* Integrationsvariable kann von ihrer unteren zu ihrer oberen Grenze nur auf *einem* Wege (durch *eine* Folge von Zwischenwerten) gelangen (wenn ein Durchgang durch das Unendliche, sowie ein Umkehren unterwegs nicht zugelassen werden). Dagegen können wir von einem

Werte einer *komplexen* Variabeln zu einem andern durch sehr verschiedene Folgen von Zwischenwerten gelangen; wir können zwei Punkte der Ebene, auf der wir sie geometrisch darstellen, durch sehr verschiedene Linien verbinden. Daher müssen wir, wenn wir von einem Integral zwischen komplexen Grenzen reden wollen, notwendig eine Angabe des *Integrationsweges* beifügen und das Integral als ein Kurvenintegral der § 29 definierten Art auffassen. Wir sagen demgemäß:

II. *Ist ein die Punkte $z_0 = x_0 + iy_0$ und $z_1 = x_1 + iy_1$ verbindender Weg $\Gamma$ gegeben und ist $w = u + iv$ eine auf diesem Wege stetige komplexe Funktion von $x$ und $y$, so verstehen wir unter:*

2) $$\int_\Gamma w\,dz$$

*das Integral:*

$$\int_\Gamma (u + iv)(dx + i\,dy) = \int_\Gamma (u\,dx - v\,dy) + i\int_\Gamma (v\,dx + u\,dy).$$

Häufig kommt es vor, daß man der Kenntnis einer oberen Grenze bedarf, die der absolute Betrag eines komplexen Integrals sicher nicht überschreitet. Dazu verhilft Satz IV von § 5; es folgt aus ihm:

3) $$\left|\int w\,dz\right| \leqq \int |w|\,|dz|\,.$$

Dabei ist $|dz|$ nichts anderes als das Bogenelement des Integrationsweges, die rechte Seite also

$$\leqq ML,$$

unter $M$ das Maximum von $w$ auf dem Integrationsweg, unter $L$ die Länge des letzteren verstanden.

Z. B. ist zwischen den Grenzen $z_0$ und $z$ (vgl. § 29, VI):

$$\begin{aligned}\int dz &= \int dx + i\int dy = x - x_0 + i(y - y_0)\\ \int z\,dz &= \int (x\,dx - y\,dy) + i\int (x\,dy + y\,dx)\\ &= \tfrac{1}{2}(x^2 - y^2) + ixy - [\tfrac{1}{2}(x_0^2 - y_0^2) + ix_0y_0],\end{aligned}$$

welcher Integrationsweg auch gewählt werden mag. Diese beiden Integrale sind also vom Wege unabhängig. Überhaupt gilt der Satz, als unmittelbare Folge von § 29, VI:

III. *Ist $f(z)$ der Differentialquotient einer in einem einfach zusammenhängenden Bereich $\mathfrak{B}$ regulären Funktion $F(z)$ von $z$, so ist*

$$\int_{z_0}^{z_1} f(z)\,dz = F(z_1) - F(z_0),$$

*wie auch der Weg von $z_0$ nach $z_1$ innerhalb des Bereiches gewählt werden mag.*

Darüber hinaus gilt der folgende Satz:

IV. *Ist in einem einfach zusammenhängenden Bereich $\mathfrak{B}$ eine reguläre Funktion komplexen Arguments gegeben, so ist*

4) $$\int_{\Gamma} f(z)\,dz = 0$$

*für jede geschlossene Linie, die ganz innerhalb $\mathfrak{B}$ verläuft.*

Denn n. V. ist für jeden Punkt $z_0$ des Bereichs:

$$\lim_{\zeta=0} \frac{f(z_0+\zeta)-f(z_0)}{\zeta} = f'(z_0);$$

man kann daher um jeden solchen Punkt eine Umgebung von der Art abgrenzen, daß für alle Punkte $z_0+\zeta$ dieser Umgebung

$$\left|\frac{f(z_0+\zeta)-f(z_0)}{\zeta} - f'(z_0)\right| < \varepsilon$$

ist; setzt man also:

$$f(z_0+\zeta) = f(z_0) + \zeta f'(z_0) + \zeta\eta,$$

so ist $\eta$ eine Funktion von $z$ resp. $\zeta$, die für alle Punkte der Umgebung von $z_0$ absolut genommen kleiner als $\varepsilon$ ist. Integrieren wir nun um ein Quadrat von der Seitenlänge $\delta$, das ganz dieser Umgebung angehört, und führen $\zeta$ als Integrationsvariable ein, so erhalten wir:

$$\int f(z)\,dz = f(z_0)\int d\zeta + f'(z_0)\int \zeta\,d\zeta + \int \zeta\eta\,d\zeta.$$

Die beiden ersten Integrale rechts sind Null, das letzte ist absolut kleiner als $\delta\cdot\sqrt{2}\cdot\varepsilon\cdot 4\delta$, also

$$< 4\sqrt{2}\,\delta^2\varepsilon.$$

Daraus folgt aber nach § 29, IX, daß das Integral für jeden geschlossenen ganz innerhalb $\mathfrak{B}$ verlaufenden Weg Null ist; w. z. b. w.

Haben wir dann innerhalb $\mathfrak{B}$ zwei Wege $ABC$ und $ADC$ zwischen denselben beiden Punkten $A$ und $C$ (vergl. Fig. 15), so ist

$$\int_{ABC} f(z)\,dz + \int_{CDA} f(z)\,dz = 0$$

oder (nach § 29, II):

$$\int_{ABC} f(z)\,dz = \int_{ADC} f(z)\,dz,$$

d. h. es gilt auch die folgende Umformung des Satzes III:

V. *Werden nur solche Integrationswege in Betracht gezogen, die ganz innerhalb eines einfach zusammenhängenden Bereichs $\mathfrak{B}$ verlaufen, in welchem die Funktion $f(z)$ regulär ist, so ist der Wert des Integrals*

5) $$\int_{z_0}^{z_1} f(z)\,dz$$

*unabhängig vom Wege, nur abhängig vom Anfangspunkt $z_0$ und Endpunkt $z_1$.*

Halten wir den Anfangspunkt fest, so können wir den Integralwert im Sinne der Definition § 31, I als eine komplexe Funktion der oberen Grenze ansehen und als solche mit $F(z_1)$ bezeichnen. Wollen wir dann den Wert dieser Funktion für ein benachbartes Argument $z_1 + \zeta$ (das auch noch dem Bereich angehört) bilden, so können wir den Integrationsweg von $z_0$ nach $z_1 + \zeta$, eben wegen der Unabhängigkeit des Integralwerts vom Wege, über $z_1$ führen, und erhalten dann:

$$F(z_1 + \zeta) = \int_{z_0}^{z_1} f(z)\,dz + \int_{z_1}^{z_1+\zeta} f(z)\,dz = F(z_1) + f(z_1)\int_{z_1}^{z_1+\zeta} dz$$
$$+ \int_{z_1}^{z_1+\zeta} [f(z) - f(z_1)]\,dz.$$

Da $f(z)$ als stetig vorausgesetzt war, kann man $\zeta$ so klein nehmen, daß für alle Punkte des Weges von $z_1$ nach $z_1 + \zeta$

$$|f(z) - f(z_1)| < \varepsilon$$

ist: dann folgt nach (3):

$$6)\qquad |F(z_1 + \zeta) - F(z_1) - \zeta f(z_1)| < \varepsilon\,|\zeta|$$

und also, wenn wir $\zeta$ irgendwie gegen Null konvergieren lassen:

$$7)\qquad \lim_{\zeta = 0} \frac{F(z_1 + \zeta) - F(z_1)}{\zeta} = f(z_1),$$

d. h. nach § 33, I:

VI. *Unter den Voraussetzungen des Satzes V ist der Integralwert eine reguläre Funktion der oberen Grenze; seine Ableitung ist die zu integrierende Funktion.*

Wir fügen noch ein Corollar bei:

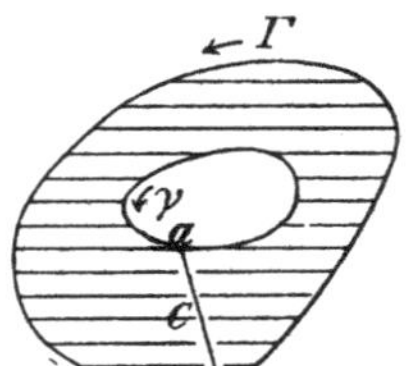

Fig. 16.

VII. *Begrenzen zwei Linien $\Gamma$, $\gamma$ ein ringförmiges Gebiet $\mathfrak{B}$, in dem die Funktion $f(z)$ den Bedingungen des Satzes III genügt, so ist:*

$$8)\qquad \int_{\Gamma} f(z)\,dz = \int_{\gamma} f(z)\,dz,$$

*wenn beide Linien so durchlaufen werden, daß die von einer jeden umschlossenen Fläche zur Linken liegt.*

Um diese Formulierung zu beweisen, denke man sich das Gebiet $\mathfrak{B}$ längs einer Linie $C$ aufgeschnitten, die einen Punkt $a$ von $\gamma$ mit einem Punkt $A$ von $\Gamma$ verbindet. Dadurch entsteht ein einfach zusammenhängender Bereich $\mathfrak{B}$. Soll dessen Begrenzung so durchlaufen werden, daß er zur Linken bleibt, so hat man zu durchlaufen:

1. die Linie $\Gamma$ im Sinne des Pfeils;
2. die Linie $C$ von $A$ nach $a$;
3. die Linie $\gamma$ gegen den Sinn des Pfeils;
4. die Linie $C$ von $a$ nach $A$.

Die Summe der Integrale über diese vier Linien ist nach Satz V Null. Das zweite dieser vier Integrale ist aber entgegengesetzt gleich dem vierten, also bleibt:

$$\int_\Gamma f(z)\,dz + \int_\gamma f(z)\,dz = 0,$$

wenn beide Linien so durchlaufen werden, wie eben angegeben. In Satz VII ist aber angenommen, daß $\gamma$ in entgegengesetzter Richtung durchlaufen wird, deshalb mußte dort das entgegengesetzte Vorzeichen stehen.

Als Beispiel für die Entwicklungen dieses Paragraphen behandeln wir die Aufgabe, den Wert des Integrals:

$$\int_\Gamma (z-\zeta)^n\,dz,$$

genommen über irgend eine den Punkt $\zeta = \xi + i\eta$ umschließende Kurve $\Gamma$ zu berechnen, wenn $n$ eine positive oder negative ganze Zahl ist. Wir beschreiben um $\zeta$ einen Kreis $c$ von so kleinem Radius $r$, daß er ganz innerhalb $\Gamma$ liegt. In dem Gebiet zwischen $c$ und $\Gamma$ ist die Funktion $(z-\zeta)^n$ regulär (auch wenn $n$ negativ ist); also ist nach VI:

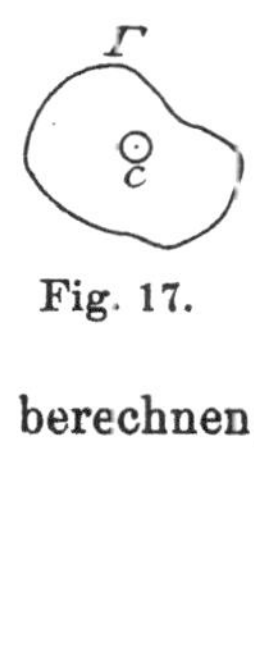

Fig. 17.

$$\int_\Gamma (z-\zeta)^n\,dz = \int_c (z-\zeta)^n\,dz.$$

Das Kreisintegral aber können wir aus der Definition I berechnen; setzen wir nämlich:

$$x - \xi = r\cos t, \qquad y - \eta = r\sin t,$$

also:

8) $$z - \zeta = r(\cos t + i\sin t),$$

9) $$dz = r(-\sin t + i\cos t)\,dt = ir(\cos t + i\sin t)\,dt = i(z-\zeta)\,dt,$$

so durchläuft der Punkt den Kreis gerade einmal, wenn $t$ von 0 bis $2\pi$ wächst. Wir erhalten also:

$$\int_c (z-\zeta)^n\,dz = r^{n+1}\,i\int_0^{2\pi} \bigl(\cos(n+1)t + i\sin(n+1)t\bigr)\,dt.$$

In der Theorie der Integrale zwischen reellen Grenzen wird aber gezeigt, daß:

$$\int_0^{2\pi} \sin m t\, d t = 0$$

ist für jeden ganzzahligen Wert von $m$, Null eingeschlossen, und

$$\int_0^{2\pi} \cos m t\, d t = \begin{cases} 2\pi & \text{für } m = 0 \\ 0 & \text{für } m \lessgtr 0 \end{cases}.$$

Also erhalten wir:

VIII. *Ist $n$ irgend eine ganze Zahl (positiv, Null oder negativ), $\Gamma$ eine den Punkt $\zeta$ umschließende Linie, so ist:*

10) $$\int_\Gamma (z - \zeta)^n\, d z = 0 \quad \text{für} \quad n \neq -1,$$

*dagegen:*

11) $$\int_\Gamma (z - \zeta)^{-1}\, d z = 2\pi i.$$

## § 36. Der Satz von Cauchy.

Es sei wieder $f(z)$ eine in einem Bereiche $\mathfrak{B}$ reguläre Funktion des komplexen Arguments $z$; $\zeta$ sei ein Punkt dieses Bereiches, $\Gamma$ seine Begrenzungslinie. Die Funktion

$$\frac{f(z)}{z - \zeta}$$

ist dann regulär in dem Bereiche $\mathfrak{B}_1$, der übrig bleibt, wenn aus $\mathfrak{B}$ das Innere eines Kreises $c$ vom Mittelpunkt $\zeta$ und Radius $r$ herausgenommen wird. Nach § 35, VII ist also:

1) $$\int_\Gamma \frac{f(z)}{z - \zeta}\, dz = \int_c \frac{f(z)}{z - \zeta}\, d z.$$

Der Radius $r$ des Kreises $c$ ist dabei willkürlich; wegen der vorausgesetzten Stetigkeit der Funktion $f(z)$ können wir ihn so klein annehmen, daß für alle Punkte des Kreises:

$$|f(z) - f(\zeta)| < \varepsilon$$

wird, wo $\varepsilon$ eine (beliebig kleine) vorgegebene Größe bedeutet. Setzen wir nun:

$$\int_c \frac{f(z)}{z - \zeta}\, d z = f(\zeta) \int_c \frac{d z}{z - \zeta} + \int_c \frac{f(z) - f(\zeta)}{z - \zeta}\, d z,$$

so ist das erste der rechts stehenden Integrale nach § 35, VIII:

$$= 2\pi i f(\zeta);$$

im zweiten setzen wir ebenfalls

2)
$$z - \zeta = r(\cos t + i \sin t)$$
$$dz = ir(\cos t + i \sin t)\,dt$$
$$\frac{dz}{z - \zeta} = i\,dt$$

und finden so (§ 35, (3)), daß sein absoluter Betrag

$$\leqq \varepsilon \int_0^{2\pi} dt, \quad \text{d. i.} \quad \leqq 2\pi\varepsilon$$

ist, d. h. kleiner gemacht werden kann als jede beliebig vorgegebene Größe, wenn nur $r$ hinlänglich klein genommen wird. Aber der Wert der linken Seite der Gleichung (1) ist von $r$ unabhängig, ebenso $2\pi i f(\zeta)$; wäre die Differenz beider Größen von Null verschieden, so könnte sie auch nicht durch Verkleinerung von $r$ unter jede Grenze herabgedrückt werden. Also folgt:

3)
$$f(\zeta) = \frac{1}{2\pi i}\int_{\Gamma} \frac{f(z)}{z - \zeta}\,dz.$$

I. *Vermittelst dieser von* CAUCHY *gegebenen Formel wird der Wert, den eine reguläre Funktion des komplexen Arguments $z$ in irgend einem Punkte $\zeta$ eines Bereiches $\mathfrak{B}$ besitzt, ausgedrückt durch die Werte derselben Funktion auf dem Rande $\Gamma$ des Bereiches.*

Man schließe übrigens nicht etwa aus diesem Satze, daß man die Werte einer solchen Funktion $f(z)$ auf dem Rande beliebig vorschreiben könne: die Formel (3) würde zwar dann immer noch eine im Innern des Bereichs reguläre Funktion $f(\zeta)$ liefern, aber diese Funktion würde im allgemeinen bei Annäherung von $\zeta$ an einen Randpunkt nicht gegen den dort vorgeschriebenen Wert konvergieren.

Ist die Linie $\Gamma$ ein Kreis vom Mittelpunkte $\zeta$, wird $f(z) = u + iv$, $f(\zeta) = u_0 + iv_0$ gesetzt, die Substitution (2) in der Gleichung (3) vorgenommen, und Reelles und Imaginäres getrennt, so folgt:

$$u_0 = \frac{1}{2\pi}\int_0^{2\pi} u\,dt, \qquad v_0 = \frac{1}{2\pi}\int_0^{2\pi} v\,dt.$$

Die erste dieser Gleichungen sagt aus:

II. *Der Wert des reellen Teils einer regulären Funktion komplexen Arguments im Mittelpunkt eines Kreises ist gleich dem Mittelwert aus seinen Werten auf der Kreisperipherie.*

Er kann also weder größer als alle diese Werte, noch kleiner als sie alle sein. Daraus folgt, wenn der Radius des Kreises hinlänglich klein genommen wird:

III. *Ist eine Funktion komplexen Arguments in einem Bereiche $\mathfrak{B}$ regulär, so kann ihr reeller Teil niemals in einem inneren Punkte dieses Bereiches ein Maximum oder Minimum haben.*

Für $v$ gelten natürlich dieselben Sätze.

## § 37. Entwicklung einer regulären Funktion in eine Potenzreihe.

Cauchy hat aus seiner Formel (§ 36, (3)) einen allgemeinen Satz über die Entwickelbarkeit einer regulären Funktion in eine Potenzreihe abgeleitet. Um ihn zu beweisen, gehen wir aus von der aus den Elementen der Analysis (A. A. § 54) bekannten Reihe:

1) $$1 + z + z^2 + \ldots + z^n + \ldots$$

Die Summe ihrer $n$ ersten Glieder ist:

$$s_n = \frac{1 - z^n}{1 - z};$$

ist $|z| < 1$, so kann für jede noch so kleine positive Größe $\varepsilon$

2) $$\left|\frac{z^n}{1 - z}\right| < \varepsilon$$

dadurch gemacht werden, daß man $n$ hinlänglich groß nimmt. Zufolge der Definition der Konvergenz einer unendlichen Reihe (§ 30a, IV) ist also dann:

3) $$\lim s_n = \frac{1}{1 - z},$$

d. h.:

I. *Im Innern des Einheitskreises konvergiert die Reihe (1) gegen $(1 - z)^{-1}$.*

Wir können über die Art der Konvergenz noch genaueres angeben. Ist die Bedingung (2) für eine bestimmte positive Größe $z = r$ und für ein gegebenes $\varepsilon$ durch einen bestimmten Wert von $n$ erfüllt, so wird sie für dasselbe $\varepsilon$ durch *denselben* Wert von $n$ (und alle größeren Werte) auch erfüllt für jeden Wert von $z$, dessen absoluter Betrag $\leqq r$ ist; denn für jeden solchen Wert ist $|z^n| \leqq r^n$ und $|1 - z| \geqq 1 - r$. Auf Grund der Definition der gleichmäßigen Konvergenz (A. A. § 66) können wir also sagen:

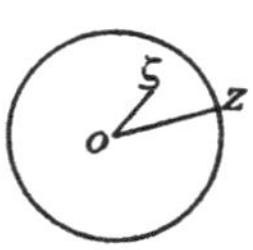

Fig. 18.

II. *Die Reihe (1) konvergiert gleichmäßig auf der Fläche jedes Kreises um den Nullpunkt, dessen Radius $< 1$ ist.*

Nachdem dieser Vorbereitungssatz gewonnen ist, wenden wir uns wieder zu Gleichung (3) von § 36 zurück. Wir nehmen zunächst der Einfachheit wegen an, daß der Nullpunkt im Innern des

Definitionsbereiches der Funktion $f(z)$ liegt; dann können wir einen Kreis um den Nullpunkt von hinlänglich kleinem Radius als Kurve $\Gamma$ wählen. Für alle Punkte $\zeta$ in seinem Innern und für alle Punkte $z$ auf ihm ist dann

$$|\zeta| < |z|;$$

infolgedessen konvergiert nach (I) und (II) die Reihe

$$\frac{1}{z} + \frac{\zeta}{z^2} + \frac{\zeta^2}{z^3} + \ldots + \frac{\zeta^n}{z^{n+1}} + \ldots$$

für alle diese Werte von $\zeta$ und $z$ gleichmäßig gegen

$$\frac{1}{z - \zeta}.$$

Die Gleichmäßigkeit der Konvergenz wird auch nicht beeinträchtigt, wenn wir noch alle Glieder mit $f(z)$ multiplizieren. Infolgedessen dürfen wir nach § 28, VIII die so entstehende Reihe längs der Kreisperipherie gliedweise integrieren. Wir erhalten dadurch:

$$4)\quad \begin{cases} 2\pi i f(\zeta) = \int\limits_{\Gamma} \frac{f(z)\,dz}{z} + \zeta \int\limits_{\Gamma} \frac{f(z)\,dz}{z^2} + \zeta^2 \int\limits_{\Gamma} \frac{f(z)\,dz}{z^3} \\ \qquad + \ldots + \zeta^n \int\limits_{\Gamma} \frac{f(z)\,dz}{z^{n+1}} + \ldots \end{cases}$$

und damit den Satz:

III. *Ist eine Funktion komplexen Arguments in einem Kreise um den Nullpunkt regulär, so läßt sie sich für alle Punkte $\zeta$ im Innern dieses Kreises in eine konvergente Reihe entwickeln, die nach Potenzen von $\zeta$ mit positiven ganzzahligen steigenden Exponenten fortschreitet.*

Über das Verhalten der Reihe *auf der Peripherie* des Kreises sagt der Satz nichts aus.

Für die Berechnung der in (4) auftretenden Integrale kann übrigens nach § 35, VII der Kreis $\Gamma$ durch irgend eine andere den Nullpunkt umschließende Kurve ersetzt werden, innerhalb deren die Funktion $f(z)$ regulär ist.

## § 38. Eigenschaften komplexer Potenzreihen.

Das Resultat des vorigen Paragraphen legt die Frage nahe, ob umgekehrt eine *„Potenzreihe"* der dort betrachteten Art stets eine reguläre Funktion des Arguments vorstellt. Sei also eine solche Reihe:

$$1)\quad \sum_{n=0}^{\infty} a_n z^n \equiv a_0 + a_1 z + a_2 z^2 + \ldots + a_n z^n + \ldots$$

vorgelegt, dann müssen wir vor allem nach ihrer Konvergenz fragen.

Sie konvergiert jedenfalls für $z = 0$; konvergiert sie für keinen andern Wert, so kann sie uns nicht zur Definition einer Funktion dienen.

Es kann vor allem sehr wohl vorkommen (wir werden in § 40 Beispiele dafür kennen lernen), daß eine Potenzreihe „*beständig*", d. h. für *alle* endlichen Werte von $z$ konvergiert. Sie stellt dann eine in der ganzen Ebene reguläre Funktion vor; umgekehrt läßt sich jede in der ganzen Ebene reguläre Funktion durch eine solche beständig konvergente Potenzreihe darstellen.

Man nennt eine solche Funktion nach WEIERSTRASS eine *ganze transzendente Funktion.*

Konvergiert die Reihe für irgend einen von Null verschiedenen Wert $z = c$, so kann man ganz wie bei Beschränkung auf reelle Variable (A. A. § 67) die Sätze beweisen:

I. *Konvergiert eine Potenzreihe für irgend einen von Null verschiedenen Wert $z = c$, so konvergiert sie unbedingt für jeden Wert von $z$, dessen absoluter Betrag kleiner als der von $c$ ist — oder geometrisch ausgedrückt: sie konvergiert unbedingt im ganzen Innern des Kreises vom Mittelpunkt 0 und Radius $|c|$.*

II. *Eine Potenzreihe, die nicht für alle Werte von $z$ konvergiert und auch nicht nur für $z = 0$, besitzt stets einen bestimmten Konvergenzkreis von der Eigenschaft, daß sie innerhalb desselben überall konvergiert, außerhalb desselben überall divergiert.*

Über das Verhalten der Reihe auf dem Konvergenzkreise selbst sagt dieser Satz nichts aus. Man kennt Beispiele für jeden der drei denkbaren Fälle, daß die Reihe in keinem, in einigen, oder in allen Punkten desselben konvergiert.

Die Untersuchung der Gleichmäßigkeit der Konvergenz einer Potenzreihe muß bei Mitberücksichtigung komplexer Argumentwerte etwas anders geführt werden, als bei Beschränkung auf reelle. Ist $c$ ein Punkt im Innern des Konvergenzkreises, so müssen für $z = c$ jedenfalls alle Glieder der Reihe unterhalb einer angebbaren Größe $g$ liegen, es muß also:

$$|a_m c^m| < g$$

sein für $m = 0, 1, 2, \ldots.$ Ist dann $z$ irgend ein Wert, dessen absoluter Betrag kleiner als der von $c$ ist, und wird

$$|z| = \lambda |c|$$

gesetzt, so folgt:

$$\begin{aligned}|a_n z^n| + |a_{n+1} z^{n+1}| + \cdots + |a_{n+p} z^{n+p}| &< g\lambda^n(1 + \lambda + \cdots + \lambda^p)\\ &< \frac{g\lambda^n}{1-\lambda}.\end{aligned}$$

Ist der rechts stehende Bruch für bestimmte Werte von $\lambda (< 1)$ und $n$ kleiner als eine gegebene Größe $\varepsilon$, so ist er auch kleiner als $\varepsilon$ für dasselbe $n$ und alle kleineren Werte von $\lambda$. Daraus folgt aber:

III. *Jede Potenzreihe konvergiert gleichmäßig in jedem Gebiete, das ganz im Innern ihres Konvergenzkreises liegt.*[1]

Infolgedessen ist (vgl. A. A. § 66) die Summe einer solchen Reihe im ganzen Innern des wahren Konvergenzkreises eine *stetige* Funktion von $x$ und $y$; wir können aber auf Grund der Sätze von § 28 noch mehr von ihr behaupten. Dazu bedürfen wir zunächst des Hilfssatzes (A. A. § 60, 5; § 70, 5), daß die Reihe:

$$1 + 2\lambda + 3\lambda^2 + \ldots + (n+1)\lambda^n + \ldots$$

für $\lambda < 1$ konvergiert (nämlich gegen $(1-\lambda)^{-2}$). Mit seiner Hilfe folgt durch Schlüsse, die den bisher durchgeführten genau parallel laufen:

IV. *In jedem Gebiete, das ganz im Innern des wahren Konvergenzkreises der Reihe (1) liegt, konvergiert auch die Reihe*

$$2) \qquad f'(z) = a_1 + 2a_2 z + 3a_3 z^2 + \ldots + (n+1) a_{n+1} z^n + \ldots$$

*gleichmäßig und stellt folglich eine stetige Funktion von $x$ und $y$ dar.*

Die Reihe (2) ist aber die Reihe der Ableitungen der einzelnen Glieder der Reihe (1); aus § 28, X folgt somit:

V. *Jede Potenzreihe der Form (1) hat im Innern ihres Konvergenzkreises überall eine bestimmte Ableitung nach $z$ und stellt folglich dort eine reguläre Funktion des komplexen Arguments $z$ im Sinne von § 33 dar.*

Dieser Satz ist die Umkehrung des Cauchyschen Satzes § 37, III. Da wir die Ableitung der vorgelegten Funktion wieder durch eine Potenzreihe dargestellt haben, können wir auf sie dieselben Schlüsse anwenden und uns so von der Existenz einer zweiten Ableitung überzeugen usf. Wir können daher allgemein den Satz aussprechen:

VI. *Jede Potenzreihe besitzt innerhalb ihres Konvergenzkreises stetige Ableitungen beliebig hoher Ordnung.*

Verbinden wir dieses Resultat mit dem Cauchyschen Satze, so erhalten wir den folgenden fundamentalen Satz:

VII. *Jede Funktion eines komplexen Arguments, welche in einem bestimmten Bereiche regulär ist, hat innerhalb dieses Bereiches stetige*

[1] Nimmt man den Satz A. A. § 67, IV hinzu, so kann man zeigen, daß eine Potenzreihe in jedem Dreieck gleichmäßig konvergiert, das bis auf einen Eckpunkt ganz im Innern des Konvergenzkreises liegt, sofern sie nur in diesem Eckpunkt überhaupt noch konvergiert. Doch werden wir diesen Satz nicht brauchen.

*Ableitungen beliebig hoher Ordnung; diese Ableitungen sind selbst reguläre Funktionen.*

Führen wir hier statt der Ausdrucksweise „reguläre Funktion komplexen Arguments" die reellen Begriffe auch in die Fassung des Satzes ein, so lautet er folgendermaßen:

VIIa. *Sind zwei reelle Funktionen $u, v$ von $x, y$ gegeben, die in einem bestimmten Bereiche stetig sind und stetige, den Differentialgleichungen:*

$$\frac{\partial u}{\partial x} = \frac{\partial v}{\partial y}, \qquad \frac{\partial v}{\partial x} = -\frac{\partial u}{\partial y}$$

*genügende erste Ableitungen besitzen, so folgt daraus allein schon, daß sie innerhalb dieses Bereiches stetige Ableitungen beliebig hoher Ordnung haben.*

Mit Hilfe dieser Resultate lassen sich die in § 34 abgeleiteten Sätze noch in wichtigen Punkten ergänzen. Ist nämlich $w = u + iv$ eine reguläre Funktion von $z = x + iy$, so ist die Funktionaldeterminante

$$\frac{\partial u}{\partial x}\frac{\partial v}{\partial y} - \frac{\partial v}{\partial x}\frac{\partial u}{\partial y} = \left(\frac{\partial u}{\partial x}\right)^2 + \left(\frac{\partial v}{\partial x}\right)^2 = \left|\frac{dw}{dz}\right|^2,$$

also jedenfalls nicht negativ. Da wir die Stetigkeit der vorkommenden Ableitungen bewiesen haben (VII), so können wir Satz IV von § 27 anwenden und schließen:

VIII. *Ist $w = f(z)$ eine in einem Bereich $\mathfrak{B}$ reguläre Funktion, die in diesem Bereiche keinen Wert mehr als einmal annimmt und deren Differentialquotient in ihm überall von Null verschieden ist, so erfüllen die Werte, die $w$ in $\mathfrak{B}$ annimmt, ein bestimmtes Flächenstück $\mathfrak{C}$ der $w$-Ebene einfach und lückenlos.*

Da der Grenzwert $dz/dw$ zu dem Grenzwert $dw/dz$ reziprok ist, folgt weiter:

IX. *Es ist dann auch $z$ innerhalb des Flächenstücks $\mathfrak{C}$ eine reguläre Funktion von $w$.*

Außerdem ergibt sich noch:

X. *Erfüllt die Funktion $w = f(z)$ die Voraussetzungen des Satzes VIII und ist $W = \varphi(w)$ in $\mathfrak{C}$ eine reguläre Funktion von $w$, so ist auch $W = \varphi(f(z))$ eine innerhalb $\mathfrak{B}$ reguläre Funktion von $z$.*

Denn aus der Existenz der mit $dw/dz$ und $dW/dw$ bezeichneten Grenzwerte kann die Existenz des Grenzwerts $dW/dz$ wie bei Funktionen von reellen Variabeln gefolgert werden.

Ferner können wie bei Beschränkung auf reelle Größen (A. A. § 77, I, II) die Sätze bewiesen werden:

XI. *Ist eine Potenzreihe vorgelegt, die nicht nur für $z = 0$ konvergiert, so kann für den absoluten Betrag von $z$ eine Grenze $\varrho$ so angegeben werden, daß für alle $|z| < \varrho$ das erste Glied der Reihe, dessen Koeffizient nicht Null ist, dem absoluten Betrage nach die Summe aller übrigen überwiegt.*

XII. *Für jede in der Umgebung des Punktes $z = 0$ reguläre Funktion $f(z)$ läßt sich ein Kreis um $z = 0$ von so kleinem Radius angeben, daß in ihm kein Nullpunkt von $f(z)$ liegt, außer etwa $z = 0$ selbst.*

Endlich können wir mit Hilfe des Satzes VII noch die folgende Umkehrung des Satzes § 35, IV beweisen:

XIII. *Ist die Funktion $f(z)$ innerhalb eines einfach zusammenhängenden Bereiches $\mathfrak{B}$ stetig und ist für jede geschlossene Linie $\Gamma$, die ganz innerhalb dieses Bereiches verläuft*

$$\int_\Gamma f(z)\,dz = 0,$$

*so ist $f(z)$ innerhalb dieses Bereiches regulär.*

Es ist nämlich dann (vgl. den Beweis von § 35, V)

$$\int_{z_0}^{z} f(z)\,dz,$$

unabhängig vom Wege (sofern nur Wege innerhalb $\mathfrak{B}$ in Betracht gezogen werden); also bei festgehaltenem $z_0$ eine eindeutig definierte Funktion von $z$. Diese Funktion hat (vgl. den Beweis von § 35, VI[1]) in jedem Punkte von $\mathfrak{B}$ eine bestimmte Ableitung, nämlich eben $f(z)$. Also ist sie regulär; also ist nach VII auch $f(z)$ regulär.

## § 39. Die Potenzreihe als MACLAURINsche, resp. TAYLORsche Reihe.

Setzen wir in den Reihenentwicklungen der Ableitungen von $f(z)$, die wir im vorigen Paragraphen sukzessive erhalten haben, $z = 0$, so erhalten wir eine Reihe von Gleichungen:

$$1)\qquad \begin{aligned} f\ (0) &= a_0, \\ f'\ (0) &= a_1, \\ f''\ (0) &= 2\,a_2, \\ &\cdots\cdots \\ f^{(n)}(0) &= n!\,a_n, \end{aligned}$$

welche zeigen, daß sich die Koeffizienten der vorausgesetzten Reihenentwicklung von $f(z)$ eindeutig durch die Werte der Ableitungen

[1] Man beachte, daß jener Beweis nur von der Stetigkeit von $f(z)$ und der Unabhängigkeit des Integrals vom Wege, nicht von der Existenz von $f'(z)$ Gebrauch macht.

von $f(z)$ für $z = 0$ ausdrücken (vgl. A. A. § 68, § 81). Wir heben von diesem Resultat zunächst nur den einen Punkt hervor, daß diese Koeffizienten sonach bestimmt sind, wenn man die Werte von $f(z)$ nur auf irgend einem noch so kleinen Linienstück kennt, das den Nullpunkt enthält (oder auch nur in den Punkten irgend einer Menge, die den Nullpunkt zum Häufungspunkt [§ 23, III] hat); denn das reicht bereits aus, um jene Werte der Ableitungen zu bestimmen. Wir können diesen Satz in verschiedener Formulierung aussprechen; z. B.:

I. *Wenn zwei Reihen, die nach Potenzen von $z$ mit positiven ganzzahligen Exponenten fortschreiten, längs eines noch so kleinen Linienstücks, das den Nullpunkt enthält, dieselben Werte haben, so müssen die beiden Reihen Glied für Glied übereinstimmen* —

oder:

II. *Eine reguläre Funktion von $z$ läßt sich nur auf eine Art in eine solche Potenzreihe entwickeln.*

Wenn also die Entwickelbarkeit einer Funktion komplexen Arguments in eine solche Potenzreihe feststeht, können wir die Reihe mit unbestimmten Koeffizienten ansetzen und zu deren Bestimmung irgend welche Relation benutzen, von der wir wissen (bzw. verlangen), daß die Funktion ihr genügt. Man nennt dieses Verfahren *die Methode der unbestimmten Koeffizienten* (vergl. A. A. § 78). Sie ist in vielen Fällen von großem Nutzen; nur muß man bei ihrer Anwendung stets beachten, daß sie in keinem Falle einen Beweis für die Entwickelbarkeit einer Funktion in eine Reihe der angenommenen Form in sich enthält. Sie setzt vielmehr solche Entwickelbarkeit bereits voraus.

Setzen wir weiter die gefundenen Werte der Koeffizienten in die Reihe (1) des vorigen Paragraphen ein, so erscheint sie als

III. *Maclaurinsche Reihe:*

$$2)\qquad f(z) = f(0) + z f'(0) + \frac{z^2}{1 \cdot 2} f''(0) + \dots + \frac{z^n}{n!} f^{(n)}(0) + \dots$$

Andererseits liefert die Vergleichung mit § 37, (4) auf Grund des Satzes II folgende

IV. *Ausdrücke der Werte der Funktion und ihrer Ableitungen im Nullpunkt durch bestimmte Integrale:*

$$3)\qquad \begin{cases} f(0) = \dfrac{1}{2\pi i}\displaystyle\int \dfrac{f(x)\,dx}{x}, \\ f'(0) = \dfrac{1}{2\pi i}\displaystyle\int \dfrac{f(x)\,dx}{x^2}, \\ \vdots \\ f^{(n)}(0) = \dfrac{n!}{2\pi i}\displaystyle\int \dfrac{f(x)\,dx}{x^{n+1}}. \\ \vdots \end{cases}$$

Alle diese Integrale sind zunächst über einen Kreis zu nehmen, der ganz dem Innern des Gebietes angehört, in dem die Funktion regulär ist, und der den Nullpunkt einfach umschließt; nach § 35, VII können sie statt dessen über eine beliebige andere den Nullpunkt umschließende Linie jenes Gebietes genommen werden.

Aus dem Satze I und den Integraldarstellungen (3) ergeben sich Ungleichungen für die Koeffizienten einer Potenzreihe, die wir später brauchen werden und deshalb hier gleich ableiten wollen. Sei nämlich $M$ die obere Grenze der absoluten Beträge der Werte, welche die Funktion auf einem Kreise vom Radius $r$ annimmt, auf dem die Reihe noch konvergiert, so folgt:

$$|a_n| \leqq \frac{1}{2\pi}\int \frac{|f(z)|}{|z^n|}\left|\frac{dz}{z}\right| < \frac{M r^{-n}}{2\pi}\int \left|\frac{dz}{z}\right|.$$

Aber $\left|\frac{dz}{z}\right| = d\varphi$, wenn $z = r(\cos\varphi + i\sin\varphi)$ gesetzt wird (vgl. § 35, 8, 9); also folgt:

4) $$|a_n| < M r^{-n}.$$

Wir haben somit den Satz:

V. *Haben $r$ und $M$ für eine Potenzreihe die angegebene Bedeutung, so genügen ihre Koeffizienten der Ungleichung (4), m. a. W. sie sind dem absoluten Betrag nach kleiner als die entsprechenden Koeffizienten der Reihenentwicklung von:*[1]

$$\frac{M}{1-\frac{z}{r}}.$$

Man schreibt das wohl auch so:

5) $$f(z) \ll \frac{M}{1-\frac{z}{r}} \quad (\text{arg. } z).$$

Die Entwicklungen der letzten Paragraphen gestatten eine einfache Verallgemeinerung auf den Fall, daß an Stelle des Nullpunktes ein anderer Punkt der Ebene tritt. Ist nämlich eine Funktion $f(z)$ in der Umgebung von $z = a$ regulär, so wird sie durch die Substitution

6) $$z - a = \zeta$$

verwandelt in eine Funktion $\varphi(\zeta)$ von $\zeta$, welche in der Umgebung

[1] Durch diesen Satz ist die Zahl $M$ bestimmter definiert, als es bei Beschränkung auf reelle Größen (A. A. § 79, I) möglich ist; doch ist zu beachten, daß das hier definierte $M$ nicht die kleinste unter den Zahlen $M$ zu sein braucht, für die ein System Ungleichungen der Form (4) besteht.

des Nullpunktes regulär ist, also nach IV in die Maclaurinsche Reihe:

$$\varphi(\zeta) = \varphi(0) + \zeta\varphi'(0) + \frac{\zeta^2}{1.2}\varphi''(0) + \dots$$

entwickelt werden kann. Führen wir statt $\zeta$ und $\varphi$ wieder $z$ und $f$ ein, so erhalten wir:

VI. *die Taylorsche Reihenentwicklung:*

7) $$f(z) = f(a) + (z-a)f'(a) + \frac{(z-a)^2}{1.2}f''(a) + \dots + \frac{(z-a)^n}{n!}f^{(n)}(a) + \dots$$

Sie konvergiert innerhalb eines Kreises um den Punkt $z = a$ als Mittelpunkt, in dem die Funktion $f(z)$ regulär ist.

An Stelle der Formeln (2) treten in diesem Falle:

8) $$\begin{cases} f(a) = \dfrac{1}{2\pi i}\displaystyle\int \frac{f(z)\,dz}{z-a}, \\ f'(a) = \dfrac{1}{2\pi i}\displaystyle\int \frac{f(z)\,dz}{(z-a)^2}, \\ \quad\vdots \qquad\qquad \vdots \\ f^{(n)}(a) = \dfrac{n!}{2\pi i}\displaystyle\int \frac{f(z)\,dz}{(z-a)^{n+1}} \\ \quad\vdots \qquad\qquad \vdots \quad ; \end{cases}$$

die Integrale sind hier über eine den Punkt $z = a$ einfach umschließende Kurve zu nehmen, die ganz dem Gebiete angehört, in welchem die Funktion regulär ist. Die erste dieser Formeln ist identisch mit § 36, 3, die übrigen können auch gewonnen werden, indem man in jener Formel die Funktion $f(z)$ durch ihre Ableitungen ersetzt und dann wiederholt partiell integriert.

Mit Hilfe dieser Entwicklungen läßt sich Satz I noch erweitern zu dem folgenden:

VII. *Wenn zwei innerhalb eines Bereichs $\mathfrak{B}$ reguläre Funktionen von $z$ längs eines noch so kleinen diesem Bereiche angehörenden Linienstücks übereinstimmen, stimmen sie in dem ganzen Bereiche überein.*

Denn sei $a$ ein Punkt dieses Linienstücks, so kann man zunächst die Übereinstimmung für den Konvergenzkreis $\mathfrak{K}$ der nach Potenzen von $z - a$ geordneten Entwicklungen beider Funktionen beweisen. Hat dann $\mathfrak{B}$ noch Punkte außerhalb $\mathfrak{K}$, so kann man in $\mathfrak{K}$ einen Punkt $b$ finden, der von allen Punkten der Begrenzung von $\mathfrak{B}$ weiter entfernt ist, als vom nächsten Punkt von $\mathfrak{K}$. Die Entwicklungen beider Funktionen nach Potenzen von $z - b$ konvergieren dann auch in Punkten außerhalb $\mathfrak{K}$; und es ergibt sich ihre Übereinstimmung auch für diese Punkte. So fortfahrend kann man die Übereinstimmung beider Funktionen für alle inneren Punkte beweisen;

*für die Grenzpunkte ergibt sie sich dann aus der Stetigkeit.* Übrigens lassen sich entsprechende Schlüsse auch schon ziehen, wenn die Übereinstimmung der beiden Funktionen nur für die Punkte einer Menge bekannt ist, die *im Innern* des Bereiches, in dem die Funktionen regulär sind, einen Häufungspunkt hat.

Wir kommen hier noch einmal auf Satz XII des vorigen Paragraphen zurück, der sich ebenfalls sofort auf Reihen überträgt, die nach Potenzen von $z - a$ fortschreiten. Dann kann er aber mit Rücksicht auf VI so ausgesprochen werden:

VIII. *Ist im Innern des Definitionsbereiches einer regulären Funktion $f(z)$ von $z$ ein Punkt $z_0$ gegeben, so ist jeder von $z_0$ verschiedene Nullpunkt dieser Funktion von $z_0$ um mehr als eine angebbare Größe entfernt.*

Die Nullpunkte einer regulären Funktion können sich also im Innern ihres Definitionsbereiches nirgends häufen (sondern höchstens an seiner Grenze). Daraus folgt wegen § 25, XVI:

IV. *In jedem Bereiche, der ganz innerhalb des Definitionsbereiches einer regulären Funktion liegt, liegt nur eine endliche Anzahl von Nullpunkten dieser Funktion.*

## § 40. Die Exponentialfunktion und die trigonometrischen Funktionen Sinus und Cosinus.

Im ersten Abschnitt fragten wir nach Verknüpfungen komplexer Zahlen, die denselben Rechnungsregeln folgen, wie die in der elementaren Arithmetik betrachteten Verknüpfungen reeller Zahlen, und die wir daher zweckmäßigerweise mit denselben Namen belegten, mit denselben Zeichen bezeichneten und als Verallgemeinerungen der elementaren algebraischen Operationen ansahen. Ebenso kann man nach Verallgemeinerung der in der elementaren Analysis behandelten *transzendenten* Funktionen reellen Arguments fragen; für die einfachsten unter ihnen reichen zur Beantwortung dieser Frage bereits unsere bis jetzt abgeleiteten Hilfsmittel aus.

Die Frage: was ist z. B. $e^z$ (oder $\sin z$) für komplexe Werte von $z$? hat natürlich an und für sich gar keinen logischen Sinn. Will man ihr einen solchen unterlegen, so muß man sie so formulieren: gibt es eine Funktion komplexen Arguments $z$, welche dieselben Eigenschaften hat, wie die in den Elementen mit $e^x$ bezeichnete Funktion einer reellen Veränderlichen $x$, und welche sich auf diese Funktion reduziert, wenn man dem $z$ einen reellen Wert $x$ beilegt? Das wird man nicht von vornherein bejahen dürfen; denn Eigenschaften, die für reelle Werte von $z$ miteinander verträglich sind, können sich für komplexe Werte widersprechen (vgl. § 30). Man sieht, daß hier eine gewisse Willkür unvermeidlich ist: man wird eine oder einige Eigenschaften der Funktion reellen Arguments herausgreifen müssen, um sie der Definition ihrer Verallgemeinerung für komplexe Werte zugrunde zu legen, und dann wird es Gegenstand der Untersuchung sein, welche von den übrigen Eigenschaften der vorgelegten Funktion reellen Arguments bei der Verallgemeinerung erhalten bleiben.

Was speziell die Funktionen $e^z$, $\sin z$, $\cos z$ angeht, so werden diese in der elementaren Analysis u. a. durch die unendlichen Potenzreihen:

1) $$e^z = 1 + z + \frac{z^2}{1.2} + \ldots + \frac{z^n}{n!} + \ldots$$

2) $$\sin z = z - \frac{z^3}{1.2.3} + - + \ldots + (-1)^n \frac{z^{2n+1}}{(2n+1)!} + \ldots$$

3) $$\cos z = 1 - \frac{z^2}{1.2} + - + \ldots + (-1)^n \frac{z^{2n}}{(2n)!} + \ldots$$

dargestellt (A. A. § 71, 11; § 75, 6). Von diesen Reihen wird gezeigt, daß sie für alle endlichen reellen Werte von $z$ konvergieren. Nach § 38, I konvergieren sie also auch für alle endlichen komplexen Werte von $z$ und stellen ganze transzendente Funktionen (§ 38) von $z$ dar. Wir können demnach sagen:

I. *Es gibt drei (durch die Reihen (1)—(3) dargestellte) ganze transzendente Funktionen eines komplexen Arguments $z$, deren Werte für reelle Werte dieses Arguments mit den Werten der in der elementaren Analysis definierten Funktionen $e^z$ oder $\exp z$, $\sin z$, $\cos z$ übereinstimmen; wir behalten die Namen und Zeichen dieser Funktionen für jene bei.*

Unmittelbar aus der Definition durch die Reihen (1)—(3) liest man ab, daß zwischen diesen Funktionen die folgenden

II. *Eulerschen Relationen* bestehen:

4) $$e^{iz} = \cos z + i \sin z,$$

5) $$e^{-iz} = \cos z - i \sin z,$$

mit ihren Auflösungen:

6) $$\cos z = \tfrac{1}{2}(e^{iz} + e^{-iz}),$$

7) $$\sin z = \frac{1}{2i}(e^{iz} - e^{-iz}),$$

oder was dasselbe ist:

8) $$\cos iz = \tfrac{1}{2}(e^z + e^{-z}),$$

9) $$\sin iz = \frac{i}{2}(e^z - e^{-z}).$$

III. *Von Gleichung (4) werden wir namentlich Gebrauch machen, um im folgenden die Darstellung einer komplexen Zahl durch absoluten Betrag und Arcus (§ 4, II) in der kurzen Form:*

$$10) \qquad z = r\, e^{i\varphi}$$

*zu schreiben.*

Eine fundamentale Eigenschaft der Exponentialfunktion reellen Arguments findet ihren Ausdruck in dem

IV. *Additionstheorem:*

$$11) \qquad e^{z_1 + z_2} = e^{z_1} \cdot e^{z_2};$$

man verifiziert sein Fortbestehen für komplexe Argumente durch Ausmultiplikation der rechts stehenden Reihen (A. A. § 60), unter Zuhilfenahme elementarer Eigenschaften der Binomialkoeffizienten. Wendet man es wiederholt an und setzt nachher alle Argumente einander gleich, so folgt, daß für ganze Zahlen $n$ die Gleichung gilt:

$$12) \qquad e^{nz} = (e^z)^n,$$

wenn auf der rechten Seite die Potenz mit ganzzahligem positiven Exponenten $n$ wie in § 18 verstanden wird. — Für $z_2 = -z_1$ folgt aus (11):

$$13) \qquad e^{-z} = \frac{1}{e^z}.$$

Drückt man ferner Sinus und Cosinus einer Summe auf Grund von (6) und (7) durch Exponentialfunktionen aus, wendet deren Additionstheorem (11) an und führt schließlich auf Grund von (4) und (5) wieder trigonometrische Funktionen ein, so erhält man:

V. *die Additionstheoreme der trigonometrischen Funktionen Sinus und Cosinus:*

$$14) \qquad \sin(z_1 + z_2) = \sin z_1 \cos z_2 + \cos z_1 \sin z_2,$$

$$15) \qquad \cos(z_1 + z_2) = \cos z_1 \cos z_2 - \sin z_1 \sin z_2.$$

Aus der zweiten Gleichung folgt insbesondere für $z_2 = -z_1$:

$$16) \qquad \cos^2 z + \sin^2 z = 1.$$

Durch gliedweise Differentiation der Reihen (1)—(3), die nach § 38, IV, V erlaubt ist, ergeben sich ferner:

VI. *die Differentialgleichungen:*

$$17) \qquad \frac{d e^z}{d z} = e^z, \quad \frac{d \sin z}{d z} = \cos z, \quad \frac{d \cos z}{d z} = -\sin z.$$

Damit haben wir das Fortbestehen der fundamentalen Eigenschaften der reellen Funktionen $e^z$, $\sin z$, $\cos z$ für die gleichbezeichneten Funktionen komplexen Arguments nachgewiesen.

## § 41. Die Periodizität der trigonometrischen und Exponentialfunktionen.

Sinus und Cosinus reeller Argumente sind *periodische* Funktionen mit der Periode $2\pi$, d. h. es bestehen die Gleichungen:

$$1)\qquad \sin(z+2\pi)=\sin z, \qquad \cos(z+2\pi)=\cos z$$

identisch für alle reellen $z$ (A. A. § 76). Wir können hieraus und aus dem Satze I von § 39 sofort schließen, daß diese Gleichungen auch für alle komplexen Werte von $z$ gelten müssen.

(Periodische Funktionen sind eine spezielle Art automorpher Funktionen (§ 17, IV).)

Aus den Eulerschen Relationen folgt dann:

$$2)\qquad e^{z+2\pi i}=e^{z},$$

d. h.:

I. *Die Exponentialfunktion ist eine periodische Funktion mit der Periode* $2\pi i$.

Ferner wird in der Theorie der trigonometrischen Funktionen reellen Arguments gezeigt (A. A. § 76, VI), daß $2\pi$ eine *primitive* Periode des Cosinus und ebenso des Sinus ist, d. h. daß kein aliquoter Teil von $2\pi$ Periode dieser Funktionen ist. Daraus folgt dann durch indirekten Schluß auf Grund der Gleichung § 40, (8):

II. $2\pi i$ *ist primitive Periode der Exponentialfunktion.*

Wir untersuchen nun, ob die Exponentialfunktion außer $2\pi i$ und $-2\pi i$ etwa noch andere primitive Perioden besitzt. Dazu leiten wir zunächst aus ihrer Definition und den Gleichungen (13) und (17) von § 40 die Sätze ab (vgl. auch A. A. § 52):

III. *Die Exponentialfunktion wächst stetig von 0 bis* $+\infty$, *wenn ihr Argument stetig zunehmend alle reellen Werte von* $-\infty$ *bis* $+\infty$ *durchläuft.*

IV. *Sie nimmt also jeden reellen positiven Wert für einen und nur für einen reellen Wert ihres Arguments an.*

Angenommen nun, es sei $a$ eine Periode der Exponentialfunktion, und es seien $z_1$ und $z_2$ zwei um $a$ verschiedene Werte:

$$3)\qquad z_2-z_1=a;$$

dann muß:

$$4)\qquad e^{z_1}=e^{z_2}$$

sein. Die Formeln (4) und (11) von § 40 gestatten, in der Exponentialfunktion reellen und imaginären Bestandteil zu trennen; sie ergeben nämlich:

5) $$e^{x+iy} = e^x \cos y + i e^x \sin y.$$

Wird also $z_1 = x_1 + iy_1$, $z_2 = x_2 + iy_2$ gesetzt, so folgt aus (4):

6) $$e^{x_1} \cos y_1 = e^{x_2} \cos y_2, \quad e^{x_1} \sin y_1 = e^{x_2} \sin y_2,$$

und aus beiden Gleichungen vermöge § 40, (16):

$$e^{2x_1} = e^{2x_2}.$$

Daraus folgt aber nach IV:

$$x_1 = x_2,$$

und aus den Eigenschaften der trigonometrischen Funktionen reellen Arguments (A. A. p. 167, Z. 7 v. o.):

$$y_2 = y_1 + 2k\pi.$$

Somit haben wir den Satz:

V. *Jede Periode der Exponentialfunktion ist ganzzahliges Multiplum von $2\pi i$, jede Periode des Sinus oder Cosinus ganzzahliges Multiplum von $2\pi$.*

Wir fügen dem noch die Definition bei:

VI. *Eine periodische Funktion, deren sämtliche Perioden ganzzahlige Multipla einer primitiven Periode sind, heißt eine einfach periodische Funktion;*

dann können wir den Satz aussprechen:

VII. *Exponentialfunktion, Sinus, Cosinus sind einfach periodische Funktionen.*

## § 42. Durch einfach periodische Funktionen vermittelte konforme Abbildungen.

Die letzten Entwicklungen des vorigen Paragraphen gestatten nun auch, die durch die Funktionen $e^z$, $\sin z$, $\cos z$ vermittelten konformen Abbildungen im einzelnen zu verfolgen. Was zunächst die erste von diesen Funktionen betrifft, so folgt aus jenen Entwicklungen:

I. *Die Funktion $w = e^z$ nimmt jeden endlichen, von Null verschiedenen Wert $w$ in unendlich vielen Punkten der $z$-Ebene an, die sich alle aus irgend einem von ihnen durch Addition und Subtraktion beliebiger ganzzahliger Vielfacher von $2\pi i$ ergeben.*

Ziehen wir also in der $z$-Ebene zwei Parallelen zur $x$-Achse im Abstande $2\pi$ voneinander und rechnen die eine von ihnen mit zu dem von ihnen begrenzten Streifen, die andere nicht, so fällt von jedem solchen Punktaggregat je ein Punkt in den Streifen. Jeder solche Streifen wird also durch die Funktion $w = e^z$ gerade auf die ganze $w$-Ebene abgebildet, und zwar ist die Abbildung nach dem allgemeinen Satze von § 34 konform. Mit der in § 17, VI eingeführten Terminologie sagen wir:

II. *Jeder von zwei im Abstande* $2\pi$ *voneinander verlaufenden Parallelen zur* $x$*-Achse begrenzte Streifen kann als Fundamentalbereich der Funktion* $e^z$ *angesehen werden. Wir nennen einen solchen Streifen einen Periodenstreifen der Funktion.*

Übrigens hat die Funktion $e^z$, wie aus ihrer Definition durch eine beständig konvergente Potenzreihe mit reellen Koeffizienten

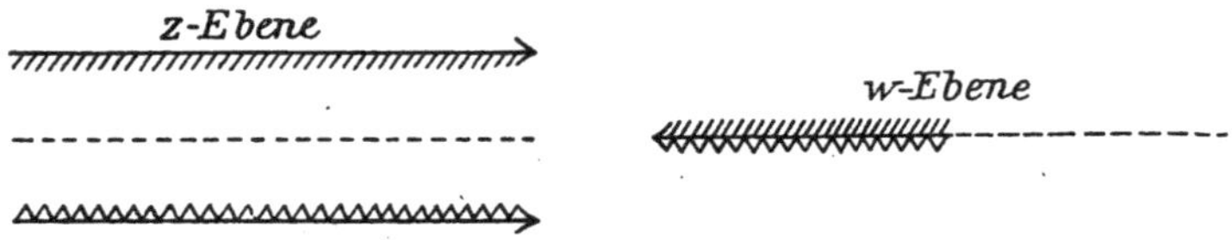


Fig. 19.

hervorgeht, die Eigenschaft, für reelle Werte von $z$ reelle und für konjugiert imaginäre Werte von $z$ konjugiert imaginäre Werte anzunehmen; sie ist also im Sinne der § 18, X angegebenen Definition eine *symmetrische* automorphe Funktion. Infolgedessen können wir ihren Fundamentalbereich aus zwei zueinander bezüglich der $x$-Achse symmetrischen Stücken zusammensetzen. Man sieht, daß das dann der Fall ist, wenn man ihn durch die beiden Geraden $y = -\pi$ und $y = +\pi$ begrenzt. Bilden wir diesen Streifen durch $w = e^z$ auf die $w$-Ebene ab, so erscheint diese als längs der Halbachse der negativ reellen Zahlen aufgeschnitten, indem die beiden „Ufer" dieses Schnittes den beiden Rändern des Streifens entsprechen. In Fig. 19 ist das ebenso wie in den früheren Figuren 10, 11 angedeutet.

Wir geben noch an, welche Linien der $w$-Ebene den Parallelen zu den Achsen in der $z$-Ebene entsprechen:

III. *Bei der durch* $w = e^z$ *vermittelten konformen Abbildung entsprechen den Parallelen zur* $y$*-Achse* ($x =$ *const.*) *Kreise der* $w$*-Ebene*:

1) $$u^2 + v^2 = e^{2x},$$

*deren Radien in geometrischer Progression zunehmen, wenn die Abszissen jener Geraden in arithmetischer Progression wachsen. Den Parallelen zur* $x$*-Achse* ($y =$ *const.*) *entsprechen Halbstrahlen*

2) $$u \sin y - v \cos y = 0$$

*der* $w$*-Ebene, welche gleiche Winkel miteinander bilden, wenn jene Geraden in gleichen Abständen aufeinander folgen.*

Was die Funktionen $\sin z$ und $\cos z$ betrifft, so haben auch sie Periodenstreifen von der Breite $2\pi$; nur sind sie bei ihnen durch Parallele zur $y$-Achse begrenzt, wie bei $e^{iz}$. Während aber $e^{iz}$ jeden

Wert in einem solchen Streifen einmal annimmt, nehmen Sinus und Cosinus jeden Wert *zweimal* in ihm an. Es geht das daraus hervor, daß diese Funktionen außer der Periodizität noch andere Transformationen in sich zulassen, wie die Gleichungen:

3) $$\sin(\pi - z) = \sin z$$

4) $$\cos(-z) = \cos z$$

zeigen. Öfter aber können sie denselben Wert nicht annehmen, denn z. B.

5) $$\cos z = \frac{e^{2iz} + 1}{2e^{iz}}$$

ist eine rationale Funktion zweiten Grades von $e^{iz}$, kann also (§ 20, VII) einen und denselben Wert nicht für mehr als zwei Werte von $e^{iz}$ annehmen.

*Der Periodenstreifen ist hier also nicht zugleich Fundamentalbereich;* wir erhalten aber, da auch sin und cos symmetrisch automorphe Funktionen sind, einen Fundamentalbereich für den Cosinus nach § 18, XI, wenn wir ihn durch $x = 0$ und $x = \pi$ begrenzen; vgl. Fig. 20. Die $w$-Ebene erscheint bei dieser Abbildung von $-1$ nach $-\infty$ und von $+1$ nach $+\infty$ aufgeschnitten. Für den Sinus können wir einen Fundamentalbereich durch $x = -\frac{\pi}{2}$ und $x = \frac{\pi}{2}$ begrenzen.

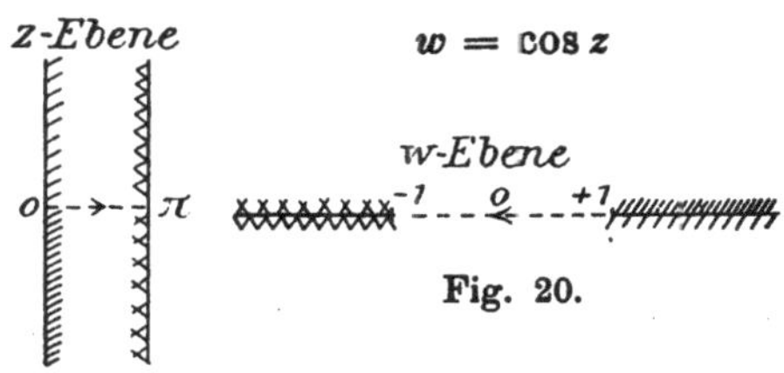

Fig. 20.

Setzen wir noch:

6) $$u + iv = \cos(x + iy),$$

so erhalten wir:

7) $$u = \frac{e^y + e^{-y}}{2}\cos x, \qquad v = -\frac{e^y - e^{-y}}{2}\sin x$$

und daraus:

8) $$\left(\frac{2u}{e^y + e^{-y}}\right)^2 + \left(\frac{2v}{e^y - e^{-y}}\right)^2 = 1,$$

$$\left(\frac{u}{\cos x}\right)^2 - \left(\frac{v}{\sin x}\right)^2 = 1, \text{ d. h.:}$$

IV. *Bei der durch $w = \cos z$ vermittelten Abbildung entsprechen den Parallelen zu den Achsen der z-Ebene in der w-Ebene konfokale Ellipsen und Hyperbeln, deren Brennpunkte in $\pm 1$ liegen.*

## § 43. Pole oder außerwesentlich singuläre Punkte.

Bisher haben wir uns bei der Untersuchung von Funktionen komplexen Arguments auf solche Bereiche beschränkt, in welchen die zu untersuchende Funktion regulär war; jetzt gehen wir weiter zur Untersuchung des Falles, daß in dem zu untersuchenden Bereiche *einzelne Ausnahmepunkte* liegen, in welchen entweder überhaupt kein Funktionswert ursprünglich gegeben ist, oder der gegebene Funktionswert in seiner Beziehung zu den Nachbarwerten nicht mehr alle Bedingungen erfüllt. Wir fassen zunächst einen einzelnen solchen Ausnahmepunkt ins Auge; unbeschadet der Allgemeinheit dürfen wir annehmen, er liege in $z = 0$.

Der einfachste Fall würde der sein, daß man *durch Abänderung des für $z = 0$ gegebenen Funktionswertes* (bzw., wenn die ursprüngliche Definition dem Argumentwert $z = 0$ überhaupt keinen bestimmten Funktionswert zuweist, durch geeignete Annahme eine solchen Wertes) es dahin bringen kann, daß die Funktion in der Umgebung des Nullpunktes, diesen selbst eingeschlossen, allen Bedingungen genügt. Man sagt dann: *die gegebenen Funktionswerte weisen im Nullpunkt eine hebbare Unstetigkeit auf.* Ein Beispiel dafür bot uns schon in § 20 eine rationale Funktion, die in solcher Form gegeben war, daß Zähler und Nenner noch einen von $z$ abhängigen Teiler besaßen. *Solche hebbaren Unstetigkeiten können und wollen wir im folgenden ausschließen, indem wir stets annehmen, daß die ursprüngliche Definition, wenn sie solche etwa mit sich brachte, bereits in geeigneter Weise modifiziert, bzw. ergänzt sei.*

Ferner haben wir bei rationalen ganzen Funktionen bereits eine bestimmte Art singulärer Punkte kennen gelernt, die wir Pole nannten. Dementsprechend können wir hier die allgemeine Definition aufstellen:

I. *Wenn eine Funktion $f(z)$ einer komplexen Variabeln in der Umgebung des Nullpunktes, diesen selbst ausgeschlossen, regulär ist; wenn ferner eine ganze Zahl $n$ von der Beschaffenheit sich angeben läßt, daß das Produkt:*

$$z^n f(z) = f_1(z)$$

*dadurch zu einer auch im Nullpunkt regulären Funktion gemacht werden kann, daß man ihm dort einen bestimmten endlichen von Null verschiedenen Wert zuschreibt; dann sagt man: der Nullpunkt sei ein Pol*[1] *$n^{\text{ter}}$ Ordnung von $f(z)$.*

---

[1] Nach Weierstrass „außerwesentlich singulärer Punkt".

Der reziproke Wert einer solchen Funktion ist im Nullpunkt zunächst nicht definiert; wir behaupten aber:

II. *Wird der reziproken Funktion* $\frac{1}{f(z)}$ *im Nullpunkt der Wert 0 beigelegt, so wird dadurch eine in einer gewissen Umgebung des Nullpunktes, diesen selbst eingeschlossen, reguläre Funktion definiert.*

Nach § 38, XII kann nämlich eine Umgebung des Nullpunktes angegeben werden, in der $f_1(z)$ überall von Null verschieden, also $1/f_1(z)$ regulär ist. Infolgedessen ist dort auch:

$$\frac{1}{f(z)} = z^n \cdot \frac{1}{f_1(z)}$$

regulär.

Da nach § 37, III $f_1(z)$ in eine Reihe der Form:

$$f_1(z) = a_0 + a_1 z + \ldots + a_n z^n + \ldots$$

entwickelt werden kann, so folgt:

III *Eine Funktion* $f(z)$, *die im Nullpunkt einen Pol* $n^{\text{ter}}$ *Ordnung hat, gestattet in dessen Umgebung eine Entwicklung der Form:*

2) $f(z) = a_0 z^{-n} + a_1 z^{-n+1} + \ldots + a_{n-1} z^{-1} + a_n + a_{n+1} z + + \ldots$

Mit Rücksicht auf § 38, XII folgt hieraus noch:

IV. *Um jeden Pol einer Funktion* $f(z)$ *läßt sich ein Kreis von so kleinem Radius beschreiben, daß in ihm weder ein weiterer Pol, noch ein Nullpunkt der Funktion liegt.*

## § 44. Verhalten einer Funktion komplexen Arguments im Unendlichen; der Fundamentalsatz der Algebra.

Um das Verhalten einer Funktion $f(z)$ des komplexen Arguments $z$ im Unendlichen zu untersuchen, übertragen wir wie im speziellen Fall einer rationalen Funktion (§ 21) durch die Substitution $z' = 1/z$, $z = 1/z'$ die Umgebung des Punktes $\infty$ der $z$-Kugel auf die Umgebung des Nullpunktes der $z'$-Kugel und betrachten $f(z) = f(1/z') = \varphi(z')$ als Funktion von $z'$. Wir sagen:

I. *Die Aussage: „eine Funktion (z) hat im Unendlichen die und die Eigenschaft“ bedeutet:* $\varphi(z') = f\left(\frac{1}{z'}\right)$, *als Funktion von* $z'$ *betrachtet, hat diese Eigenschaft in der Umgebung des Punktes* $z' = 0$.

Für $z' = 0$ selbst ist das Funktionszeichen $\varphi(z')$ dadurch zunächst noch nicht definiert; wenn wir aber durch eine geeignete Annahme eines Wertes für $\varphi(0)$ (vgl. den vorigen Paragraphen) es erreichen können, daß $\varphi(z')$ in der Umgebung des Nullpunktes regulär wird, so sagen wir, $f(z)$ *sei im Unendlichen regulär.* Aus dieser Definition und aus § 37, III folgt unmittelbar der Satz:

II. *Eine im Unendlichen reguläre Funktion läßt sich in eine Reihe:*

1) $$f(z) = a_0 + a_1 z^{-1} + a_2 z^{-2} + \ldots + a_n z^{-n} + \ldots$$

*entwickeln, die nach Potenzen von z mit negativen, ganzzahligen, fallenden Exponenten fortschreitet und außerhalb eines bestimmten Kreises mit dem Nullpunkt als Mittelpunkt unbedingt konvergiert. Umgekehrt stellt eine solche Reihe stets eine im Unendlichen reguläre Funktion dar.*

Ebenso folgt aus § 43, III der Satz:

III. *Hat eine Funktion im Unendlichen einen Pol, so läßt sie sich in eine Reihe der Form entwickeln:*

2) $$\begin{cases} f(z) = a_{-n} z^n + a_{-n+1} z^{n-1} + \ldots + a_{-2} z^2 + a_{-1} z \\ \qquad + a_0 + a_1 z^{-1} + a_2 z^{-2} + \ldots + a_n z^{-n} + \ldots \end{cases}$$

Hieran knüpft sich ein für alle tiefer eindringenden funktionentheoretischen Untersuchungen fundamentaler Satz von Liouville:

IV. *Eine auf der ganzen Kugel reguläre Funktion komplexen Arguments ist notwendig eine Konstante.*

Ist nämlich $f(z)$ im Unendlichen regulär, so gibt es eine Größe $M_1$ von der Eigenschaft, daß $|f(z)| < M_1$ ist, sobald $|z|$ größer ist als eine bestimmte Größe $R$. Ist $f(z)$ auch im Endlichen überall regulär, so gilt für sie Satz V von § 39. Die in diesem Satze vorkommende Zahl $M$ ist aber $< M_1$, sobald $r > R$ ist; also müssen die Koeffizienten $a_n$ der Maclaurinschen Reihenentwicklung von $f(z)$ kleiner sein als $M_1 r^{-n}$ für jeden noch so großen Wert von $r$. Das ist aber für keinen positiven Wert von $n$ möglich, wenn nicht $a_n = 0$ ist. Also muß sich $f(z)$ auf $a_0$ reduzieren.

Satz IV ist deshalb so wichtig, weil es mit seiner Hilfe häufig gelingt, von einer Funktion, von der man nur die Eigenschaften, aber keinen analytischen Ausdruck kennt, einen solchen zu finden. Erste Beispiele dafür sind die beiden folgenden Sätze:

V. *Eine Funktion, die im Endlichen überall regulär ist und im Unendlichen einen n-fachen Pol hat, ist eine rationale ganze Funktion $n^{ten}$ Grades.*

Hat sie nämlich im Unendlichen einen $n$-fachen Pol, so gestattet sie dort eine Entwicklung der Form (2). Setzen wir dann:

3) $$\psi(z) = a_{-n} z^n + a_{-n+1} z^{n-1} + \ldots + a_{-1} z + a_0$$

und bilden die Differenz $f(z) - \psi(z)$, so ist diese im Endlichen überall regulär; denn $f(z)$ ist es nach Voraussetzung und $\psi(z)$ nach § 31. Sie ist aber nach II auch im Unendlichen regulär, also nach IV eine Konstante und zwar $= 0$, da sie für $z = \infty$ gleich Null ist. Also ist $f(z)$ gleich der rationalen ganzen Funktion $\psi(z)$, w. z. b. w.

VI. *Eine Funktion $f(z)$, die auf der ganzen Kugel mit Ausnahme einzelner Pole überall regulär ist, ist eine rationale Funktion.*

Seien $a_\nu$, $(\nu = 1, 2, \ldots, n)$ die im Endlichen gelegenen Pole von $f(z)$, $k_\nu$ ihre Ordnungszahlen; seien

$$4)\qquad \psi_\nu(z) = \sum_{m=1}^{k_\nu} \frac{a_{\nu,m}}{(z-a_\nu)^m}$$

die Glieder mit negativen Exponenten in der für die Umgebung von $a_\nu$ gültigen Reihenentwicklung (§ 43, III). Bilden wir dann die rationale Funktion:

$$5)\qquad \psi(z) = \sum_{\nu=1}^{n} \psi_\nu(z)$$

und die Differenz $f(z) - \psi(z)$, so ist diese im Endlichen überall regulär, auch in den Punkten $a_1, a_2, \ldots, a_n$; im Unendlichen hat sie einen Pol oder ist regulär, je nachdem für $f(z)$ das eine oder das andere zutrifft. Sie ist also nach V eine rationale ganze Funktion $\chi(z)$ oder nach IV eine Konstante (rationale ganze Funktion nullten Grades). Also ist $f(z)$ gleich der rationalen Funktion $\psi(z) + \chi(z)$, w. z. b. w.

Wenden wir diesen Satz auf den reziproken Wert einer rationalen ganzen Funktion $m^{\text{ten}}$ Grades $g(z)$ an, so ist $\chi(z)$ jedenfalls eine Konstante; bringen wir $\psi(z) + \chi(z)$ auf gemeinsamen Nenner, so wird es ein Quotient zweier Polynome $h_1(z)/h_2(z)$, dessen Nenner $h_2(z)$ vom Grade $k = k_1 + k_2 + \cdots + k_n$, dessen Zähler $h_1(z)$ höchstens von diesem Grade ist. Aus der Gleichung:

$$6)\qquad \frac{1}{g(z)} = \frac{h_1(z)}{h_2(z)}$$

oder

$$h_2(z) = h_1(z)\, g(z)$$

folgt dann, daß $k \geqq m$ sein muß. Die Anzahl der Pole von $1/g(z)$, d. h. der Nullpunkte von $g(z)$ (jeder so oft gerechnet als seine Ordnungszahl angibt) ist also mindestens $= m$; da sie nach § 19, II auch nicht größer sein kann, so haben wir den *Fundamentalsatz der Algebra* bewiesen:

VII. *Jede algebraische Gleichung $m^{\text{ten}}$ Grades hat im Gebiete unserer komplexen Zahlen der Form $a + bi$ genau $m$ Wurzeln, wenn mehrfache Wurzeln entsprechend oft gerechnet werden.*

Fragen wir weiter, wie sich eine ganze transzendente Funktion im Unendlichen verhält. Wir können die Antwort zum Teil schon aus dem Verhalten der in den §§ 40—42 untersuchten einfach periodischen Funktionen ablesen. Beschreiben wir um den Nullpunkt einen Kreis von noch so großem Radius, so bleiben doch noch immer unendlich viele Parallelstreifen ganz außerhalb desselben; eine periodische Funktion nimmt also jeden Wert, den sie überhaupt annimmt, in jeder beliebigen Nähe des Punktes $\infty$ noch unendlich oft an. $e^z$ z. B. nimmt in jeder beliebigen Nähe dieses Punktes noch jeden Wert unendlich oft an, ausgenommen allein die beiden Werte 0 und $\infty$. Aber auch diesen beiden Werten kommt es in jeder noch so kleinen Umgebung des Punktes $\infty$ noch beliebig nahe.

Wir wollen nun zeigen, daß jede ganze transzendente Funktion im Unendlichen ein ähnliches Verhalten aufweist, wie $e^z$; und zwar zeigen wir zunächst, daß jede solche Funktion im Unendlichen unter andern auch beliebig große Werte annimmt, oder genauer ausgedrückt:

VIII. *Wenn eine ganze transzendente Funktion* $f(z)$ *und eine positive* (noch so große) *Größe* $M$ *gegeben sind, gibt es außerhalb jedes Kreises* (von noch so großem Radius) *stets noch Werte* $z$, *für welche* $|f(z)| > M$ *ist.*

Wäre das nämlich außerhalb eines Kreises vom Radius $R$ nicht mehr der Fall, so würde man durch Anwendung des Satzes § 39, V auf einen Kreis vom Radius $r > R$ beweisen können, daß die Koeffizienten der MACLAURINschen Entwicklung von $f(z)$ bzw. kleiner sind als $Mr^{-n}$. Daraus würde aber wie im Beweise von IV folgen, daß sie alle Null sein müssen.

Diese Eigenschaft teilen also die ganzen transzendenten Funktionen mit den ganzen rationalen; sie unterscheiden sich aber von ihnen durch die folgende:

IX. *Wenn eine ganze transzendente Funktion* $f(z)$ *und eine positive* (noch so kleine) *Größe* $\varepsilon$ *gegeben sind, so gibt es außerhalb jedes Kreises* (von noch so großem Radius) *stets Stellen, an welchen* $|f(z)|$ *kleiner als* $\varepsilon$ *ist.*

Das ist selbstverständlich, wenn außerhalb jedes Kreises noch Nullpunkte von $f(z)$ liegen. Wenn aber alle Nullpunkte von $f(z)$ innerhalb eines Kreises vom Radius $R$ liegen, so kann ihrer nach § 39, IX nur eine endliche Anzahl sein; wir bezeichnen sie dann mit $a_1, a_2, \ldots, a_n$. Für die Funktion $1/f(z)$ sind diese Punkte Pole; sei wie im Beweise von VI (Gleichung 4) $\psi_\nu(z)$ die Summe der Glieder mit negativen Exponenten in der für die Umgebung von $a_\nu$ gültigen Reihenentwicklung dieser Funktion. Dann folgt wie dort, daß

(7) $$\frac{1}{f(z)} - \sum_{\nu=1}^{n} \psi_\nu(z)$$

im Endlichen überall regulär ist. Es ist also diese Differenz eine ganze transzendente Funktion, die sich nicht auf eine Konstante reduzieren kann, da sonst $f(z)$ eine rationale Funktion wäre, gegen die Voraussetzung.[1] Nach VIII nimmt also diese Differenz außerhalb jedes Kreises beliebig große Werte an; da jedes $\psi_\nu(z)$, also auch ihre Summe, im Unendlichen unendlich klein wird, so folgt, daß auch $1/f(z)$ dort beliebig große, also $f(z)$ beliebig kleine Werte annimmt; w. z. b. w.

Wenden wir Satz IX auf $f(z)-c$ an, wo $c$ eine willkürliche Konstante bedeutet, so folgt der allgemeine Satz:

X. *Eine ganze transzendente Funktion kommt in der Umgebung des Punktes $\infty$ jedem Werte beliebig nahe.*

Man darf diesen Satz nicht so verstehen, daß eine solche Funktion jeden Wert in der Umgebung von $z = \infty$ *wirklich annimmt.* Das zeigt das Beispiel der Exponentialfunktion, die in keinem angebbaren Punkte 0 oder $\infty$ wird.[2]

Es hat wegen des Satzes X keinen Zweck, die Definition einer ganzen transzendenten Funktion, die ja für $f(z) = \infty$ versagt, in Analogie mit § 21, I dadurch ergänzen zu wollen, daß man ihr dort irgend einen bestimmten Wert, sei es auch $z = \infty$, zuschriebe. Dagegen ist es unter Umständen möglich, einen bestimmten Grenzwert zu erhalten, wenn man die Variable $z$ *auf vorgeschriebenem Wege* dem Punkt $\infty$ sich nähern läßt. So konvergiert z. B. $e^z$ gegen $\infty$, wenn $z$ auf dem Halbmeridian der positiv reellen Zahlen nach $\infty$ kommt; gegen 0, wenn $z$ auf dem Halbmeridian der negativ reellen Zahlen nach $\infty$ kommt; dagegen schwankt sowohl sein reeller, als sein rein imaginärer Bestandteil fortwährend zwischen $-1$ und $+1$ hin und her, wenn $z$ durch rein imaginäre Werte nach der einen oder nach der andern Seite ins Unendliche geht.

## § 45. CAUCHYS Satz von den Residuen.

In § 35, IV haben wir den Satz kennen gelernt, daß das Integral:

$$\int f(z)\,dz$$

stets den Wert Null hat, wenn es über die Begrenzung eines Be-

[1] Daß eine gebrochene rationale Funktion nicht zugleich eine ganze transzendente Funktion sein kann, folgt aus Satz VII.

[2] PICARD hat gezeigt (Par. C. R. 90, 1879), daß es in keinem Falle mehr als einen endlichen Wert geben kann, der von einer ganzen transzendenten Funktion in der Umgebung von $z = \infty$ nicht wirklich angenommen wird. Einen Beweis dieses Satzes mit elementaren Hilfsmitteln gibt E. BOREL, Par. C. R. 122, 1896 und Leçons sur les fonctions entières, Paris 1900, p. 103.

reiches erstreckt wird, in welchem die Funktion $f(z)$ regulär ist; wir fragen jetzt, welches der Wert dieses Integrals sein mag, wenn in dem Bereich eine endliche Anzahl Pole liegen.

Betrachten wir zunächst einen Bereich, in dem nur ein Pol liege, und zwar bei $z = 0$. Nach § 35, VII können wir dann, ohne den Wert des Integrals zu ändern, den Integrationsweg zusammenziehen auf einen Kreis um den Nullpunkt von beliebig kleinem Radius. Nach § 43, III ist aber in der Umgebung des Nullpunktes:

$$f(z) = a_{-n} z^{-n} + a_{-n+1} z^{-n+1} + \ldots + a_{-2} z^{-2} + a_{-1} z^{-1} + f_1(z),$$

wo $f_1$ eine in der Umgebung des Nullpunktes reguläre Funktion bezeichnet; wir erhalten also:

$$\int f(z)\,dz = a_{-n} \int z^{-n}\,dz + \ldots + a_{-1} \int z^{-1}\,dz + \int f_1(z)\,dz,$$

alle diese Integrale genommen längs des genannten kleinen Kreises. Das letzte dieser Integrale ist Null nach dem erwähnten Satze (§ 35, IV), die andern haben wir bereits § 35, VIII berechnet. Setzen wir die dort gefundenen Werte hier ein, so erhalten wir:

1) $$\int f(z)\,dz = 2\pi i \,.\, a_{-1}.$$

Wir definieren nun:

I. *Der Koeffizient der* $(-1)^{\text{ten}}$ *Potenz von* $z - a$ *in der Entwicklung einer Funktion für die Umgebung des Poles* $z = a$ *heißt das Residuum der Funktion für diesen Pol.*

Damit können wir Gleichung (1) folgendermaßen aussprechen:

II. *Das Integral* $\int f(z)\,dz$, *genommen um einen Bereich, in welchem die Funktion regulär ist mit Ausnahme eines Poles, ist* $= 2\pi i \times$ *dem Residuum der Funktion in diesem Pol.*

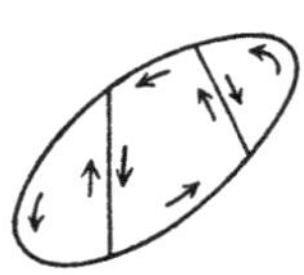

Fig. 21.

Haben wir nun einen Bereich, in welchem mehrere Pole liegen, so zerlegen wir ihn in eine Anzahl Teilbereiche derart, daß jeder derselben nur einen Pol enthält, wenden den Satz II auf jeden der Teilbereiche an und addieren die Resultate. Dabei ist über jede Grenzlinie zwischen zwei Teilbereichen zweimal zu integrieren, aber in entgegengesetzter Richtung (nämlich jedesmal so, daß der gerade in Betracht kommende Teilbereich zur Linken bleibt). Die Integrale über die inneren Grenzlinien heben sich infolgedessen sämtlich weg (vgl. § 29, VII), und es bleibt nur das Integral über die äußere Begrenzung des vorgelegten Bereiches übrig. Wir erhalten somit den Satz:

III. *Das Integral* $\int f(z)\,dz$, *genommen um einen Bereich, in welchem die Funktion, abgesehen von einer endlichen Anzahl von Polen,* *regulär ist, ist $= 2\pi i \times$ der Summe der Residuen der Funktion in diesen Punkten.*

Wir haben bisher den Bereich stillschweigend als ganz im Endlichen gelegen vorausgesetzt; wollen wir auch Bereiche in Betracht ziehen, die den Punkt $\infty$ im Innern enthalten, so müssen wir erst festsetzen, was unter dem Residuum einer Funktion im Punkte $\infty$ verstanden werden soll. Dabei müssen wir beachten: wenn wir (vgl. § 21) $z$ durch $z'^{-1}$ ersetzen, tritt $-z'^{-2}dz'$ an Stelle von $dz$; das Integral $\int f(z)dz$ geht also über in $-\int z'^{-2}\varphi(z')dz'$; und dieses Integral, genommen um eine geschlossene Kurve, ist dann Null, wenn innerhalb der Kurve $z'^{-2}\varphi(z')$, d. i. $z^2 f(z)$, regulär ist. Wir finden so zunächst, daß der fundamentale Satz von § 35 für einen Bereich, der den Punkt $\infty$ in seinem Innern enthält, folgendermaßen zu modifizieren ist:

IV. *Das Integral $\int f(z)dz$, genommen über eine geschlossene Kurve, welche den Punkt $\infty$ umschließt, ist $= 0$, wenn $z^2 f(z)$ innerhalb des von dieser Kurve umschlossenen den Punkt $\infty$ enthaltenden Gebietes regulär ist.*

Ist aber $z^2 f(z)$ innerhalb der Kurve nicht regulär, so folgt durch Betrachtung des Integrals $\int f(z)dz = -\int \varphi(z')z'^{-2}dz'$:

V. *Bei Anwendung von Satz II und III auf einen Bereich, der den Punkt $\infty$ in seinem Innern enthält, ist als Residuum für diesen Punkt der Koeffizient von $z^{-1}$ in der Entwicklung (§ 44, III),*[1] *mit entgegengesetztem Zeichen, zu nehmen.*

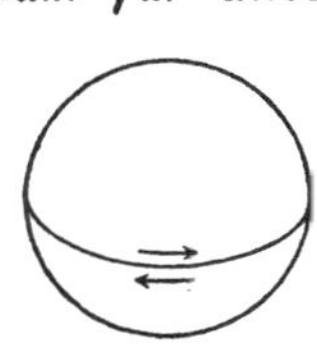

Fig. 22.

Jede geschlossene Kurve auf der Kugelfläche teilt diese in zwei Teile und kann als Begrenzung jedes dieser beiden Teile angesehen werden. Ist eine Funktion in jedem dieser Teile, abgesehen von einzelnen Polen, regulär — was nach § 44, VI nur bei rationalen Funktionen der Fall ist —, so können wir Satz III auf jeden dieser Teile anwenden. Beidemal tritt dasselbe Integral auf; aber die Integrationsrichtung ist die entgegengesetzte (nämlich jedesmal so, daß der gerade betrachtete Bereich zu ihrer Linken liegt). Addieren wir also die beiden Resultate, so heben sich die Integrale fort, und es ergibt sich der Satz:

VI. *Die Summe sämtlicher Residuen einer rationalen Funktion ist stets gleich Null.*

[1] Nicht etwa von $z^{+1}$!

## § 46. Der Satz von den Anzahlen der Nullpunkte und der Pole. Zweiter Beweis des Fundamentalsatzes der Algebra.

Ist $f(z)$ eine Funktion des komplexen Arguments $z$, $f'(z)$ ihre erste Ableitung, so nennt man $f'(z)/f(z)$ die *logarithmische Ableitung* von $f(z)$; der Grund dieser Benennung wird sich später ergeben. Man erhält weitere Sätze über die Funktion $f(z)$, wenn man die Sätze des vorigen Paragraphen, statt auf $f(z)$ selbst, auf ihre logarithmische Ableitung anwendet; dazu bedarf man einiger Sätze über die letztere:

I. *Ist $f(z)$ in der Umgebung des Punktes $z_0$ regulär und in diesem Punkt von Null verschieden, so ist dort $f'(z)/f(z)$ regulär.*

Denn es sind dann sowohl $1/f(z)$ (nach § 38, X) als auch $f'(z)$ (nach § 38, VII) in der Umgebung von $z_0$ regulär.

II. *Ist $f(z)$ in der Umgebung eines Punktes $z_0$ regulär und hat es in $z_0$ einen m-fachen Nullpunkt, so hat $f'(z)/f(z)$ in $z_0$ einen einfachen Pol und das Residuum $m$.*

Denn dann kann (A. A. § 24)

$$f(z) = (z - z_0)^m f_1(z) \tag{1}$$

gesetzt werden, unter $f_1(z)$ eine in der Umgebung von $z_0$ reguläre und in $z_0$ von 0 verschiedene Funktion verstanden; daraus folgt:

$$\frac{f'(z)}{f(z)} = \frac{m}{z - z_0} + \frac{f_1'(z)}{f_1(z)}. \tag{2}$$

Da $f_1'(z)/f_1(z)$ nach I in der Umgebung von $z_0$ regulär ist, so folgt aus dieser Gleichung die Richtigkeit des Satzes II. — Ebenso wird bewiesen:

III. *Hat $f(z)$ in $z = z_0$ einen m-fachen Pol, so hat dort $f'(z)/f(z)$ einen einfachen Pol mit dem Residuum $-m$.*

Beim Beweis dieser Sätze (I) bis (III) wurde angenommen, daß es sich um einen im Endlichen gelegenen Punkt handelt. Für einen unendlich fernen Punkt gilt Satz I unverändert, von Satz II und III aber nur die auf den Wert des Residuums sich beziehenden Behauptungen, nicht die Behauptung, daß $f'(z)/f(z)$ in diesen Fällen einen einfachen Pol habe. Die logarithmische Ableitung ist vielmehr auch in diesen Fällen im Unendlichen regulär. Für die Anwendungen, die wir nunmehr machen wollen, ist das irrelevant; es kommt bei ihnen nur auf die Residuen an.

Zunächst erhalten wir nämlich aus Satz III von § 45, wenn wir ihn auf $f'(z)/f(z)$ anwenden:

IV. *Das Integral:*

$$\frac{1}{2\pi i}\int \frac{f'(z)}{f(z)}\,dz,$$

*in positivem Sinne erstreckt um die Begrenzung eines Bereiches, in welchem die Funktion $f(z)$ bis auf einzelne Pole überall regulär ist, ist gleich der Anzahl der Nullpunkte von $f(z)$ in diesem Bereiche, vermindert um die Anzahl der Pole; jeder Nullpunkt und jeder Pol ist dabei so oft zu zählen, als seine Ordnungszahl angibt.*

Ferner liefert Satz VI von § 45:

V. *Jede rationale Funktion wird auf der Kugel ebenso oft Null wie unendlich* (was nur eine andere Formulierung des Satzes § 21, III ist); und wenn wir ihn statt auf $f(z)$ auf $f(z) - c$ anwenden:

VI. *Eine rationale Funktion nimmt jeden beliebigen Wert c ebenso oft an, als sie unendlich wird.*

Auch bei diesen Sätzen sind mehrfache Nullpunkte oder Pole ihrer Ordnungszahl gemäß zu zählen; der Ausdruck: „$f(z)$ *nimmt in* $z = a$ *den Wert* $f(z) = c$ $n$*-mal an*" bedeutet dabei: in der Entwicklung von $f(z)$ nach Potenzen von $(z - a)$ ist $c$ das Anfangsglied, Glieder mit der 1., 2., ..., $(n - 1)^{\text{ten}}$ Potenz von $(z - a)$ treten nicht auf, wohl aber ein Glied mit $(z - a)^n$.

Eine rationale ganze Funktion $n^{\text{ten}}$ Grades insbesondere ist im Endlichen überall regulär und hat im Unendlichen einen $n$-fachen Pol; also folgt aus Satz V:

VII. *Jede rationale ganze Funktion* $n^{\text{ten}}$ *Grades hat n Nullpunkte* — oder anders ausgedrückt:

VIII. *Jede algebraische Gleichung* $n^{\text{ten}}$ *Grades hat n Wurzeln.*

Damit ist der *Fundamentalsatz der Algebra* abermals bewiesen (vgl. § 44, VII).

Daraus folgt dann weiter, daß eine rationale gebrochene Funktion so viele Pole hat, als ihr Grad (§ 20, II) angibt. Denn ist der Grad $m$ des Zählers nicht größer als der Grad $n$ des Nenners, so ist ihr Grad gleich $n$; dann ist sie im Unendlichen regulär und hat im Endlichen $n$ Pole. Ist aber $m > n$, so ist ihr Grad $= m$ und es kommt dann zu den $n$ Polen im Endlichen noch ein $(m - n)$-facher Pol im Unendlichen. Satz VI ergibt somit:

IX. *Jede rationale Funktion nimmt jeden beliebigen komplexen Wert so oft an, als ihr Grad angibt.*

Wir benutzen den Satz IV ferner noch, um eine wesentliche Ergänzung des Satzes VIII von § 38 abzuleiten. Sei nämlich $w = f(z)$ eine in einem Kreise um den Nullpunkt reguläre Funktion und $f'(0) \neq 0$; unbeschadet der Allgemeinheit dürfen wir annehmen, es sei für $z = 0$ auch $w = 0$, da wir das immer durch eine Parallelverschiebung der $w$-Ebene erreichen können. Dann können wir nach § 39, VIII $r$ so klein annehmen, daß innerhalb eines Kreises $\Gamma$ vom

Radius $r$ und auf seiner Peripherie kein weiterer Nullpunkt von $f(z)$ liegt, so daß nach IV:

$$3) \qquad \frac{1}{2\pi i}\int\limits_{\Gamma}\frac{f'(z)}{f(z)}\,dz = 1$$

ist. Sei dann $m$ der kleinste Wert, den $|f(z)|$ auf $\Gamma$ annimmt, und $w_1$ irgend ein Wert von $w$, dessen absoluter Betrag kleiner als $m$ ist, so ist die Anzahl der Wurzeln, die die Gleichung:

$$f(z) = w_1$$

innerhalb $\Gamma$ besitzt:

$$4) \qquad n = \frac{1}{2\pi i}\int\limits_{\Gamma}\frac{f'(z)}{f(z) - w_1}\,dz.$$

Setzen wir nun:

$$5) \qquad 1 - \frac{w_1}{f(z)} = \psi(z) = t,$$

so folgt:

$$\psi'(z) = \frac{w_1 f'(z)}{f(z)^2}$$

$$\frac{\psi'(z)}{\psi(z)} = \frac{w_1 f'(z)}{f(z)[f(z) - w_1]} = -\frac{f'(z)}{f(z)} + \frac{f'(z)}{f(z) - w_1};$$

damit ergeben die Gleichungen (3) und (4):

$$n - 1 = \frac{1}{2\pi i}\int\limits_{\Gamma}\frac{\psi'(z)}{\psi(z)}\,dz = \frac{1}{2\pi i}\int\limits_{C}\frac{dt}{t},$$

das letzte Integral genommen über diejenige Kurve $C$ der $t$-Ebene, die vermöge der Gleichung (5) dem Kreis $\Gamma$ der $z$-Ebene entspricht. Da aber n. Vss. auf $\Gamma$ $|f(z)| \geqq m > |w_1|$ ist, kann sich $C$ nie so weit vom Punkte $t = 1$ entfernen, daß sie den Punkt $t = 0$ einschließen könnte; das Integral ist also Null, $n$ ist $= 1$, die Gleichung $f(z) = w_1$ hat innerhalb $\Gamma$ eine und nur eine Wurzel. Aus § 39, VIII geht aber hervor, daß wir in der $z$-Ebene auch einen Kreis um den Nullpunkt von so kleinem Radius $\varrho\,(< r)$ angeben können, daß $|f(z)|$ in ihm nur Werte annimmt, die $< m$ sind. Wir können also den Satz aussprechen:

X. *Ist $w = f(z)$ eine in der Umgebung des Nullpunktes reguläre Funktion von $z$ und $f''(0) \neq 0$, so kann man um ihn einen Kreis von so kleinem Radius beschreiben, daß $w$ in ihm in verschiedenen Punkten verschiedene Werte annimmt, daß also* (§ 38, VIII) *die Werte, die $w$ in dem Kreise annimmt, ein Stück $U$ der $w$-Ebene erfüllen, innerhalb dessen umgekehrt $z$ eine reguläre Funktion von $w$ ist.*

Zur wirklichen Aufstellung dieser Funktion im einzelnen Falle kann man sich der Methode der unbestimmten Koeffizienten (A. A.

§§ 78, 79) bedienen; oder man kann einen auch sonst nützlichen Satz benutzen, den man erhält, wenn man Satz III von § 45 auf $z f'(z)/f(z)$ anwendet. Diese Funktion ist regulär, wo $f(z)$ regulär und von Null verschieden ist; in einem $m$-fachen Nullpunkt $a$ von $f(z)$ hat sie das Residuum $m a$, in einem $m$-fachen Pol $b$ das Residuum $m b$. (Beides gilt auch, wenn $a$, bzw. $b = 0$; dagegen nicht für $a = \infty$ oder $b = \infty$.) Man erhält also:

XI. *Das Integral:*

$$\frac{1}{2\pi i}\int z\frac{f'(z)}{f(z)}\,dz,$$

*in positivem Sinne erstreckt um die Begrenzung eines im Endlichen liegenden Bereiches, in welchem $f(z)$ bis auf einzelne Pole überall regulär ist, ist gleich der Summe der Nullpunkte von $f(z)$ in diesem Bereiche, vermindert um die Summe der Pole; mehrfache Nullpunkte oder Pole sind dabei entsprechend oft zu zählen.*

Wenden wir diesen Satz, statt auf die Funktion $f(z)$ selbst, auf die Funktion $f(z) - w$ und auf einen Bereich an, in welchem diese Funktion nur einen Nullpunkt und keinen Pol hat, so erhalten wir:

XII. *Das Integral:*

$$\frac{1}{2\pi i}\int \frac{z f'(z)}{f(z) - w}\,dz,$$

*in positivem Sinne erstreckt um den in Satz X definierten Kreis, stellt die Lösung der Gleichung*

$$f(\zeta) = w$$

*nach $\zeta$ vor; und zwar diejenige Lösung, die dem dort definierten Flächenstück $U$ angehört.*

Wird hier unter dem Integralzeichen nach steigenden Potenzen von $w$ entwickelt, und dann gliedweise integriert, so erhält man eine Entwicklung dieser Lösung nach Potenzen von $w$, die jedenfalls konvergiert innerhalb des größten Kreises der $w$-Ebene um den Nullpunkt, der noch ganz dem Flächenstück $U$ angehört.

Daran anschließend können wir noch einen Satz behandeln, der bei anderen Darstellungen der Theorie an einer früheren Stelle erscheint. Das Integral:

$$\int u\,dv,$$

genommen um die Begrenzung eines Bereiches der $uv$-Ebene, stellt, wie hier als bekannt angenommen werden darf, den Flächeninhalt dieses Bereiches dar, und zwar mit dem positiven oder mit dem negativen Zeichen, je nachdem der Rand bei der Integration in positivem oder in negativem Sinne durchlaufen wird. Führen wir in dieses Integral $x$ und $y$ als Integrationsveränderliche ein, indem wir $u$ und $v$ als Funktionen von ihnen ansehen, so erhalten wir das Integral:

$$\int \left( u \frac{\partial v}{\partial x} dx + u \frac{\partial v}{\partial y} dy \right),$$

genommen über die entsprechende Kurve der $xy$-Ebene. Umschließt diese Kurve einen Bereich, der auf den entsprechenden Bereich der $uv$-Ebene umkehrbar eindeutig abgebildet wird, so ist der Wert des Integrals, genommen um den Bereich der $xy$-Ebene in positivem Sinne, positiv, wenn bei der Abbildung der Sinn der Winkel ungeändert bleibt, im entgegengesetzten Falle negativ. Nach den letzten Sätzen ist das erstere stets der Fall, wenn $u + iv$ eine analytische Funktion von $x + iy$ und der Bereich hinlänglich klein ist. Da aber das Integral über eine beliebige Kurve wie in § 29 stets durch eine Summe von Integralen über hinlänglich kleine Kurven ersetzt werden kann, so folgt:

XIII. *Ist $u + iv$ in dem ganzen durch eine Kurve $\Gamma$ umschlossenen Bereich eine reguläre Funktion von $x + iy$, so ist das Integral:*

$$\int u\, dv,$$

*genommen um $\Gamma$ in positivem Sinne, stets positiv.*

Eine Ausnahme erleidet dieser Satz nur, wenn die Funktion $u + iv$ den betrachteten Bereich der $x + iy$-Ebene überhaupt nicht auf einen Bereich, sondern auf einen einzelnen Punkt abbildet, d. h. wenn sie konstant ist. (Der an und für sich auch noch denkbare Fall, daß der Bereich der $x + iy$-Ebene auf eine Linie der $u + iv$-Ebene abgebildet würde, ist wegen der Sätze § 26, V; § 38, VIII; § 46, X nicht möglich.) Wollen wir diesen Fall in die Formulierung des Satzes XIII mit aufnehmen, so müssen wir anstatt „positiv“ sagen „nie negativ, und zwar nur Null, wenn $u + iv$ konstant ist“.

Von diesem Satz aus können wir zu einem zweiten Beweis des fundamentalen Satzes IV von § 44 gelangen. Der Satz XIII gilt nämlich auch für einen Teil der Kugel, der den Punkt $\infty$ in seinem Innern enthält, vorausgesetzt, daß die Funktion $u + iv$ in diesem Bereiche im Sinne der Definition I von § 44 regulär ist. Nur muß natürlich in diesem Fall als positive Integrationsrichtung diejenige genommen werden, bei der der betrachtete Bereich, also auch der unendlich ferne Punkt, zur Linken liegt.

Haben wir nun eine Funktion, die auf der ganzen Kugel regulär ist, so können wir die Kugel durch irgend eine Kurve, die nicht durch den Punkt $\infty$ hindurchgeht, in zwei Teile teilen, und den Satz XIII auf jeden dieser beiden Teile anwenden. Dann folgt einerseits, daß das Integral nicht negativ sein kann, wenn man es so nimmt, daß der im Endlichen gelegene Teil zur Linken liegt; andererseits, daß es auch nicht negativ sein kann, wenn man es so nimmt, daß der ins Unendliche sich erstreckende Teil zur Linken liegt. Beides zusammen verträgt sich nur, wenn das Integral Null ist. Dann ist aber die Funktion $u + iv$ konstant; w. z. b. w.

## § 47. Die LAURENTsche Reihe.

Wir kehren wieder zu dem CAUCHYschen Satze von § 36 zurück, setzen aber diesmal voraus, daß das Gebiet $S$, in welchem $f(z)$ als regulär bekannt ist, nicht von *einer*, sondern von *zwei* Kurven $\Gamma$, $\gamma$ begrenzt sei (vgl. Fig. 16, p. 122). Auch in diesem Fall gilt Gleichung (3) von § 36; die Integration ist aber dann auch über beide Kurven $\Gamma$, $\gamma$ zu erstrecken, und zwar über jede dieser Kurven in solcher Richtung, daß das Gebiet $S$ zur Linken liegt. Wollen wir statt dessen über jede von beiden Kurven in demjenigen Sinne integrieren, der für sie der positive ist, so haben wir das Vorzeichen des über $\gamma$ erstreckten Integrals zu ändern; die genannte Gleichung geht dann über in:

$$1)\qquad f(\zeta) = \frac{1}{2\pi i}\int\limits_{\Gamma} \frac{f(z)\,dz}{z-\zeta} - \frac{1}{2\pi i}\int\limits_{\gamma} \frac{f(z)\,dz}{z-\zeta}.$$

Fassen wir insbesondere den Fall ins Auge, daß $\Gamma$, $\gamma$ konzentrische Kreise um den Nullpunkt sind, $S$ der von diesen Kreisen begrenzte ringförmige Flächenraum. Dann ist, da doch $\zeta$ einen Punkt innerhalb $S$ bedeuten sollte, für alle Elemente des ersten Integrals $|\zeta| < |z|$; wir können es deshalb, ganz wie in § 37, nach Potenzen von $\zeta$ mit steigenden positiven ganzzahligen Exponenten entwickeln. Für alle Elemente des zweiten Integrals dagegen und für alle Punkte $\zeta$ innerhalb $S$ ist:

$$|\zeta| > |z|;$$

infolgedessen konvergiert die Entwicklung:

$$2)\qquad \frac{1}{z-\zeta} = -\frac{1}{\zeta} - \frac{z}{\zeta^2} - \cdots - \frac{z^{n-1}}{\zeta^n} - \cdots$$

für alle solche Wertepaare $(z, \zeta)$ gleichmäßig. Sie darf daher gliedweise integriert werden, und wir erhalten somit für $f(\zeta)$ eine Entwicklung der Form:

$$3)\qquad \begin{cases} f(\zeta) = a_0 + a_1\zeta + a_2\zeta^2 + \cdots + a_n\zeta^n + \cdots \\ \qquad\quad + a_{-1}\zeta^{-1} + a_{-2}\zeta^{-2} + \cdots + a_{-n}\zeta^{-n} + \cdots, \end{cases}$$

deren Koeffizienten sich wie folgt durch Integrale ausdrücken:

4) $$a_n = \frac{1}{2\pi i}\int_{\Gamma} \frac{f(z)\,dz}{z^{n+1}}, \qquad n = 0, 1, 2 \ldots$$

5) $$a_{-n} = \frac{1}{2\pi i}\int_{\gamma} z^{n-1} f(z)\,dz, \qquad n = 1, 2, 3 \ldots.$$

Diese beiden Formeln (4) und (5) können wir noch in eine zusammenziehen, wenn wir von dem Satze § 35, VII Gebrauch machen. Diesem Satze zufolge können wir nämlich sowohl $\Gamma$, als $\gamma$ durch irgend eine in unserem Kreisring verlaufende Kurve $C$ ersetzen, die so beschaffen ist, daß sie den Ring in zwei Teile (einen von $\Gamma$ und $C$ und einen von $C$ und $\gamma$ begrenzten) zerlegt, deren jeder ebenfalls ringförmig ist. Wenn wir dann noch von einer allgemein üblichen Schreibweise für Reihen der Form (3) Gebrauch machen, können wir den erhaltenen Satz folgendermaßen aussprechen:

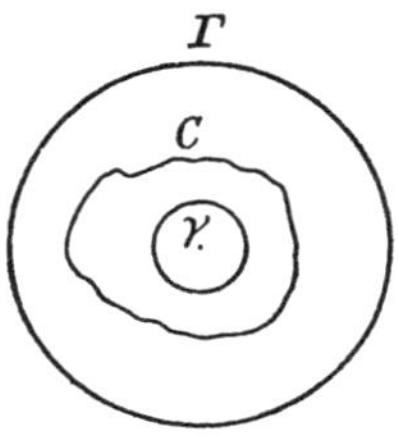

Fig. 23.

I. *Ist eine Funktion $f(\zeta)$ regulär in einem Kreisring, der von zwei konzentrischen Kreisen um den Nullpunkt begrenzt wird, so läßt sie sich in eine innerhalb des Ringgebietes konvergente Reihe der Form:*

6) $$f(\zeta) = \sum_{n=-\infty}^{+\infty} a_n \zeta^n$$

*entwickeln, die sowohl Potenzen von $\zeta$ mit positiven, als solche mit negativen Exponenten in unendlicher Anzahl enthalten kann. Die Koeffizienten dieser Reihe lassen sich ausdrücken durch Integrale:*

7) $$a_n = \frac{1}{2\pi i}\int_{C} f(z)\, z^{-n-1}\, dz,$$

*genommen über irgend eine Kurve $C$, die den Nullpunkt einmal umschließt und ganz innerhalb des Kreisringes verläuft.*

Eine solche Reihe heißt eine *Laurentsche Reihe.*

Besondere Erwähnung verdienen die Fälle, in welchen man den Radius von $\Gamma$ ins Unendliche wachsen oder den von $\gamma$ ins Unbegrenzte abnehmen lassen kann, ohne daß die Funktion aufhört, in dem dadurch erweiterten Gebiete den Bedingungen des Satzes zu genügen. Beides zugleich tritt ein, wenn man mit einer Funktion zu tun hat, die auf der ganzen Kugel regulär ist, mit alleiniger Ausnahme der Punkte $z = 0$ und $z = \infty$.

Nehmen wir nun umgekehrt an, es sei für eine Funktion $f(\zeta)$ eine Reihenentwicklung der Form (3) gefunden, die innerhalb eines Ringgebietes zwischen zwei Kreisen $\Gamma$, $\gamma$ konvergiert; und zwar wollen wir diese Voraussetzung noch näher dahin präzisieren, jede der beiden Reihen:

8) $$\sum_{n=0}^{\infty} a_n \zeta^n, \quad \sum_{n=1}^{\infty} a_{-n} \zeta^{-n}$$

sei für sich innerhalb des Ringgebietes konvergent. Dann konvergiert nach § 38, III die erste Reihe gleichmäßig in jedem Gebiet, das ganz innerhalb $\Gamma$ liegt, die zweite Reihe gleichmäßig in jedem Gebiet, das ganz außerhalb $\gamma$ liegt. Auf einer Kurve derart, wie $C$ in Fig. 23, konvergieren also beide Reihen gleichmäßig, und wir dürfen sie folglich längs dieser Kurve gliedweise integrieren. Tun wir das, nachdem wir vorher noch mit $\zeta^{-m-1}$ multipliziert haben, und berücksichtigen wir dabei die Gleichungen (10) und (11) von § 35, so finden wir

9) $$\int_C f(\zeta)\zeta^{-m-1} d\zeta = 2\pi i . a_m,$$

was mit (7) übereinstimmt. D. h. also:

II. *Wenn eine Funktion eine Entwicklung der Form* (3) *zuläßt, welche innerhalb des Kreisringes zwischen* $\Gamma$ *und* $\gamma$ *im angegebenen Sinne konvergiert, so haben die Koeffizienten die durch* (7) *gegebenen Werte; es ist also nur eine solche Entwicklung möglich.*

Die letzte Behauptung bedarf noch einer kleinen Erläuterung, damit nicht mehr aus ihr herausgelesen wird, als mit ihr gesagt sein soll. Es ist sehr wohl möglich, daß eine Funktion innerhalb verschiedener Kreisringe regulär ist, etwa zwischen $\gamma_1$ und $\gamma_2$ und zwischen $\gamma_2$ und $\gamma_3$, während auf $\gamma_2$ z. B. Pole der Funktion liegen. Dann kann Satz I auf jeden dieser beiden Ringe angewendet werden und man erhält zwei LAURENTsche Entwicklungen, von denen die eine zwischen $\gamma_1$ und $\gamma_2$, die andere zwischen $\gamma_2$ und $\gamma_3$ konvergiert; und nun darf man Satz II nicht etwa so verstehen, daß diese beiden Entwicklungen in ihren Koeffizienten übereinstimmen müßten. Satz II bezieht sich vielmehr nur auf Entwicklungen innerhalb eines und desselben Ringgebietes.

So lautet z. B. die Entwicklung von

$$\frac{1}{z^2 - 3z + 2} = \frac{1}{z-2} - \frac{1}{z-1}$$

innerhalb des Kreises um den Nullpunkt vom Radius 1:

$$\frac{1}{2} + \frac{3}{4}z + \frac{7}{8}z^2 + \frac{15}{16}z^3 + \ldots;$$

zwischen diesem und dem Kreise vom Radius 2:

$$\ldots - \frac{1}{z^3} - \frac{1}{z^2} - \frac{1}{z} - \frac{1}{2} - \frac{z}{4} - \frac{z^2}{8} - \ldots;$$

außerhalb des letzteren:

$$+ \frac{1}{z^2} + \frac{3}{z^3} + \frac{7}{z^4} + \ldots$$

Die Verallgemeinerung der Sätze dieses Paragraphen auf den Fall, daß die beiden konzentrischen Kreise nicht den Nullpunkt, sondern einen beliebigen andern Punkt zum Mittelpunkt haben, geschieht wie in § 39, VI und bedarf wohl keiner ausführlichen Erläuterung mehr.

## § 48. Verhalten einer regulären Funktion in der Umgebung eines Ausnahmepunktes.

Es kommt öfters der Fall vor, daß man von einer Funktion zwar zeigen kann, daß sie in einem Bereiche *im allgemeinen* regulär ist, daß aber der Beweis für *einzelne* Punkte dieses Bereiches versagt, so daß die Frage nach dem Verhalten der Funktion in diesen Punkten offen bleibt. In solchen Fällen gibt der Laurentsche Satz bis zu einem gewissen Grade Auskunft.

Sei nämlich etwa der Nullpunkt ein solcher Punkt, d. h. es sei bekannt, daß die zu untersuchende Funktion $f(z)$ in jedem Punkte einer gewissen Umgebung des Nullpunktes regulär ist, ausgenommen im Nullpunkt selbst, über den nichts bekannt sei. Dann kann man den im Laurentschen Satze auftretenden Kreis $\gamma$ beliebig klein nehmen.

Weiß man nun noch, daß $|f(z)|$ stets unterhalb einer angebbaren Grenze bleibt, wie nahe auch $z$ an den Nullpunkt heranrücken mag, so folgt, daß die Koeffizienten $a_{-n}$ (§ 47, 5) alle gleich Null sein müssen. Dann stellt aber die Laurentsche Entwicklung von $f(z)$ eine im Nullpunkt reguläre Funktion vor; und werden, wie in § 43 verabredet, hebbare Unstetigkeiten ausgeschlossen, so folgt, daß diese Funktion auch im Nullpunkt mit $f(z)$ übereinstimmen muß. Also gilt der Satz:

I. *Weiß man von einer Funktion komplexen Arguments, daß sie in der Umgebung des Nullpunktes, abgesehen von diesem selbst, regulär ist und bei beliebiger Annäherung an den Nullpunkt ihrem absoluten Betrage nach stets unterhalb einer angebbaren Grenze bleibt, so kann man schließen, daß sie auch im Nullpunkt selbst regulär ist; vorausgesetzt, daß hebbare Unstetigkeiten ausgeschlossen sind.*

Man drückt das auch wohl kürzer, aber ungenau so aus: „Eine Funktion komplexen Arguments ist überall da stetig, wo sie endlich ist.“

Kommen aber in der für die Umgebung des Nullpunktes gültigen LAURENTschen Entwicklung der Funktion wirklich Glieder mit negativen Exponenten vor, so ist zu unterscheiden, ob deren unendlich viele sind oder nur eine endliche Anzahl. Im ersteren Falle verhält sich die Funktion im Nullpunkt ebenso, wie eine ganze transzendente Funktion im Unendlichen (§ 44, X), d. h. sie kommt in jeder Nähe desselben jedem Wert beliebig nahe. Denn die Summe der Glieder mit positiven Exponenten wird in hinlänglicher Nähe des Nullpunkts beliebig klein und es kommt nur auf die Glieder mit negativen Exponenten an. Im zweiten Falle wird die Funktion im Nullpunkt *bestimmt unendlich* in folgendem Sinne: *wenn eine noch so große positive Zahl M gegeben ist, läßt sich um den Nullpunkt stets ein Kreis von so kleinem Radius beschreiben, daß für alle Punkte im Innern desselben* $|f(z)| > M$ *ist.* Andererseits: ist in diesem zweiten Fall der Pol ein $n$-facher, so existiert der Grenzwert:

1) $$\lim_{z=a} \{(z-a)^n f(z)\}$$

und ist endlich und von Null verschieden; dagegen ist für jede (noch so kleine) positive Zahl $\varepsilon$:

$$\lim_{z=a} \{(z-a)^{n+\varepsilon} f(z)\} = 0$$

und

$$\lim_{z=a} \{(z-a)^{n-\varepsilon} f(z)\} \text{ bestimmt unendlich.}$$

Definiert man also ganz allgemein:

II. *Man sagt von einer Funktion, sie werde für $z = a$ bestimmt unendlich von der $\mu^{ten}$ Ordnung, wenn der Grenzwert*

$$\lim_{z=a} \{(z-a)^{\mu} f(z)\}$$

*existiert und endlich und von Null verschieden ist* — so kann man den Satz aussprechen:

III. *Wenn eine Funktion komplexen Arguments in der Umgebung eines Punktes a, von diesem selbst abgesehen, eindeutig und regulär ist und in a bestimmt unendlich wird, wird sie dort stets von einer angebbaren ganzzahligen Ordnung unendlich.*

## § 49. Die FOURIERsche Reihe.

Aus der LAURENTschen, in einem Ringgebiet zwischen zwei konzentrischen Kreisen gültigen Entwicklung kann auf Grund der §§ 40—42 eine in einem Parallelstreifen gültige Entwicklung abgeleitet werden. Seien nämlich $r$ und $R$ die Radien der beiden Kreise, zwischen welchen eine Funktion $f(z)$ den Bedingungen des LAURENTschen Satzes genügt. Unbeschadet der Allgemeinheit dürfen wir annehmen, es sei $r < 1$, $R > 1$; wenn das nämlich nicht schon von Anfang an der Fall sein sollte, können wir es stets dadurch erreichen, daß wir $cz$ an Stelle von $z$ einführen, unter $c$ eine geeignet gewählte positive reelle Konstante verstanden. Dann können wir

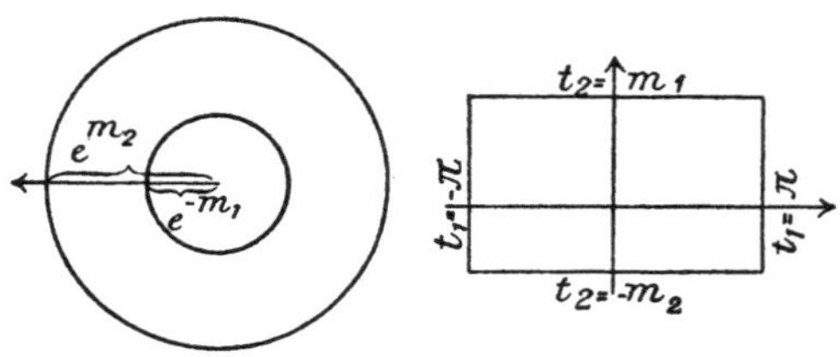

Fig. 24.

1) $$r = e^{-m_1}, \qquad R = e^{m_2}$$

setzen, wo $m_1$, $m_2$ ebenfalls positive reelle Konstante sind.

Durch die Funktion:

2) $$z = e^{ti}$$

wird dann auf den längs der Halbachse der negativ reellen Zahlen aufgeschnitten gedachten Kreisring der $z$-Ebene ein Rechteck der $t$-Ebene abgebildet; wird $t = t_1 + i t_2$ gesetzt, so lauten die Gleichungen seiner Seiten:

3) $$t_1 = -\pi, \quad t_1 = +\pi, \quad t_2 = -m_2, \quad t_2 = m_1.$$

Innerhalb dieses Rechtecks ist $dz/dt$ überall vorhanden, endlich und von Null verschieden, also $f(z) = \varphi(t)$ eine reguläre Funktion von $t$; und die LAURENTsche Reihe:

$$f(z) = \sum_{n=-\infty}^{+\infty} c_n z^n$$

geht über in:

4) $$\varphi(t) = \sum_{n=-\infty}^{+\infty} c_n e^{nti}$$

oder wenn wir statt der Exponentialfunktionen trigonometrische einführen:

5) $$\varphi(t) = c_0 + \sum_{n=1}^{\infty}(c_n + c_{-n})\cos nt + i\sum_{n=1}^{\infty}(c_n - c_{-n})\sin nt.$$

Ist umgekehrt eine im Innern des Rechtecks reguläre Funktion von $t$ gegeben, so geht sie durch die Substitution (2) in eine im

Innern des *aufgeschnittenen* Kreisringes reguläre Funktion von $z$ über. Zur Anwendung des Laurentschen Satzes ist aber erforderlich, daß $f(z)$ innerhalb des *unaufgeschnittenen* Kreisringes regulär ist. Das wird dann und nur dann der Fall sein, wenn $\varphi(t)$ auch noch mindestens in schmalen Streifen über die zur $t_2$-Achse parallelen Seiten des Rechtecks hinaus regulär ist und wenn sie überdies in je zwei Punkten dieser Seiten, die gleiche Koordinaten $t_2$ haben, gleiche Werte annimmt. Denn dann gibt die Übertragung der Umgebungen dieser beiden Seiten in die $z$-Ebene zwei in der Umgebung des Schnittes reguläre Funktionen von $z$, die längs des Schnittes übereinstimmen, also nach § 39, I überhaupt identisch sind. Insbesondere[1] ist das der Fall, wenn die Funktion $\varphi(t)$ in dem ganzen von den Geraden $t_2 = -m_2$ und $t_2 = m_1$ begrenzten Parallelstreifen regulär und um $2\pi$ periodisch ist. Wir können also folgenden Satz aussprechen:

I. *Eine periodische Funktion der Periode $2\pi$ kann in eine gleichmäßig konvergente und gliedweise beliebig oft differentiierbare Reihe der Form:*

$$\varphi(t) = a_0 + \sum_{n=1}^{\infty} a_n \cos nt + \sum_{n=1}^{\infty} b_n \sin nt$$

*(„Fourierѕche Reihe") entwickelt werden, wenn sie in einem Streifen regulär ist, der zu beiden Seiten der Achse der reellen Zahlen eine endliche Breite hat.*

Die Koeffizienten dieser Reihe bestimmen sich, indem man in die § 47, 7 gegebene Darstellung der Koeffizienten der Laurentschen Reihe:

$$c_n = \frac{1}{2\pi i}\int f(z)\, z^{-n-1}\, dz$$

durch die Substitution (2) $t$ als Integrationsvariable einführt. Man findet:

$$a_0 = c_0 = \frac{1}{2\pi}\int \varphi(t)\, dt,$$

6) $$a_n = c_n + c_{-n} = \frac{1}{\pi}\int \varphi(t) \cos nt\, dt \quad (n > 0)$$

$$b_n = i(c_n - c_{-n}) = \frac{1}{\pi}\int \varphi(t) \sin nt\, dt;$$

und zwar sind diese Integrale längs irgend einer Kurve zu nehmen, die einen Punkt der Seite $t_1 = -\pi$ mit dem gegenüberliegenden

[1] Wenn eine Funktion den vorhergehenden Bedingungen genügt, können wir sie immer als Stück einer in dem Parallelstreifen regulären periodischen Funktion ansehen.

Punkt der Seite $t_1 = \pi$ verbindet, am einfachsten also durch reelle Zwischenwerte von $t = -\pi$ bis $t = +\pi$.

## § 50. Summen unendlich vieler regulärer Funktionen.

Es sei eine unendliche Folge von Funktionen von $z$ gegeben:

1) $$f_1(z),\quad f_2(z),\quad \ldots,\quad f_n(z),\quad \ldots,$$

die innerhalb eines bestimmten Bereiches $\mathfrak{B}$ der $z$-Ebene sämtlich regulär sind; man wisse ferner, daß die Reihe:

2) $$\sum_{n=1}^{\infty} f_n(z)$$

in jedem Punkte dieses Bereiches konvergiert. Ihre Summe ist dann jedenfalls eine komplexe Funktion (§ 31, I) der reellen Koordinaten $x$ und $y$ von $z = x + iy$; mehr können wir nicht behaupten, solange wir von den Funktionen $f_n(z)$ nichts weiter voraussetzen.

Setzen wir aber noch voraus, daß die Reihe (2) in dem ganzen betrachteten Gebiete *gleichmäßig* konvergiert, so können wir folgendermaßen zeigen, daß ihre Summe eine innerhalb dieses Bereiches reguläre Funktion $F(z)$ des komplexen Arguments $z$ vorstellt. Sei $\Gamma$ die Randkurve des Gebietes, so dürfen wir die Reihe (2), da sie n. V. auch noch auf $\Gamma$ gleichmäßig konvergiert, über diese Linie hin *gliedweise* integrieren. Das gilt auch noch, wenn wir vor der Integration mit $z - \zeta$ dividieren, vorausgesetzt, daß dieser Nenner in keinem Punkte des Integrationsweges unendlich klein wird; diese Voraussetzung ist erfüllt, wenn $\zeta$ ein innerer Punkt des Bereiches (kein Randpunkt) ist. Bezeichnen wir also die Summe der Reihe (2) provisorisch mit $S(z)$, so haben wir:

3)* $$\frac{1}{2\pi i}\int \frac{S(z)\,dz}{z-\zeta} = \sum_{n=1}^{\infty} \frac{1}{2\pi i}\int \frac{f_n(z)\,dz}{z-\zeta}.$$

Auf der linken Seite dieser Gleichung können wir, wenn der Nullpunkt dem Bereich angehört und $\zeta$ näher an ihm liegt, als die sämtlichen Randpunkte, wie in § 37 unter dem Integralzeichen nach steigenden Potenzen von $\zeta$ entwickeln und gliedweise integrieren; wir sehen so, daß diese linke Seite eine in der Umgebung des Nullpunkts reguläre Funktion von $\zeta$, $F(\zeta)$, ist, von der wir allerdings aus dieser Integraldarstellung allein nicht schließen könnten, daß sie mit $S(\zeta)$ identisch ist. Die rechte Seite aber ist, da von den einzelnen Funktionen $f_n$ vorausgesetzt war, daß sie in $\mathfrak{B}$ regulär seien:

$$= \sum_{n=1}^{\infty} f_n(\zeta) = S(\zeta).$$

Also ist in der Tat $S(\zeta) = F(\zeta)$. Da wir den Nullpunkt in einen beliebigen Punkt des Bereiches verlegen können, dürfen wir den Satz aussprechen:

I. *Die Summe einer in einem zusammenhängenden Bereiche gleichmäßig konvergenten Reihe regulärer Funktionen ist selbst eine innerhalb dieses Bereiches reguläre Funktion.*

Man kann diesen Satz auch aus § 38, XIII ableiten: ist das Integral jedes einzelnen Gliedes für jeden geschlossenen Integrationsweg innerhalb $\mathfrak{B}$ gleich Null, so gilt dasselbe wegen der gleichmäßigen Konvergenz auch für das Integral der Summe.

Eine Summe der Form (2) kann unter Umständen in jedem von mehreren unter sich nicht zusammenhängenden Bereichen gleichmäßig konvergent sein. Sie wird dann in jedem dieser Bereiche für sich eine reguläre Funktion darstellen; aber nichts berechtigt zu dem Schlusse, daß diese Funktionen irgendwie miteinander zusammenhängen. Es braucht das auch, wie einfache Beispiele[1] zeigen, in der Tat nicht der Fall zu sein.

Übrigens können wir aus der Gleichung (3) noch weitere Schlüsse ziehen. Ist $a$ irgend ein Punkt innerhalb des Bereiches $S$, so erhalten wir:

$$4)\qquad F(\zeta) = \frac{1}{2\pi i}\sum_{m=0}^{\infty}(\zeta - a)^m \int_\Gamma \frac{F(z)\,dz}{(z-a)^{m+1}},$$

also nach § 39, (8):

$$5)\qquad F^{(m)}(a) = \frac{m!}{2\pi i}\int_\Gamma \frac{F(z)\,dz}{(z-a)^{m+1}} = \frac{m!}{2\pi i}\int_\Gamma \frac{\sum f_n(z)\,dz}{(z-a)^{m+1}}.$$

Auch hier dürfen wir wegen der gleichmäßigen Konvergenz der Reihe Summation und Integration vertauschen; wir erhalten so:

$$F^{(m)}(a) = \sum_{n=1}^{\infty}\frac{m!}{2\pi i}\int_\Gamma \frac{f_n(z)\,dz}{(z-a)^{m+1}} = \sum_{n=1}^{\infty} f_n^{(m)}(a),$$

d. h. es gilt der Satz:

II. *An einer in einem bestimmten Bereiche (nicht bloß längs einer Linie) gleichmäßig konvergenten Reihe regulärer Funktionen dürfen Differentiationen beliebig hoher Ordnung gliedweise vollzogen werden, solange man im Innern des Bereiches bleibt.*

Aus diesem Satze ergibt sich dann noch:

III. *Um die* TAYLOR*sche Entwicklung einer regulären Funktion zu erhalten, die durch eine in der Umgebung von $z = a$ gleichmäßig*

[1] Vgl. z. B. WEIERSTRASS ges. W. Bd. II, S. 213, 231.

*konvergente Reihe regulärer Funktionen definiert ist, darf man die einzelnen Glieder der Reihe nach Potenzen von $z - a$ entwickeln und dann alle Glieder mit gleichen Potenzen von $z - a$ zusammenfassen.*

## § 51. Der Satz von Mittag-Leffler.

Eine Funktion $F(z)$, welche im Endlichen überall regulär ist mit Ausnahme einer endlichen Anzahl von Polen $a_1, a_2, \ldots, a_n$, kann nach § 44, VI stets in der Form dargestellt werden:

$$\sum_{\nu=1}^{n} f_\nu(z) + g(z), \tag{1}$$

in welcher $g(z)$ eine ganze transzendente Funktion von $z$ bezeichnet, $f_\nu(z)$ eine rationale Funktion, die keinen andern Pol hat als $a_\nu$. Es liegt deshalb nahe, zu versuchen, ob man nicht auch eine Funktion mit unendlich vielen Polen in der Form einer *unendlichen Partialbruchreihe:*

$$\sum_{\nu=1}^{\infty} f_\nu(z) + g(z) \tag{2}$$

darstellen kann; dazu wird erforderlich und nach den Resultaten von § 50 auch hinreichend sein, daß die Reihe gleichmäßig konvergiert. Man überzeugt sich an einfachen Beispielen, daß das nicht jedesmal der Fall ist, wenn die Pole $a_\nu$ und die Funktionen $f_\nu(z)$, die die Art des Unendlichwerdens von $F(z)$ angeben, willkürlich vorgeschrieben sind. Die hieraus entspringende Schwierigkeit hat Mittag-Leffler durch den Nachweis überwunden, daß man stets rationale ganze Funktionen $g_\nu(z)$ so bestimmen kann, daß die Reihe:

$$\sum_{\nu=1}^{\infty} \left(f_\nu(z) - g_\nu(z)\right) \tag{3}$$

gleichmäßig konvergiert. Wir wollen hier jedoch den Beweis nicht für den allgemeinsten Fall durchführen, sondern nur mit einer für die meisten Anwendungen ausreichenden Allgemeinheit.[1]

Vor allem ist zu bemerken: wenn die Funktion im Endlichen bis auf Pole überall regulär sein soll, so darf die Gesamtheit der Punkte $a_\nu$ keinen Häufungspunkt im Endlichen besitzen (§ 43, IV). Es dürfen also in keinem endlichen Bereiche unendlich viele von den Punkten $a_\nu$ liegen (§ 25, XVI), m. a. W. es muß:

$$\lim_{\nu=\infty} |a_\nu| = \infty \tag{4}$$

[1] Für den allgemeinen Fall vgl. man etwa Weierstrass, ges. W. Bd. II, S. 189.

sein. Wir wollen nun *erstens* voraussetzen, $|a_\nu|$ wachse so rasch mit wachsendem $\nu$, daß sich eine ganze Zahl $n$ von der Beschaffenheit bestimmen läßt, daß die Reihe:

$$5)\qquad \sum_{\nu=1}^{\infty} |a_\nu|^{-n}$$

konvergiert. *Zweitens* setzen wir voraus, die vorgeschriebenen Pole seien alle von gleicher Ordnungszahl $\lambda$ und die Partialbruchzerlegung jeder der Funktionen $f_\nu$ bestehe nur aus je einem Term, mit übereinstimmenden Koeffizienten, die wir dann alle $= 1$ annehmen dürfen; es sei also:

$$6)\qquad f_\nu(z) = (z - a_\nu)^{-\lambda}.$$

Sei nun *erstens* $\lambda = n$; sei irgend ein endlicher Bereich gegeben, der keinen der Punkte $a_\nu$ enthält; sei $M$ der größte Wert, den $|z|$ in diesem Bereiche annimmt, $\mu$ irgend eine positive Zahl $> 1$. Dann teilen wir zunächst die Punkte $a_\nu$ in zwei Klassen, je nachdem $|a_\nu| \leqq \mu M$ oder $|a_\nu| > \mu M$ ist. Von Punkten der ersten Klasse ist nach der ersten Voraussetzung nur eine endliche Anzahl vorhanden, sagen wir etwa $k$; für jeden Punkt $a_\nu$ der zweiten Klasse und jeden Punkt $z$ des gegebenen Bereiches ist

$$7)\qquad \left|\frac{a_\nu}{z - a_\nu}\right| = \left|1 - \frac{z}{a_\nu}\right|^{-1} < \frac{\mu}{\mu - 1},$$

d. h. kleiner als eine von $z$ und $\nu$ unabhängige endliche Größe. Spalten wir nun von der zu untersuchenden Reihe die endliche Summe:

$$8)\qquad \sum_{\nu=1}^{k} \frac{1}{(z - a_\nu)^n}$$

ab, so bleibt die unendliche Reihe:

$$9)\qquad \sum_{\nu=k+1}^{\infty} \frac{1}{(z - a_\nu)^n}$$

übrig. Jedes Glied dieser Reihe entsteht aus dem entsprechenden Glied der Reihe (5) durch Multiplikation mit der $n^{\text{ten}}$ Potenz des Faktors (7), von dem gezeigt ist, daß er für alle Glieder unterhalb einer und derselben endlichen Grenze liegt. Da nun die Reihe (5) nach Voraussetzung unbedingt konvergiert, so konvergiert auch die Reihe (9) unbedingt (A. A. § 56); und zwar gleichmäßig, da die genannte Grenze von $z$ unabhängig ist. Fügen wir die Anfangsglieder (8) wieder hinzu, so erhalten wir den Satz:

I. *Konvergiert die Reihe (5), so konvergiert die Reihe:*

10) $$\sum_{\nu=1}^{\infty} \frac{1}{(z-a_\nu)^n}$$

*unbedingt und gleichmäßig in jedem im Endlichen gelegenen Bereiche, der keinen der Punkte $a_\nu$ enthält.*

Ist *zweitens* $\lambda > n$, so gehen die Glieder der Reihe:

11) $$\sum_{\nu=1}^{\infty} \frac{1}{(z-a_\nu)^\lambda}$$

aus den entsprechenden Gliedern der Reihe (10) durch Multiplikation mit den Faktoren

12) $$(z-a_\nu)^{-\lambda+n}$$

hervor. Werden um die Punkte $a_\nu$ kleine Kreise vom Radius $\varrho$ beschrieben und wird $z$ auf einen Bereich beschränkt, außerhalb dessen alle diese Kreise liegen, so ist jeder der Faktoren (12) für alle Punkte $z$ dieses Bereiches dem absoluten Betrage nach kleiner als die von $z$ und $\nu$ unabhängige endliche Größe:

$$\varrho^{-\lambda+n}.$$

Da nun die Reihe (10) unbedingt konvergiert, so folgt:

II. *Konvergiert die Reihe (5), so konvergiert die Reihe (11) auch für $\lambda > n$ unbedingt und gleichmäßig in jedem im Endlichen gelegenen Bereiche, der keinen der Punkte $a_\nu$ enthält.*

Ist aber *drittens* $\lambda < n$, also $-\lambda + n$ positiv, so können wir so nicht schließen; denn dann ist $|z-a_\nu|^{-\lambda+n}$ nicht kleiner, sondern größer als $\varrho^{-\lambda+n}$. Wir können aber in diesem Falle folgendermaßen verfahren: Durch gliedweise Integration zwischen zwei beliebigen Grenzen $z_0$, $z$ auf beliebigem Wege innerhalb des Bereiches gleichmäßiger Konvergenz — die nach § 28, VIII erlaubt ist — erhalten wir aus der Reihe (10) eine gleichmäßig konvergente Reihe:

13) $$-(n-1)\int_{z_0}^{z}\left\{\sum_{\nu=1}^{\infty}\frac{1}{(z-a_\nu)^n}\right\}dz = \sum_{\nu=1}^{\infty}\left\{\frac{1}{(z-a_\nu)^{n-1}} - \frac{1}{(z_0-a_\nu)^{n-1}}\right\},$$

deren einzelner Term für $z = a_\nu$ unendlich wird wie $(z-a_\nu)^{-n+1}$, die also für $\lambda = n-1$ die Aufgabe löst. Auf diese Reihe können wir, wenn $n > 2$ ist, denselben Schluß noch einmal anwenden, und so fortfahren, bis wir die Exponenten im Nenner auf $\lambda$ herabgedrückt haben. Wir wollen das Resultat nur unter der vereinfachenden Voraussetzung explizite hinschreiben, daß der Nullpunkt nicht zu den $a_\nu$ gehört; dann dürfen wir $z_0 = 0$ setzen und erhalten so den Satz:

III. *Konvergiert die Reihe (5) und ist $\lambda < n$, so konvergiert auch die Reihe:*

$$
14) \quad \left\{ \begin{aligned} &\sum_{\nu=1}^{\infty} \left\{ \frac{1}{(z - a_\nu)^\lambda} - \frac{1}{(-a_\nu)^\lambda} \left[ 1 + \frac{\lambda}{1} \frac{z}{a_\nu} + \frac{\lambda \cdot (\lambda + 1)}{1 \cdot 2} \frac{z^2}{a_\nu^2} \right. \right. \\ &\qquad \left. \left. + \ldots \binom{n-2}{\lambda-1} \frac{z^{n-\lambda-1}}{a_\nu^{n-\lambda-1}} \right] \right\} \end{aligned} \right.
$$

*unbedingt und gleichmäßig in jedem im Endlichen gelegenen Bereiche, der keinen der Punkte $a_\nu$ in seinem Innern enthält; vorausgesetzt, daß der ganze unter dem Summenzeichen stehende Ausdruck als ein Glied der Reihe betrachtet und nicht auseinander gerissen wird.*

Man kann das Bildungsgesetz der Reihe (14) übrigens auch so aussprechen: es muß zu $(z - a_\nu)^{-\lambda}$ eine solche rationale ganze Funktion von $z$ addiert werden, daß jedes Glied der Reihe im Nullpunkt von der Ordnung $(n - \lambda)$ Null wird.

Aus dem allgemeinen Satze von § 50 folgt dann, daß jede der Reihen (10), (11), (14) eine im Bereiche ihrer gleichmäßigen Konvergenz reguläre Funktion von $z$ vorstellt. Ihr Verhalten in einem der Punkte $a_\nu$ ergibt sich, wenn man das auf diesen Punkt sich beziehende Glied aus der Reihe herausnimmt; die übrig bleibende Reihe konvergiert auch in der Umgebung von $a_\nu$ gleichmäßig, ist also dort regulär, und die Funktion hat also wirklich in $z = a_\nu$ einen Pol der vorgeschriebenen Art.

IV. *Die allgemeinste Funktion, welche in allen diesen Punkten Pole der vorgeschriebenen Art hat, wird erhalten, indem man zu der Reihensumme noch die allgemeinste ganze transzendente Funktion addiert.*

Handelt es sich darum, eine *vorgelegte* Funktion in eine Partialbruchreihe der hier betrachteten Art zu entwickeln, so bietet die Bestimmung dieser komplementären ganzen Funktion eine gewisse Schwierigkeit, die in geeigneten Fällen durch das folgende, schon von CAUCHY angegebene Verfahren überwunden werden kann.

Man nehme eine unendliche Folge von geschlossenen Linien $C_\nu$ $(\nu = 1, 2, 3, \ldots)$ an, von der Beschaffenheit, daß jedesmal $C_{\nu-1}$ ganz innerhalb $C_\nu$ und der Punkt $a_\nu$ innerhalb $C_\nu$, dagegen außerhalb $C_{\nu-1}$ liegt. Beschreibt man dann um $a_1, a_2, \ldots, a_k$ kleine Kreise, so kann man auf den Bereich zwischen $C_k$ und diesen Kreisen den Satz von § 45, II anwenden; man erhält so:

15) $$f(\zeta) = \sum_{\nu=1}^{k} f_\nu(\zeta) + \frac{1}{2\pi i}\int_{C_k} \frac{f(z)\,dz}{z-\zeta};$$

die Aufgabe ist also gelöst, wenn es bei irgend einer geeigneten Wahl der Kurven $C_k$ gelingt, den Grenzwert zu bestimmen, gegen welchen das rechts stehende Integral für $\lim k = \infty$ konvergiert.[1] In den einzelnen Fällen der Anwendung läßt sich diese Methode noch mannigfach modifizieren; man kann z. B. in jede der Kurven $C_\nu$ statt einen, zwei Pole mehr aufnehmen als in die vorhergehende.

## § 52. Partialbruchzerlegung einfach periodischer Funktionen.

Wir kehren nunmehr mit den inzwischen gewonnenen Hilfsmitteln zu der § 42 abgebrochenen Untersuchung einfach periodischer Funktionen zurück. Der Satz des letzten Paragraphen gibt uns ein Mittel, solche Funktionen a priori zu bilden.

Indem wir, wenn erforderlich, $cz$ statt $z$ als Argument einführen, können wir erreichen, daß 1 primitive Periode wird. Wir versuchen eine Funktion mit dieser Periode zu bilden, welche im Nullpunkte einen Pol hat; dann muß sie notwendig auch in allen denjenigen Punkten Pole haben, die aus dem Nullpunkt durch Addition und Subtraktion von Perioden hervorgehen; also in den Punkten

$$z = 1,\ 2,\ 3,\ \ldots,\ \text{in inf.};\quad z = -1,\ -2,\ -3,\ -\ldots,\ \text{in inf.}$$

Nun bilden wir zunächst einmal überhaupt eine Funktion, welche diese Punkte (und keine andern) zu Polen hat; um die Sätze des vorigen Paragraphen anwenden zu können, müssen wir fragen, ob die Reihe:

$$\sum_{\nu=1}^{\infty} \frac{1}{\nu^n}$$

für irgend einen Wert von $n$ konvergiert. Aus den Elementen ist bekannt, daß das zwar nicht für $n = 1$, wohl aber für $n = 2$ der Fall ist (A. A. § 55). Es ist also nach § 51, (10) zunächst:

1) $$f_1(z) = \sum_{\nu=-\infty}^{+\infty} \frac{1}{(z-\nu)^2}$$

[1] Wegen weiterer Ausführungen vgl. man etwa E. Picard, Traité d'analyse, T. II (Paris 1893), chap. VI, No. 5ff.

eine Funktion, welche alle die genannten Punkte zu zweifachen Polen hat. Wollen wir aus ihr nach § 51, (14) eine andere bilden, für welche diese Punkte nur einfache Pole sind, so müssen wir beachten, daß die dort gemachte Voraussetzung, der Nullpunkt sei nicht unter den Punkten $a_\nu$, hier nicht zutrifft. Wollen wir also jenen Satz hier anwenden, so müssen wir ihn nicht auf $f_1(z)$ selbst, sondern auf $f_1(z) - z^{-2}$ anwenden; wir erhalten so eine Funktion:

$$2)\qquad f_2(z) = \frac{1}{z} + \sum_{\nu=-\infty}^{+\infty}{}' \left(\frac{1}{z-\nu} + \frac{1}{\nu}\right).$$

(Der Akzent am Summenzeichen soll hier und im folgenden andeuten, daß der Wert $\nu = 0$ aus den Werten, über welche summiert wird, auszulassen ist.)

Von diesen beiden so konstruierten Funktionen können wir nun folgendermaßen zeigen, daß sie wirklich 1 zur Periode haben. Von der ersten folgt es direkt aus der Darstellung (1). Denn ersetzen wir in dieser $z$ durch $z + 1$, so erhalten wir, ausführlich geschrieben:

$$\sum_{\nu=1}^{\infty} \frac{1}{(z+1-\nu)^2} + \frac{1}{(z+1)^2} + \sum_{\nu=-1}^{-\infty} \frac{1}{(z+1-\nu)^2}.$$

Ersetzen wir hier den Summationsbuchstaben $\nu$ durch $\mu + 1$, so erhalten wir:

$$\sum_{\mu=0}^{\infty} \frac{1}{(z-\mu)^2} + \frac{1}{(z+1)^2} + \sum_{\mu=-2}^{-\infty} \frac{1}{(z-\mu)^2};$$

und das ist wieder die ursprüngliche Reihe, nur daß das Glied $z^{-2}$ mit der ersten Summe vereinigt und das Glied $(z+1)^{-2}$ aus der zweiten Summe herausgehoben ist. Es ist also in der Tat:

$$3)\qquad f_1(z+1) = f_1(z).$$

Für die Funktion $f_2(z)$ können wir nicht denselben Schluß machen, weil wir die Klammern in (2) nicht auflösen dürfen; aber da

$$4)\qquad f_1(z) = -\frac{d f_2(z)}{dz}$$

ist, so folgt aus Gleichung (3) durch unbestimmte Integration:

$$5)\qquad f_2(z+1) = f_2(z) + C.$$

Dabei bedeutet $C$ eine Integrationskonstante, die wir bestimmen können, sobald wir für irgend einen besonderen Wert $z$ die Werte beider Seiten kennen. Wir können auch einen Wert von $z$ benutzen, für den beide Seiten unendlich werden; wir müssen dazu die Anfangsglieder der für die Umgebung dieses Wertes gültigen Entwicklungen vergleichen. So erhält man z. B. für die Umgebung von $z = 0$:

$$\frac{1}{z - \nu} + \frac{1}{\nu} = - \frac{z}{\nu^2} + (z^2),$$

also:

$$f_2(z) = \frac{1}{z} - z \sum{}' \nu^{-2} + (z^2); \tag{6}$$

ferner:

$$\frac{1}{z + 1} = 1 - z + (z^2),$$

$$\frac{1}{z + 1 - 1} + 1 = \frac{1}{z} + 1,$$

$$\frac{1}{z + 1 - \nu} + \frac{1}{\nu} = \frac{1}{1 - \nu} + \frac{1}{\nu} - \frac{z}{(1 - \nu^2)} + (z^2) \quad (\nu \neq 0,1)$$

und folglich:

$$f_2(z + 1) = \frac{1}{z} + 2 + \sum_{\nu=2}^{\infty} \frac{1}{\nu(1 - \nu)} + \sum_{\nu=-1}^{-\infty} \frac{1}{\nu(1 - \nu)} + (z) \tag{7}$$

Vergleichung der Koeffizienten von $z^0$ gibt:

$$C = 2 + \sum_{\nu=2}^{\infty} \frac{1}{\nu(1 - \nu)} + \sum_{\nu=-1}^{-\infty} \frac{1}{\nu(1 - \nu)};$$

ersetzt man in der zweiten Summe $\nu$ durch $1 - \mu$, so geht sie über in:

$$\sum_{\mu=2}^{\infty} \frac{1}{\mu(1 - \mu)}.$$

Die beiden Summen sind also einander gleich, und zwar ist jede $= - 1$; denn es ist:

$$\sum_{\mu=2}^{m} \frac{1}{\mu(\mu - 1)} = \left(1 - \frac{1}{2}\right) + \left(\frac{1}{2} - \frac{1}{3}\right) + \ldots + \left(\frac{1}{m - 1} - \frac{1}{m}\right) = 1 - \frac{1}{m}.$$

Es folgt also $C = 0$, d. h.:

I. *Nicht nur $f_1(z)$, sondern auch $f_2(z)$ ist eine periodische Funktion von $z$ mit der Periode 1.*

Wir fragen, in welcher Beziehung diese Funktionen zu den in den §§ 40—42 untersuchten periodischen Funktionen stehen; zur Beantwortung dieser Frage bedienen wir uns der zu Ende des vorigen Paragraphen erwähnten Cauchyschen Methode. Zunächst bemerken wir, daß wir in Gleichung (2) je zwei Glieder mit gleichen und entgegengesetzten Werten von $\nu$ zusammennehmen dürfen; sie lautet dann:

8) $$f_2(z) = \frac{1}{z} + \sum_{\nu=1}^{\infty}\left(\frac{1}{z-\nu} + \frac{1}{z+\nu}\right)$$

(wobei wieder zu beachten ist, daß die Klammer nicht aufgelöst werden darf). Definieren wir dann wie für reelle Variable die Funktion Kotangens durch:

9) $$\cot z = \frac{\cos z}{\sin z},$$

so folgt aus den Resultaten von § 41, daß die Funktion $\pi\cot(\pi z)$ dieselben (einfachen) Pole und dieselben Residuen hat, wie $f_2(z)$. Nehmen wir nun als Linie $C_k$ ein Rechteck, dessen Seiten die Gleichungen haben:

$$x = \pm\frac{2k+1}{2} \quad \text{und} \quad y = \pm\eta,$$

so liegen im Innern desselben die Pole:

$$0, \quad \pm 1, \quad \pm 2, \quad \ldots, \quad \pm k;$$

wir erhalten also:

10) $$\pi\cot(\pi\zeta) = \frac{1}{\zeta} + \sum_{\nu=1}^{k}\left(\frac{1}{\zeta-\nu} + \frac{1}{\zeta+\nu}\right) + \frac{1}{2\pi i}\int\limits_{C_k}\frac{\pi\cot\pi z}{z-\zeta}\,dz.$$

Nun ist:

11) $$\int\limits_{C_k}\frac{\pi\cot(\pi z)}{z}\,dz = 0,$$

da cot eine ungerade Funktion und die Linie $C_k$ zum Nullpunkt symmetrisch ist; also können wir das in (10) auftretende Integral auch durch

$$\pi\zeta\int\limits_{C_k}\frac{\cot(\pi z)}{z(z-\zeta)}\,dz$$

ersetzen. Um dieses Integral abzuschätzen, gehen wir aus von der Gleichung:

12) $$|\cot(\pi z)|^2 = \frac{e^{2\pi y} + e^{-2\pi y} + 2\cos 2\pi x}{e^{2\pi y} + e^{-2\pi y} - 2\cos 2\pi x};$$

aus ihr folgt, daß auf den beiden vertikalen Seiten des Rechtecks:

13) $$|\cot(\pi z)| = \left|\frac{e^{\pi y} - e^{-\pi y}}{e^{\pi y} + e^{-\pi y}}\right| \leqq 1,$$

auf den beiden horizontalen:

$$14)\qquad |\cot(\pi z)| \leqq \left|\frac{e^{\pi\eta}+e^{-\pi\eta}}{e^{\pi\eta}-e^{-\pi\eta}}\right| \quad \text{d. i.} \quad \leqq \left|\frac{1+e^{-2\pi\eta}}{1-e^{-2\pi\eta}}\right|$$

ist. Es ist also auf sämtlichen Linien $C_k$ durchweg $|\cot\pi z| < M$, wo $M$ eine von $k$ unabhängige Größe bedeutet. Bezeichnet man noch mit $r_k$ und $\varrho_k$ die kürzesten Abstände der Punkte 0 und $\zeta$ von $C_k$, mit $S_k$ die Länge von $C_k$, so folgt:

$$15)\qquad \left|\int\limits_{C_k} \frac{\cot(\pi z)\,dz}{z(z-\zeta)}\right| \leqq \frac{M \,.\, S_k}{r_k\,\varrho_k}.$$

Mit wachsendem $\eta$ nimmt $M$ ab; es steht also noch frei, $\eta$ mit $k$ ins Unendliche wachsen zu lassen. Dadurch kann man erreichen, daß $S_k = 8\,r_k$ wird und $\varrho_k$ (bei gegebenem $\zeta$) mit $k$ ins Unendliche wächst. Dann wird der $\lim\limits_{k=\infty}$ des Integrals $= 0$ und es folgt aus (10):

$$16)\qquad f_2(z) = \pi\cot\pi z$$

(vgl. A. A. § 84, 11) und daraus weiter:

$$17)\qquad f_1(z) = \frac{\pi^2}{\sin^2\pi z}.$$

II. *Die durch unsere Partialbruchzerlegungen dargestellten Funktionen sind also rationale Funktionen von* $\cos\pi z$ *und* $\sin\pi z$.

Setzen wir in Gleichung (16), bzw. (2) für $z$ erst $a+z$, dann $a$, und subtrahieren die Resultate voneinander, so erhalten wir noch die gelegentlich zu benutzende Formel:

$$18)\qquad \pi[\cot\pi(a+z) - \cot\pi a] = \sum_{\nu=-\infty}^{+\infty}\left(\frac{1}{z+a-\nu} - \frac{1}{a-\nu}\right).$$

## § 53. Allgemeine Sätze über einfach periodische Funktionen.

Wir wollen noch einen allgemeinen Satz über einfach periodische Funktionen ableiten, von dem Satz II des vorigen Paragraphen ein spezieller Fall ist. Wir nehmen wieder an, es sei durch Multiplikation des Arguments mit einer Konstanten erreicht, daß 1 primitive Periode ist, daß wir also einen Periodenstreifen durch die Linien $x = -\frac{1}{2}$ und $x = +\frac{1}{2}$ begrenzen können, und wollen uns mit einfach periodischen Funktionen $f(z)$ beschäftigen, welche folgende Eigenschaften haben:

1. $f(z)$ sei im Endlichen, bis auf Pole, überall regulär.

2. Wenn $z = x + iy$, *ohne den Periodenstreifen zu verlassen,* nach der Seite der positiven $y$ ins Unendliche geht, soll mindestens einer der beiden Grenzwerte $\lim\limits_{y=+\infty} f(z)$ oder $\lim\limits_{y=+\infty} 1/f(z)$ existieren.

3. Wenn $z = x + iy$ ebenso nach Seite der negativen $y$ ins Unendliche geht, soll analoges stattfinden; doch wird nicht vorausgesetzt, daß $\lim\limits_{y=-\infty} f(z) = \lim\limits_{y=+\infty} f(z)$ sei.

Setzen wir:

$$\zeta = e^{2\pi i z}, \tag{1}$$

so wird dadurch (vgl. § 42 und 49) der Parallelstreifen der $z$-Ebene konform abgebildet auf die längs eines Meridians aufgeschnittene $\zeta$-Kugel (abgesehen von den Umgebungen der Punkte $\zeta = 0$, $\zeta = \infty$). Die Funktion $f(z)$ geht dadurch über in eine Funktion $\varphi(\zeta)$, welche folgende Eigenschaften hat:

1. Da $f(z)$ periodisch ist, ist $\varphi(\zeta)$ eindeutig; seine Werte (und ebenso die seiner Ableitung) auf der einen Seite des Schnittes schließen sich stetig an die auf der andern Seite vorhandenen an.

2. Da $f(z)$ im Endlichen bis auf Pole überall regulär ist, ist $\varphi(\zeta)$ auf der ganzen Kugel, von $\zeta = 0$ und $\zeta = \infty$ abgesehen, bis auf Pole regulär.

3. Läßt man $\zeta$ auf irgend einem Wege gegen Null konvergieren, so wird der entsprechende Weg von $z$ nach Seite der positiven $y$ ins Unendliche gehen; und wenn der Weg von $\zeta$ den Nullpunkt nicht unendlich oft umwindet, wird der von $z$, nachdem er vielleicht zuerst eine endliche Anzahl Periodenstreifen durchsetzt hat, schließlich einen von ihnen nicht mehr verlassen. Aus Voraussetzung (2) folgt dann, daß mindestens einer der beiden Grenzwerte:

$$\lim_{\zeta=0} \varphi(\zeta), \quad \lim_{\zeta=0} \frac{1}{\varphi(\zeta)} \tag{2}$$

(für jede solche Art der Annäherung von $\zeta$ an Null) existiert, daß also (§ 48, I bzw. III) $\varphi(\zeta)$ im Nullpunkt entweder regulär ist oder einen Pol hat. Aber auch wenn der Weg $\zeta$ den Nullpunkt unendlich oft umkreist, der von $z$ also unendlich viele Periodenstreifen durchsetzt, gelangt man zu demselben Resultat; denn da $f(z)$ als periodisch vorausgesetzt war, können wir alle Stücke des Weges von $z$, die in andern Streifen als dem ersten liegen, in diesen übertragen.

4. Analog folgt aus der Voraussetzung (3), daß $\varphi(\zeta)$ im Unendlichen entweder regulär ist oder einen Pol hat.

Es ist also $\varphi(\zeta)$ auf der ganzen Kugel bis auf Pole regulär und folglich nach § 44, VI eine rationale Funktion von $\zeta$, d. h. wir haben den Satz:

I. *Jede periodische Funktion, die den Voraussetzungen (1)—(3) genügt, ist eine rationale Funktion der Exponentialfunktion* $e^{2\pi i z}$.

Aus diesem Satze ergeben sich eine Reihe weiterer. Sei $f(z)$ eine solche Funktion; dann kann man aus den nach Satz I gebildeten Ausdrücken von $f(z_1)$, $f(z_2)$, $f(z_1 + z_2)$ mit Hilfe der Gleichung § 40, (11) die Exponentialfunktionen eliminieren und behält eine algebraische Gleichung zwischen $f(z_1 + z_2)$, $f(z_1)$, $f(z_2)$ übrig, mit von $z_1$ und $z_2$ unabhängigen Koeffizienten. Eine solche Gleichung nennt man ein algebraisches Additionstheorem; man hat daher den Satz:

II. *Jede Funktion der genannten Art besitzt ein algebraisches Additionstheorem.*

Hat man ferner zwei solche Funktionen, so kann man die Exponentialfunktion eliminieren und findet:

III. *Zwischen je zwei solchen Funktionen besteht eine algebraische Gleichung mit von z unabhängigen Koeffizienten.*

Insbesondere gilt das von einer solchen Funktion und ihrer ersten Ableitung; wir können daher auch sagen:

IV. *Jede solche Funktion genügt einer algebraischen Differentialgleichung erster Ordnung, in der die unabhängige Variable explizite nicht vorkommt* —

oder anders ausgedrückt:

IVa. *Jede solche Funktion ist die Umkehrung des Integrals einer algebraischen Funktion.*

Die für reelle Werte von $u$ und $z$ bekannten Gleichungen

$$3)\qquad u = \int_0^z \frac{dz}{1+z^2}, \qquad z = \operatorname{tg} u;$$

$$4)\qquad u = \int_0^z \frac{dz}{\sqrt{1-z^2}}, \qquad z = \sin u$$

geben Beispiele für diese Formulierung.

Satz III macht uns mit einer Klasse von algebraischen Gleichungen zwischen zwei Variabeln $z$, $s$ bekannt, die dadurch identisch erfüllt werden können, daß man $z$ und $s$ *eindeutigen* einfach periodischen Funktionen einer Hilfsvariabeln $u$ (einer „uniformisierenden Variabeln", wie man wohl sagt) gleichsetzt; so z. B. die Gleichung:

$$5)\qquad s^2 + z^2 - 1 = 0$$

durch:

$$6)\qquad s = \sin u\,, \quad z = \cos u\,.$$

Man beachte aber, daß das (wegen Satz I) keine andern Gleichungen sind, als diejenigen, die auch schon dadurch identisch erfüllt werden können, daß man $z$ und $s$ *rationalen* Funktionen einer Hilfsvariabeln gleichsetzt, z. B. Gleichung (5) durch:

$$7)\qquad s = \frac{2t}{1+t^2}\,, \quad z = \frac{1-t^2}{1+t^2}\,.$$

Den Beweis, daß nicht jede algebraische Gleichung zwischen zwei Variabeln diese Eigenschaft hat, können wir hier nicht führen; wir brechen vielmehr hier die Untersuchung einwertiger Funktionen einer komplexen Variabeln ab und wenden uns der Untersuchung mehrwertiger Funktionen zu.

# FÜNFTER ABSCHNITT.

# Mehrwertige analytische Funktionen einer komplexen Veränderlichen.

## § 54. Vorbereitende Untersuchung der Änderung des Arcus einer stetig veränderlichen komplexen Größe.

Bevor wir uns zur Untersuchung mehrwertiger Funktionen einer komplexen Variabeln wenden, müssen wir die bereits § 4 in Aussicht gestellte nähere Untersuchung einer Größe vornehmen, welche zwar ebenfalls mehrwertig von einer komplexen Veränderlichen abhängt, aber keine reguläre Funktion von ihr ist. Wir haben dort gesehen, daß zu jeder komplexen Größe:

$$1)\qquad z = x + iy = r(\cos\varphi + i\sin\varphi)$$

unendlich viele Werte des Arcus $\varphi$ gehören, die alle aus irgend einem von ihnen durch Addition und Subtraktion beliebiger ganzzahliger Vielfacher von $2\pi$ hervorgehen. Unter allen diesen unendlich vielen Werten wollen wir jetzt einen durch die folgende willkürliche Festsetzung herausheben:

I. *Unter dem Hauptwert des Arcus einer komplexen Größe verstehen wir denjenigen Wert desselben, der den Bedingungen:*

$$-\pi < \varphi \leqq \pi \tag{2}$$

*genügt.*

Vor allem ist nun wesentlich, daß wir uns darüber klar werden, daß dieser Hauptwert zwar im allgemeinen, aber nicht ausnahmslos eine stetige Funktion der reellen Variabeln $x$, $y$ ist. Sei nämlich $(x_1, y_1)$ ein Punkt, $\varphi_1$ der zugehörige Hauptwert des Arcus; $(x_1 + \xi, y_1 + \eta)$ sei ein benachbarter Punkt. Wird dann:

$$\frac{x_1 + \xi + i(y_1 + \eta)}{x_1 + i y_1} = \frac{r_1 + \varrho}{r_1}(\cos\vartheta + i\sin\vartheta) \tag{3}$$

gesetzt und unter $\vartheta$ der Hauptwert des Arcus der links stehenden Größe verstanden, so wird $\vartheta$ mit $\xi$ und $\eta$ verschwinden. Ein Wert des Arcus von $x_1 + \xi + i(y_1 + \eta)$ ist dann $\varphi_2 = \varphi_1 + \vartheta$. Ist nun $\varphi_1$ nicht $= \pi$, so wird $\vartheta$ so klein angenommen werden können, daß auch $\varphi_2$ noch der Ungleichung (2) genügt; dann ist $\varphi_2$ Hauptwert und die Hauptwerte $\varphi_2$ und $\varphi_1$ sind nur unendlich wenig verschieden, m. a. W.:

II. *Der Hauptwert des Arcus einer komplexen Zahl ist eine stetige Funktion ihrer Komponenten in jedem Bereiche der Ebene, der von der Halbachse der negativ reellen Zahlen nicht getroffen wird.*

Ist aber $\varphi_1 = \pi$, so wird $\varphi_1 + \vartheta$ zwar für unendlich kleine negative $\vartheta$ noch der Ungleichung (2) genügen, also Hauptwert sein; für unendlich kleine positive $\vartheta$ wird aber nicht $\varphi_1 + \vartheta$ Hauptwert sein, sondern $\varphi_1 + \vartheta - 2\pi = -\pi + \vartheta$. Also ist Satz II durch folgenden Zusatz zu ergänzen:

III. *Längs der Halbachse der negativ reellen Zahlen ist die Stetigkeit des Hauptwertes des Arcus insofern unterbrochen, als der Wert desselben in einem Punkte dieser Halbachse zwar übereinstimmt mit dem Limes der in zu ihm benachbarten Punkten der „oberen“ Halbebene vorhandenen Werte, aber um $2\pi$ größer ist als der Limes der in zu ihm benachbarten Punkten der „unteren“ Halbebene vorhandenen Werte.*

Es schließen sich vielmehr diese letzteren Werte stetig an diejenigen Werte des Arcus für die negativ reellen Zahlen an, welche $= -\pi$, also um $2\pi$ kleiner als der Hauptwert $+\pi$ sind.

Was in den Sätzen II und III vom Hauptwert ausgesagt ist, überträgt sich sofort auf die übrigen Werte des Arcus. Nennen wir denjenigen Wert, der um $2k\pi$ größer ist als der Hauptwert, den Wert $k^{\text{ter}}$ Ordnung (so daß der Hauptwert als Wert nullter Ordnung zählt), so können wir sagen:

IV. *Der Wert $k^{\text{ter}}$ Ordnung des Arcus einer komplexen Zahl ist außerhalb der Halbachse der negativ reellen Zahlen eine stetige Funktion ihrer Komponenten; aber seine Werte in der unteren Halbebene schließen längs dieser Halbachse sich stetig an die Werte $(k-1)^{\text{ter}}$ Ordnung auf derselben an.*

Wir fügen hinzu:

V. *An andern Stellen als längs dieser Halbachse kann kein stetiger Übergang von dem Wert $k^{\text{ter}}$ Ordnung zu dem einer andern, etwa der $l^{\text{ten}}$ Ordnung stattfinden.*

Denn wenn der Wert $k^{\text{ter}}$ Ordnung in $z_2$ von dem Wert $k^{\text{ter}}$ Ordnung in dem unendlich benachbarten Punkt $z_1$ unendlich wenig verschieden ist, kann er nicht gleichzeitig von dem um die endliche Größe $(l-k).2\pi$ verschiedenen Wert $l^{\text{ter}}$ Ordnung in $z_1$ unendlich wenig verschieden sein.

(Für $z = 0$ sind alle Werte des Arcus durchaus unbestimmt; der Nullpunkt gehört nicht zum Definitionsbereich der Funktion Arcus.)

Wir sehen aus dem allen — und das ist das wesentlichste Resultat dieser Untersuchung —:

VI. *Es ist nicht anders möglich, den Arcus zu einer stetigen Funktion des Ortes in der Ebene zu machen, als wenn man auf die Eindeutigkeit Verzicht leistet und seine sämtlichen Werte zu einer unendlich vielwertigen Funktion zusammenfaßt.*

Sind zwei Punkte $z_0$, $z_1$ der Ebene durch eine gegebene Linie verbunden, so können wir uns die Aufgabe stellen:

*Irgend einer der zu $z_0$ gehörenden Werte des Arcus ist vorgeschrieben; man soll denjenigen zu $z_1$ gehörenden Wert desselben bestimmen, der erhalten wird, wenn man einen veränderlichen Punkt $z$ die vorgeschriebene Linie durchlaufen und seinen Arcus, mit dem vorgeschriebenen Anfangswert beginnend, sich dabei stetig ändern läßt.*

Die bisherigen Entwicklungen geben eine Lösung dieser Aufgabe, die sich am einfachsten ausspricht, wenn man der Halbachse der negativ reellen Zahlen einen bestimmten Richtungssinn *von 0 nach $-\infty$* zuschreibt, so daß die *obere* Halbebene (in der der Koeffizient von *i positiv* ist) als *rechts*, die *untere* als *links* von ihr gelegen bezeichnet werden kann. Wir können dann sagen:

VII. *Solange der vorgeschriebene Weg die Halbachse der negativ reellen Zahlen nicht überschreitet, hat man immer bei dem Wert derselben Ordnung zu bleiben; sobald aber eine solche Überschreitung stattfindet, hat man zur nächst höheren oder zur nächst niederen Ordnung überzugehen, je nachdem die Überschreitung von rechts nach links oder von links nach rechts geschieht.*

Besondere Beachtung verdient der spezielle Fall dieses Satzes, in welchem $z_1$ mit $z_0$ zusammenfällt; wir sprechen ihn in folgender Form aus:

VIII. *Durchläuft $z$ einen geschlossenen Weg und ändert sich sein Arcus dabei stetig, so ist er nach beendigter Durchlaufung um $(p - q)\,2\pi$ größer als vorher, wenn der Weg die Halbachse der negativ reellen Zahlen $p$-mal von rechts nach links, $q$-mal von links nach rechts überschreitet.*

Diese Formulierung ist nun insofern noch nicht in jeder Hinsicht zweckentsprechend, als sie noch die Beziehung auf die Halbachse der negativ reellen Zahlen enthält, die mit der Aufgabe an und für sich gar nichts zu tun hat und nur durch unsere willkürliche Definition des Hauptwerts hereingekommen ist. Wir können uns aber durch einen geometrischen Hilfssatz von dieser Beziehung frei machen. Seien nämlich vom Nullpunkt aus zwei sich nicht schneidende Linien $L_1$, $L_2$ ins Unendliche gezogen, so begrenzen sie zusammen ein Flächenstück vollständig; die eine, in der Figur $L_1$, läßt es links, die andere, $L_2$, rechts. Eine geschlossene Linie $\Gamma$, der ein bestimmter Sinn beigelegt ist, überschreite $L_1$ in $p_1$ Punkten $A$ von rechts nach links, in $q_1$ Punkten $B$ von links nach rechts; $L_2$ in $p_2$ Punkten $D$ von rechts nach links, in $q_2$ Punkten $C$ von links nach rechts. In den Punkten $A$ und $C$ tritt sie in das begrenzte Gebiet ein, in den Punkten $B$ und $D$ aus. Sie muß aber ebenso oft aus dem Bereiche aus-, als in ihn eintreten; also muß:

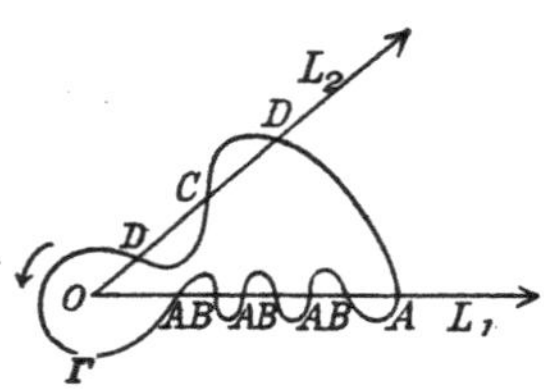

Fig. 25.

$$
4)\qquad \begin{cases} p_1 + q_2 = p_2 + q_1 \\ \text{oder: } p_1 - q_1 = p_2 - q_2 \end{cases}
$$

sein; d. h. wir haben den Satz:

IX. *Die in Satz VIII auftretende Zahl $p - q$ hat für alle vom Nullpunkt ins Unendliche laufenden Linien denselben Wert.*

(Die beim Beweise des Satzes gemachte Einschränkung, daß sich $L_1$ und $L_2$ nicht schneiden sollen, läßt sich nachträglich beseitigen. Man kann einerseits den Satz ganz ebenso für zwei Linien $L_1$ und $L_2$ beweisen, die vom Nullpunkt an erst ein Stück zusammenfallen, dann auseinandertreten; hierauf kann man zu zwei sich schneidenden Linien $L_1$ und $L_2$ eine dritte angeben, die mit jeder von beiden mindestens einen Schnittpunkt weniger hat, als diese unter sich.)

X. *Wir nennen diese Anzahl die Anzahl der Windungen des Weges $\Gamma$ um den Nullpunkt.*

Damit können wir den Satz VIII folgendermaßen formulieren:

XI. *Durchläuft $z$ einen geschlossenen Weg und ändert sich sein Arcus dabei stetig, so ist er nach beendigter Durchlaufung um sovielmal $2\pi$ größer als vorher, als die Anzahl der Windungen des Weges um den Nullpunkt beträgt.*

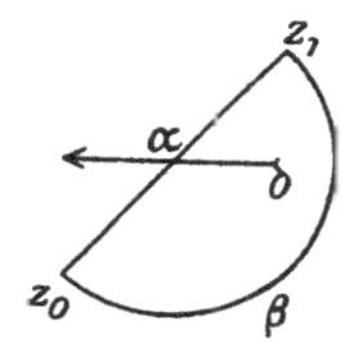

Fig. 26.

Von dem in den Sätzen VIII—XI behandelten Spezialfall können wir leicht zum allgemeinen Fall des Satzes VII wieder aufsteigen; denn wir können jeden *beliebigen* Weg $z_0 \alpha z_1$, der von einem Punkte $z_0$ nach einem andern $z_1$ führt, ersetzen durch:

1. einen *bestimmten* Weg $z_0 \beta z_1$, z. B. einen solchen, der die Halbachse der negativ reellen Zahlen nicht trifft;

2. den geschlossenen Weg $z_1 \beta z_0 \alpha z_1$, der aus dem in entgegengesetzter Richtung durchlaufenen Weg (1) und dem gegebenen Weg $z_0 \alpha z_1$ besteht. Diese Bemerkung hat übrigens allgemeine Gültigkeit und bezieht sich nicht bloß auf die Untersuchung des Arcus; wir können sie etwa folgendermaßen formulieren:

XII. *Wir sind imstande die Wertänderung anzugeben, welche eine mehrwertige Funktion eines Punktes erfährt, wenn dieser Punkt einen beliebigen Weg von $z_0$ nach $z_1$ durchläuft und sie sich stetig dabei ändert — sobald wir die Wertänderung der Funktion für einen bestimmten Weg von $z_0$ nach $z_1$ und für einen beliebigen geschlossenen Weg kennen.*

## § 55. Die RIEMANNsche Fläche des Arcus.

Wir können uns von den im vorigen Paragraphen besprochenen Verhältnissen ein anschauliches geometrisches Bild machen, wenn wir die Werte des Arcus in jedem Punkte der $(x + iy)$-Ebene senkrecht zu dieser Ebene als Ordinaten auftragen; die Endpunkte dieser Ordinaten werden eine bestimmte Fläche erfüllen. Wir nennen die 3. Koordinate in einem Raumkoordinatensystem, von dem zwei Achsen mit unserer $x$- und $y$-Achse zusammenfallen, $\zeta$; dann können wir die

Koordinaten der Punkte dieser Fläche folgendermaßen durch zwei Parameter ausdrücken:

1) $$x = r\cos\varphi, \quad y = r\sin\varphi, \quad \zeta = \varphi.$$

Das sind die Gleichungen einer in der analytischen Geometrie wohlbekannten Fläche, die man *gewöhnliche gerade Schraubenfläche* nennt; man hat nur zu beachten, daß die Gleichungen (1) hier in einer Hinsicht etwas anders zu verstehen sind als dort. Dort werden $r$ und $\varphi$ als unbeschränkt reell veränderlich angesehen; die Schraubenfläche enthält jede der geraden Linien ganz, deren Gleichungen aus den Gleichungen (1) hervorgehen, wenn man in ihnen dem $\varphi$ je einen bestimmten Wert gibt und nur noch $r$ als veränderlich ansieht. Bei uns ist $r$ ganz wesentlich auf *positive* Werte beschränkt; unsere Fläche enthält von jeder dieser Geraden nur den einen der beiden Strahlen, in welche sie durch ihren Schnittpunkt mit der $\zeta$-Achse zerlegt wird. Wir wollen den Namen „Schraubenfläche" aber doch auch für unsere Fläche beibehalten.

Auf dieser Fläche ist nun der Arcus $\varphi$ in der Tat eine *einwertige Funktion des Ortes*, insofern jedem ihrer Punkte ein und nur ein Wert von $\varphi$ zugehört. Auch entspricht einem stetigen Fortschreiten auf der Fläche eine stetige Änderung des Arcus. Will man also die Frage beantworten, mit welchem Endwert des Arcus man in $z_1$ anlangt, wenn man mit einem bestimmten Anfangswert $\varphi_0$ von $z_0$ ausgehend eine bestimmte Kurve verfolgt und dabei den Arcus sich stetig ändern läßt, so braucht man nur über der Kurve einen geraden Zylinder zu errichten und diesen mit der Fläche zum Schnitt zu bringen. Geht die Kurve der $z$-Ebene nicht durch deren Nullpunkt und hat sie keinen Doppelpunkt, so zerfällt die Schnittkurve des Zylinders mit der Fläche in getrennte Stücke, die keinen Punkt gemeinsam haben, sondern überall durch senkrechte Abstände von je $2\pi$ voneinander getrennt sind. Verfolgen wir also den von $(x_0, y_0, \zeta_0 = \varphi_0)$ ausgehenden Kurvenzweig auf der Fläche, so werden wir nie in Versuchung kommen, auf einen andern Kurvenzweig überzutreten, wenn wir uns nur die Forderung vor Augen halten, daß das Fortschreiten längs der Kurve *stetig* (nicht sprungweise) geschehen soll. Wir werden also schließlich in einem ganz bestimmten der über $z_1$ gelegenen Flächenpunkte anlangen; seine Ordinate stellt uns den gesuchten Endwert des Arcus vor. — Schneidet die gegebene Kurve der $z$-Ebene sich selbst, so werden die Stücke der Schnittkurve des Zylinders mit der Fläche sich gegenseitig durchschneiden; aber auch dann wird kein Zweifel darüber sein können, auf welchem man fortzuschreiten hat, wenn man nur beachtet, wie die einzelnen vom Schnittpunkte ausgehenden Kurvenzweige auf der Fläche den einzelnen Zweigen in der Ebene entsprechen.

Wir entwickeln nun diese Vorstellungsweise noch einen Schritt weiter. Schon im II. Abschnitt (§ 13) haben wir als Träger der komplexen Variabeln neben der Ebene die Kugel eingeführt; wir können ebensogut unsere Schraubenfläche benutzen. Wir brauchen dazu nur jedem Punkte der Schraubenfläche denselben komplexen Wert $z$ zuzuordnen, wie seiner senkrechten Projektion auf die $xy$-Ebene — so daß also hier jeder komplexe Wert $z$ nicht wie in den früheren Beispielen einem bestimmten Punkt der Fläche, sondern unendlich vielen (senkrecht übereinanderliegenden) zugeordnet ist. Wir können dann jede Funktion von $x$ und $y$, sei sie nun ein- oder mehrdeutig, auch als Funktion des Ortes auf der Schraubenfläche betrachten, indem wir die zu je einem bestimmten $z$ gehörenden Funktionswerte irgendwie auf die zu demselben $z$ gehörenden Punkte der Fläche verteilen. Das Resultat der vorhergehenden Entwicklungen kann dann so ausgesprochen werden:

I. *Betrachtet man den Arcus von $z$ als Funktion des Ortes auf unserer Schraubenfläche, so kann diese Funktion dadurch zu einer gleichzeitig eindeutigen und stetigen gemacht werden, daß man festsetzt, jedem Punkte der Fläche solle derjenige Wert des Arcus zugewiesen werden, der seiner Ordinate gleich ist.*

Endlich der letzte Schritt: In den Formeln (1) ist die Ganghöhe unserer Schraubenfläche $= 2\pi$ angenommen. Ihre Größe ist aber offenbar ganz nebensächlich; wir können sie abnehmen lassen, indem wir die Ordinaten aller Punkte der Fläche in gleichem Verhältnis verkleinern. Wir können sie schließlich unendlich klein werden lassen; dann besteht die ganze Fläche aus ebenen Blättern, die in unendlicher Anzahl unendlich dicht übereinanderliegen und um den Nullpunkt herum in derselben Weise unter sich zusammenhängen, wie die Blätter der zuerst betrachteten Schraubenfläche.

II. *Eine solche Fläche, die aus einer Anzahl unter sich in bestimmter Weise zusammenhängender* ebener *Blätter besteht, nennen wir eine ebene RIEMANNsche Fläche.* Die hier vorliegende ist *unendlich vielblättrig über der ganzen $z$-Ebene ausgebreitet.* Um den Nullpunkt herum hängen alle ihre Blätter zusammen; wir sagen: der Nullpunkt ist für unsere Fläche ein *Verzweigungspunkt unendlich hoher Ordnung.* Über jedem andern Punkt der $z$-Ebene (auch über den Punkten der Halbachse der negativ reellen Zahlen) verlaufen die Blätter der Fläche getrennt, sind einfach übereinander geschichtet.

Wir können uns dieselbe Fläche auch noch auf eine andere Art verschaffen, nämlich durch folgendes Verfahren: Wir schneiden die $z$-Ebene längs der Halbachse der negativ reellen Zahlen von 0 nach $-\infty$ auf. Solcher aufgeschnittener Exemplare der $z$-Ebene denken wir uns unendlich viele und unterscheiden sie durch einen Index $k$, der alle ganzzahligen Werte von $-\infty$ bis $+\infty$ durchläuft. Wir schichten sie alle übereinander, so daß immer das $(k+1)^{\text{te}}$ Blatt über dem $k^{\text{ten}}$ liegt. Endlich verbinden wir immer das rechte Ufer des Einschnitts im $k^{\text{ten}}$Blatt mit dem linken Ufer des Einschnitts im $(k+1)^{\text{ten}}$ Blatt.

III. *Auf dieser in der einen oder andern Art konstruierten Fläche* — das ist das schließliche Resultat dieser Überlegungen — *können nun die Werte des Arcus als eindeutige und stetige Funktion des Ortes ausgebreitet werden.*

Mit solchen „Riemannschen Flächen" werden wir im folgenden sehr häufig operieren, um uns den Zusammenhang zwischen den verschiedenen Werten einer mehrdeutigen Funktion vor Augen zu führen. Meist wird es uns dabei zweckmäßig erscheinen, uns die Fläche nicht über der Ebene, sondern über der Kugel ausgebreitet zu denken, indem wir die Ebene samt der über ihr ausgebreiteten Fläche stereographisch (§ 13) auf die Kugel projizieren. Im vorliegenden Fall hat das kaum Nutzen; wollen wir es doch tun, so müssen wir beachten, daß der Halbachse der negativ reellen Zahlen auf der Kugel ein Halbmeridian entspricht, der die Punkte $O$ und $O'$ verbindet. Man sieht, daß die Blätter um den letzteren herum ebenso zusammenhängen, wie um den ersteren; nur sind, wenn man die um $O$ laufenden Schraubenwindungen „rechtsgewunden" nennt,[1] die um $O'$ herumlaufenden „linksgewunden" zu nennen. Denn eine Linie auf der Kugel, welche den Nullpunkt in positivem Sinne umkreist, d. h. so, daß er stets zur linken Seite ihrer Fortschreitungsrichtung liegt, hat gleichzeitig den Unendlichkeitspunkt zu ihrer Rechten, umkreist ihn also in negativem Sinne.

Eine Bemerkung ist noch erforderlich, um Mißverständnisse zu vermeiden, die sonst nahe liegen könnten. Wir haben im Laufe dieses Paragraphen öfters von „Blättern" der Fläche gesprochen; das knüpft zunächst an die Art an, wie wir sie aus der längs der Halbachse der negativ reellen Zahlen zerschnittenen Ebene aufbauten; also an die willkürlich festgesetzte Definition des Hauptwerts des Arcus. An der fertigen Fläche ist von Fugen zwischen den Blättern

[1] Wie in der Technik üblich; anders in der Botanik.

nichts mehr zu sehen; wir können sie, wenn wir wollen, durch einen ganz beliebigen von 0 nach $\infty$ laufenden, durch alle Schichten geführten Schnitt in Blätter zerlegen. Dabei ist zu beachten: zwei über demselben Punkt der Ebene gelegene Punkte der Fläche, die bei *einer* solchen Zerschneidung in verschiedenen Blättern liegen, liegen bei *jeder* in verschiedenen Blättern. Sind aber zwei Punkte der Fläche gegeben, die über verschiedenen Punkten der Ebene liegen, so kann man den Schnitt nach Willkür so führen, daß sie in dasselbe, oder so, daß sie in verschiedene Blätter der Fläche zu liegen kommen. *Die Ausdrucksweise: „zwei Punkte desselben Blattes" hat daher immer nur rücksichtlich einer vorher fest gewählten Zerschneidung eine bestimmte Bedeutung.* (Vgl. den Schluß von § 59).

## § 56. Der Logarithmus.

Der Wert des Integrals

$$1)\qquad \int_1^z \frac{d\zeta}{\zeta}$$

ist innerhalb jedes einfach zusammenhängenden Bereichs, der den Einheitspunkt, aber weder den Null- noch den Unendlichkeitspunkt in seinem Innern enthält, nach § 35, VI eine reguläre Funktion der oberen Grenze — vorausgesetzt, daß auch der Integrationsweg ganz in dem Bereiche verläuft. (Den Nullpunkt und den Unendlichkeitspunkt müssen wir dabei ausschließen, weil die zu integrierende Funktion im ersten einen Pol hat, im zweiten sich zwar regulär verhält, aber nicht von höherer als der ersten Ordnung Null wird; vgl. § 45, IV.)

Ist $z$ positiv reell und wird als Integrationsweg die Achse der positiv reellen Zahlen vorgeschrieben, so ist der Wert des Integrals (1) bekanntlich gleich dem natürlichen Logarithmus von $z$. Wir wollen diesen Namen und das zugehörige Funktionszeichen auch für den Fall eines komplexen $z$ beibehalten; wir definieren demgemäß:

I. *Unter dem natürlichen Logarithmus einer komplexen Größe $z$, $\log z$, verstehen wir irgend einen der Werte, welche das Integral (1) anzunehmen imstande ist, wenn der Integrationsweg willkürlich gelassen wird.*

Wir können die Bestimmung dieser Werte auf die aus der elementaren Analysis bekannten Funktionen reeller Variabeln zurückführen, wenn wir uns der in § 4 gelehrten Darstellung der komplexen Größen durch absoluten Betrag und Arcus bedienen. Zu diesem Zwecke werde:

$$2)\qquad z = r(\cos\varphi + i\sin\varphi),$$

$$3)\qquad \zeta = \varrho(\cos\psi + i\sin\psi)$$

gesetzt. Um zunächst den einfachsten Fall zu behandeln, nehmen wir erst an, der vorgeschriebene Integrationsweg bestehe aus dem Stück der Achse der reellen Zahlen von 1 bis $|z|$ und aus einem die Punkte $|z|$ und $z$ verbindenden Kreisbogen, dessen Mittelpunkt im Nullpunkt liegt (Fig. 27). Auf dem ersten Teil dieses Weges ist

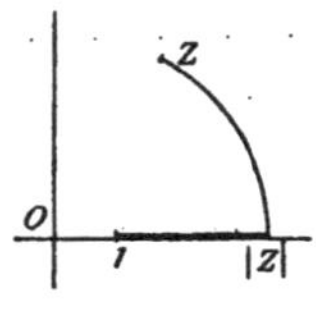


Fig. 27 a.

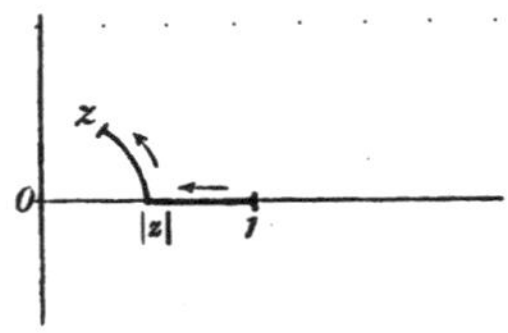


Fig. 27 b.

$\psi = 0$, $\zeta = \varrho$, $d\zeta = d\varrho$, und $\varrho$ durchläuft die Werte von 1 bis $|z|$. Dieser Teil liefert also zu dem Integral (1) einen Beitrag, der gleich ist dem auf reellem Wege zwischen den reellen Grenzen zu nehmenden Integral:

$$4)\qquad \int_1^{|z|} \frac{d\varrho}{\varrho} = \operatorname{Log}|z|;$$

unter $\operatorname{Log}|z|$ ist hier der in den Elementen definierte reelle natürliche Logarithmus der reellen positiven Zahl $|z|$ zu verstehen. Auf dem zweiten Teil des Integrationsweges ist $\varrho$ konstant $= |z|$, also:

$$5)\qquad d\zeta = |z|(-\sin\psi + i\cos\psi)\,d\psi = i\zeta\,d\psi,$$

und $\psi$ durchläuft die reellen Werte von 0 bis $\varphi$. Dieser zweite Teil liefert also zu dem Integral einen Beitrag gleich $i \times$ dem auf reellem Wege zu nehmenden Integral:

$$6)\qquad \int_0^{\varphi} d\psi = \varphi.$$

Für $\varphi$ ist dabei, wie eben aus der Definition durch das Integral hervorgeht, derjenige Wert des Arcus von $z$ zu nehmen, welcher nach § 54 erhalten wird, wenn man $z$, von $|z|$ ausgehend, den vorgeschriebenen Kreisbogen durchlaufen und dabei den Arcus von 0 ausgehend sich stetig ändern läßt. Es kann also hier jeder Wert dieses Arcus auftreten, wenn man zuläßt, daß der vorgeschriebene Kreisbogen mehr als die ganze Peripherie umfaßt.

Das für diese spezielle Art von Integrationswegen gefundene Resultat gilt nun ganz allgemein. Denn jeder beliebige vorgeschriebene Integrationsweg von 1 nach $z$ läßt sich ohne Überschreitung des Null- oder des Unendlichkeitspunktes so deformieren, daß er sich auf einen Weg der betrachteten Art reduziert. Damit ergibt sich aus § 35, V, daß die gefundenen Werte bereits die Gesamtheit der durch die Definition I gegebenen Werte von $\log z$ vorstellen; und wir können das Resultat der Untersuchung vollständig so aussprechen:

II. *Die Gesamtheit der Werte des Logarithmus der komplexen Größe* $z = r e^{i\varphi}$ *wird durch die Formel:*

7) $$\log z = \operatorname{Log} r + i\varphi$$

*gegeben, wenn in ihr unter* $\operatorname{Log} r$ *der reelle Logarithmus des absoluten Betrags von* $z$, *unter* $\varphi$ *ein beliebiger Wert ihres Arcus verstanden wird.*

III. *Der Logarithmus einer komplexen Variabeln, wie er durch (1) definiert ist, ist also eine unendlich vieldeutige Funktion, deren sämtliche Werte aus irgend einem von ihnen durch Addition beliebiger ganzzahliger Vielfacher der konstanten Größe* $2\pi i$ *hervorgehen.*

IV. *Nimmt man den Hauptwert des Arcus, so erhält man einen bestimmten „Zweig" dieser unendlich vieldeutigen Funktion; man nennt ihn Hauptwert des Logarithmus.*

Eine positive reelle Größe kann als spezieller Wert einer komplexen Variabeln angesehen werden. Als solche hat sie dann auch unendlich viele Logarithmen in dem hier definierten Sinne; von ihnen ist der Hauptwert identisch mit ihrem in den Elementen definierten reellen Logarithmus, die andern haben imaginäre Bestandteile, die gerade Vielfache von $\pi i$ sind. — Die imaginären Bestandteile der Logarithmen negativ reeller Größen sind ungerade Vielfache von $\pi i$.

V. *Will man den Logarithmus zu einer eindeutigen Funktion des Ortes machen, so muß man seiner Betrachtung die im vorigen Paragraphen eingeführte* Riemann*sche Fläche zugrunde legen.*

Wir müssen nunmehr die wichtigsten Eigenschaften der so definierten Funktion Logarithmus kennen lernen. Zunächst: Jeder ihrer Zweige ist (nach § 35, VI) in jedem ganz im Endlichen liegenden, einfach zusammenhängenden, den Nullpunkt nicht in seinem Innern enthaltenden Gebiete regulär, kann also in der Umgebung jedes von 0 und $\infty$ verschiedenen Wertes nach der Taylorschen Reihe entwickelt werden. Die Koeffizienten dieser Entwicklungen lassen sich durch sukzessive Differentiation aus der Definitionsgleichung (1) bestimmen; man findet nämlich wie für reelle $z$:

8) $$\frac{d^n \log z}{d z^n} = (-1)^{n-1} \cdot \frac{(n-1)!}{z^n}.$$

Besonders bemerkenswert ist

VI. *die Entwicklung des Hauptwerts nach Potenzen von $z - 1$:*

$$\log z = z - 1 - \frac{(z-1)^2}{1} + \frac{(z-1)^3}{3} - \frac{(z-1)^4}{4} + - + \dots \tag{9}$$

Der elementare Logarithmus einer positiven reellen Zahl hat ferner die fundamentale Eigenschaft, daß:

$$\log(z_1 z_2) = \log z_1 + \log z_2 \tag{10}$$

ist. Um zu untersuchen, ob und in welchem Sinne diese Eigenschaft auch für die hier mit dem Namen Logarithmus bezeichnete unendlich vieldeutige Funktion komplexen Arguments bestehen bleibt, gehen wir davon aus, daß jeder vorgeschriebene Weg von 1 nach $z_1 z_2$ so deformiert werden kann, daß er durch den Punkt $z_1$ hindurchführt, ohne daß dabei der Wert des Integrals

$$\int_1^{z_1 z_2} \frac{d\zeta}{\zeta} = \log(z_1 z_2) \tag{11}$$

sich ändert. Wir können also jeden Wert dieses Integrals auch in Gestalt der Summe:

$$\int_1^{z_1} \frac{d\zeta}{\zeta} + \int_{z_1}^{z_1 z_2} \frac{d\zeta}{\zeta} \tag{12}$$

schreiben, wenn wir die beiden Integrationswege passend wählen. Der erste Summand dieser Summe ist ein Wert von $\log z_1$; in den zweiten führen wir durch die Substitution:

$$\zeta = z_1 \eta \tag{13}$$

eine neue Integrationsvariable $\eta$ ein. Wir haben diese Substitution in § 9 eingehend untersucht; sie ist in der ganzen Ebene umkehrbar eindeutig. Dem vorher in der $\zeta$-Ebene festgelegten Weg von $z_1$ nach $z_1 z_2$ entspricht also in der $\eta$-Ebene Punkt für Punkt ein ganz bestimmter Weg von $\eta = 1$ nach $\eta = z_2$, so daß wir den zweiten Summanden von (12) ersetzen dürfen durch:

$$\int_1^{z_2} \frac{d\eta}{\eta} = \text{einem Wert von } \log z_2.$$

Damit ist die Gültigkeit von (10) für komplexe Argumente zunächst in dem Sinne bewiesen: wenn irgend ein Wert der linken Seite gegeben ist, können wir die Werte der Logarithmen auf der rechten Seite stets so wählen, daß die Gleichung zustande kommt. Wir können sogar den Wert des einen der beiden Logarithmen rechts noch ganz willkürlich wählen und den andern dann immer noch so dazu bestimmen, daß die Gleichung richtig bleibt. Denn wenn ein Weg von $z_1 z_2$ nach 1 und einer von 1 nach $z_1$ vorgeschrieben sind, kann man immer noch einen Weg von $z_1$ nach $z_1 z_2$ dazu so angeben, daß alle drei Wege zusammen eine geschlossene Kurve bilden, die den Nullpunkt nullmal umwindet (§ 54, X).

Umgekehrt ist aber auch jeder Wert der rechten Seite von (10) gleich einem Werte der linken Seite. Denn wenn zwei willkürliche Wege von 1 nach $z_1$ und von 1 nach $z_2$ gegeben sind, können wir dem letzteren durch die Substitution (13) einen bestimmten Weg von $z_1$ nach $z_1 z_2$ zuordnen und diesen mit dem ersteren zu einem Weg von 1 nach $z_1 z_2$ zusammenfassen. Wir können deshalb sagen:

VII. *Die Gleichung (10) besteht für komplexe Argumente z in dem Sinne, daß jeder Wert der rechten Seite einem Wert der linken Seite gleich ist und umgekehrt, daß also die Gesamtheit der Werte beider Seiten übereinstimmt.*

Wir hätten diesen Satz, sobald einmal die Gleichheit irgendwelcher Werte beider Seiten festgestellt ist, auch daraus ableiten können, daß beide Seiten den gleichen Grad von Vieldeutigkeit besitzen, indem beiderseits der Übergang von einem Werte zu beliebigen andern durch Addition irgendwelcher ganzzahligen Vielfachen von $2\pi i$ geschieht. Das eingeschlagene Verfahren zeigt darüber hinaus noch, *wie* man, wenn zwei Integrationswege gegeben sind, den dritten zu wählen hat, damit die Gleichung richtig wird.

Bei andern Gleichungen zwischen mehrwertigen Funktionen können die Dinge ganz anders liegen. Setzen wir z. B. in Gleichung (10) $z_1 = z_2 = z$, so können wir noch vorschreiben, daß auch die beiden Wege auf der rechten Seite zusammenfallen (oder wenigstens den Nullpunkt gleich oft umwinden) sollen, und es geht dann aus dem ersten Beweise von Satz VII hervor, daß in der entstehenden Gleichung:

14) $$\log(z^2) = 2 \log z$$

jeder Wert der rechten Seite einem Werte der linken Seite gleich ist. Schreiben wir aber den Weg von 1 nach $z^2$ und einen der Wege von 1 nach $z$ vor, so können wir *nicht* schließen, daß der aus dem umgekehrten Wege von $z$ nach 1 und dem Wege von 1 nach $z^2$ zusammengesetzte Weg von $z$ nach $z^2$ durch die Umkehrung der Substitution (13) in einen zweiten Weg von 1 nach $z$ übergeführt werde, der mit dem vorgeschriebenen Weg von 1 nach $z$ zusammenfällt, bzw. sich ohne Überschreitung des Nullpunktes auf ihn reduzieren läßt. Die zweite Methode gibt hier Auskunft: man sieht, daß die linke Seite von (14) bis auf ganzzahlige Vielfache von $2\pi i$, die rechte nur bis auf solche Vielfache von $4\pi i$ unbestimmt ist. Wir finden somit:

VIII. *In Gleichung (14) ist zwar jeder Wert der rechten Seite einem Wert der linken Seite gleich, aber die linke Seite kann außerdem noch die Werte von* $2 \log z + 2\pi i$ *haben.*

Übrigens sei noch ausdrücklich hervorgehoben: Wollte man in den Gleichungen (10) und (14) für alle Logarithmen ihre Hauptwerte setzen, so würde man nicht in allen Fällen richtige Resultate erhalten, wie einfache Beispiele zeigen. (Man setze etwa in (14) $z = e^{\frac{3\pi i}{4}}$.)

## § 57. Die durch den Logarithmus vermittelte konforme Abbildung.

Wir wenden uns nunmehr zur Untersuchung der durch die Funktion:

1) $$w = \log z$$

vermittelten konformen Abbildung der $z$-Ebene auf die $w$-Ebene; dabei fassen wir zunächst den Hauptwert ins Auge. Aus der Theorie des reellen Logarithmus einer reellen positiven Zahl $|z|$ ist bekannt, daß er beständig wachsend alle reellen Zahlwerte von $-\infty$ bis $+\infty$ durchläuft, wenn $|z|$ von 0 bis $\infty$ wächst. Ferner wächst $\varphi$ beständig von $-\pi$ bis $+\pi$, wenn $z$ einen Kreis um den Nullpunkt, von seinem Schnittpunkt mit der negativen $x$-Achse ausgehend und dahin zurückkehrend, in positivem Sinne beschreibt. Da nun ein Kreis um den Nullpunkt und ein vom Nullpunkt ausgehender Radius Vektor sich nur in einem Punkte schneiden, so folgt:

I. *Der Hauptwert*

2) $$w = u + iv$$

*des Logarithmus nimmt jeden endlichen komplexen Wert, dessen imaginärer Bestandteil* $v$ *den Ungleichungen:*

3) $$-\pi < v \leqq \pi$$

*genügt, in einem und nur in einem Punkt der Ebene an.*

Das heißt aber, geometrisch ausgedrückt:

II. *Durch den Hauptwert des Logarithmus wird die längs der Halbachse der negativ reellen Zahlen aufgeschnittene z-Ebene konform abgebildet auf den von den Geraden* $v = -\pi$ *und* $v = +\pi$ *begrenzten Parallelstreifen der w-Ebene.*

Den vom Nullpunkt ausgehenden Halbstrahlen der $z$-Ebene entsprechen dabei die Parallelen zur $u$-Achse, den zum Nullpunkt konzentrischen Kreisen der $z$-Ebene die Parallelen zur $v$-Achse.

Geht man vom Hauptwert des Logarithmus zu seinen übrigen Werten über, so findet man:

III. *Der $k^{te}$ Wert des Logarithmus bildet die längs der Halbachse der negativ reellen Zahlen aufgeschnittene z-Ebene auf den von den Parallelen:*

$$v = (2k-1)\pi, \qquad v = (2k+1)\pi$$

*begrenzten Streifen der w-Ebene ab.*

Die Bilder der $z$-Ebene, welche vermittelst der verschiedenen Zweige der Funktion Logarithmus in der $w$-Ebene entworfen werden, legen sich demnach in dieser glatt nebeneinander und bedecken schließlich die ganze $w$-Ebene einfach und lückenlos. Daraus folgt:

IV. *Es gibt stets einen und nur einen* (endlichen und von Null verschiedenen) *Wert z, für welchen einer der Werte von* $\log z$ *gleich einer beliebig vorgegebenen endlichen komplexen Größe w ist.*

Stellen wir uns also das Problem: „*den Logarithmus umzukehren*", d. h. betrachten wir $z$ als Funktion von $w$, so sehen wir, daß diese Funktion in der ganzen Ebene eindeutig ist. Sie ist ferner in der ganzen Ebene *stetig*, wie aus der Definition des Logarithmus durch ein bestimmtes Integral folgt; auch an den Grenzen der Streifen ist die Stetigkeit nicht unterbrochen, wie aus den Entwicklungen der §§ 54, 55 über den stetigen Zusammenhang zwischen den verschiedenen Zweigen des Logarithmus (bzw. Arcus) hervorgeht. Endlich hat sie auch in der ganzen Ebene eine bestimmte erste Ableitung:

4) $$\frac{dz}{dw} = 1 : \frac{dw}{dz} = z;$$

es ist nämlich $z$ für alle endlichen Werte von $w$ endlich und von 0 verschieden. Zufolge der Definition einer regulären Funktion und des Satzes § 38, IX können wir daher sagen:

V. *Die Umkehrung des Logarithmus ist eine in der ganzen Ebene reguläre, also eine ganze transzendente Funktion.*

Wenn wir das erst wissen, können wir uns zur Bestimmung der Koeffizienten dieser Reihe der Methode der unbestimmten Koeffizienten bedienen, indem wir:

$$z = \sum_{n=0}^{\infty} A_n w^n$$

in die Differentialgleichung (4) einsetzen. Wir erhalten daraus die Rekursionsformel für die $A_n$:

$$n A_n = A_{n-1};$$

und da $A_0 = 1$ sein muß (denn $z = 1$, $w = 0$ sind ein Paar zusammengehöriger Werte), so gestattet diese, die $A_n$ sukzessive zu berechnen. Wir erhalten so:

$$5) \qquad z = 1 + \sum_{n=1}^{\infty} \frac{w^n}{n!}, \qquad \text{m. W.:}$$

VI. *Die Umkehrung des Logarithmus ist die uns aus § 40 bekannte Exponentialfunktion komplexen Arguments.*

Wir hätten dieses Resultat noch auf manche andere Art erhalten können, z. B. durch Umkehrung der Reihe § 56, (9) im Sinne von § 46, X oder indem wir durch eingehendere Untersuchung der durch den Logarithmus vermittelten konformen Abbildung zeigen, daß sie gerade die Umkehrung der durch die Exponentalfunktion vermittelten ist. Der hier eingeschlagene Weg ist deswegen von Wichtigkeit, weil man auf ihm auch in komplizierteren Fällen zu der Erkenntnis gelangen kann, daß, bzw. ob ein vorgelegtes Umkehrproblem durch eine eindeutige Funktion gelöst wird. Zur Vermeidung von Mißverständnissen sei noch ausdrücklich bemerkt: zum Beweise des Satzes V würde es nicht ausreichen zu zeigen, daß die Umkehrungsfunktion in der Umgebung jedes Punktes ihres Definitionsbereiches regulär ist; es ist vielmehr erforderlich, daß man sich über die Gestalt dieses Definitionsbereiches zunächst eine klare Vorstellung verschafft, was eben am einfachsten durch Untersuchung der konformen Abbildung geschieht.

## § 57a. Die Funktion Arcus Tangens.

Wir wollen nun in das Integral:

$$1) \qquad \log z = \int_1^z \frac{d\zeta}{\zeta},$$

durch das wir in § 56 die Funktion Logarithmus auch für komplexe Argumente definiert hatten, durch die bereits in § 15 untersuchte Substitution

$$2) \qquad \zeta = \frac{1 + i Z}{1 - i Z}, \qquad Z = i \frac{1 - \zeta}{1 + \zeta}, \qquad d\zeta = \frac{2 i\, dZ}{(1 - i Z)^2}$$

eine neue Integrationsvariable einführen. Eine einfache Rechnung zeigt, daß das Integral (1) dabei in

3) $$2i\int_0^Z \frac{dZ}{1+Z^2}$$

übergeht; die neue obere Grenze hängt mit der alten durch dieselbe Gleichung zusammen, wie die neue Integrationsvariable mit der alten, es ist also:

4) $$z = \frac{1+iZ}{1-iZ}, \qquad Z = i\frac{1-z}{1+z}\,.$$

Wir müssen aber überhaupt, und so auch hier, wenn wir ein Integral zwischen komplexen Grenzen durch Einführung einer neuen Integrationsvariablen transformieren wollen, nicht nur dafür sorgen, daß die beiderseitigen Grenzen einander entsprechen, sondern auch dafür, daß gleiches auch für die Integrationswege gilt; wenigstens sobald wir mit einem Integral zu tun haben, das nicht vollständig unabhängig vom Weg ist. Der Logarithmus hatte, je nach der Wahl des Integrationsweges, unendlich viele Werte; unter diesen hatten wir willkürlich einen als Hauptwert ausgezeichnet. Wir werden die bei dem neuen Integral in Betracht kommenden Verhältnisse am besten überblicken, wenn wir unser Augenmerk zunächst auf den Hauptwert richten. Um ihn für den Arcus und damit nachher auch für den Logarithmus zu definieren, hatten wir in § 54 einen Schnitt längs der Halbachse der negativ reellen $z$ gezogen und dann dem Integrationsweg verboten, diesen Schnitt zu überschreiten; wir müssen also vor allem zusehen, welche Linie der $Z$-Ebene diesem Schnitt der $z$-Ebene entspricht. Aus den alten Überlegungen von § 14 und 15 wissen wir schon, daß einer Geraden der $z$-Ebene ein Kreis oder wieder eine Gerade der $Z$-Ebene entspricht; da ein Kreis durch drei seiner Punkte vollständig bestimmt ist, so wird nur noch erforderlich sein, zu drei Punkten unseres Schnittes die entsprechenden Punkte der $Z$-Ebene aufzusuchen. Wie in § 15, p. 45 erkennt man, daß den Werten

$$z = 0 \qquad -1 \qquad \infty$$

die Werte $$Z = i \qquad \infty \qquad -i$$

entsprechen; das Bild des Schnittes in der $z$-Ebene ist also dasjenige Stück der Achse der rein imaginären $Z$, das von $Z = +i$ über $\infty$ nach $Z = -i$ verläuft. Wir erhalten demnach den Hauptwert des Logarithmus, wenn wir den Integrationsweg für das Integral (3) so wählen, daß er dieses Stück nicht überschreitet. Die übrigen Werte gehen dann aus dem so bestimmten Hauptwert durch Addition beliebiger ganzzahliger Vielfacher von $2\pi i$ hervor.

Das von dem Faktor $2i$ befreite Integral (3) bezeichnet man im Anschluß an die in der Theorie der Funktionen einer reellen Variabeln übliche Terminologie mit einem eigenen Namen; man definiert:

I. *Das Zeichen*

$$\operatorname{arc\,tg} Z$$

*soll auch für komplexe Werte von Z irgend einen der Werte des Integrals*

$$\int_0^Z \frac{dZ}{1+Z^2} \tag{5}$$

*bedeuten, die man erhält, wenn man den Integrationsweg ganz willkürlich wählt* (nur darf er natürlich nicht durch einen der Punkte $+i$ oder $-i$ hindurchgehen, da sonst das Zeichen Integral keine Bedeutung haben würde).

II. *Unter allen diesen Werten wird als Hauptwert derjenige bezeichnet, den man erhält, wenn der Integrationsweg den vorhin beschriebenen Schnitt nicht überschreitet.*

Es gelten dann die Sätze:

III. *Aus dem Hauptwert der Funktion arc tg gehen alle übrigen Werte dieser Funktion durch Addition beliebiger ganzzahliger Vielfacher von $\pi$ hervor.*

Ferner (wegen Satz I von § 57):

IV. *Der Hauptwert des Arcus Tangens nimmt jeden komplexen Wert w, dessen reeller Bestandteil u den Ungleichungen*

$$-\frac{\pi}{2} < u \leqq \frac{\pi}{2} \tag{6}$$

*genügt, in einem und nur in einem Punkte der Ebene an —*

oder geometrisch ausgedrückt:

V. *Durch den Hauptwert der Funktion arc tg Z wird die in der angegebenen Weise aufgeschnittene Z-Ebene auf den von den Geraden*

$$u = -\frac{\pi}{2}, \quad u = +\frac{\pi}{2} \tag{7}$$

*begrenzten Parallelstreifen der w-Ebene konform abgebildet.*

Dabei entsprechen die Parallelen zur $v$-Achse den Kreisen durch die beiden Punkte $Z = +i$ und $Z = -i$, die Parallelen zur $u$-Achse den Kreisen, die jene Kreise unter rechten Winkeln schneiden; speziell die $u$-Achse selbst der $X$-Achse, die $v$-Achse dem Stück der $Y$-Achse von $Z = -i$ bis $Z = +i$.

Weiter ergibt sich, ebenfalls aus dem entsprechenden Satz über den Logarithmus:

VI. *Es gibt stets einen und nur einen Wert von $Z$, für welchen einer der Werte von* $\operatorname{arc\,tg} Z$ *gleich einer beliebig vorgegebenen komplexen Größe* $w$ *ist.*

Daraus folgt, analog wie in § 57, daß auch die Umkehrung der Funktion $w = \operatorname{arc\,tg} Z$ eine in der ganzen Ebene eindeutige Funktion von $w$ ist. Sie ist aber nicht in der ganzen Ebene regulär. Denn der Hauptwert der Funktion $\operatorname{arc\,tg} Z$ ordnet dem unendlich fernen Punkt der $Z$-Ebene einen im Endlichen gelegenen Punkt der $w$-Ebene, nämlich den Punkt $w = \pi/2$, zu. Umgekehrt entspricht also diesem Punkte durch die Umkehrungsfunktion kein endlicher Wert, sondern ein unendlich großer; und das gleiche gilt dann auch von allen denjenigen Werten, die aus $w = \pi/2$ durch Addition ganzzahliger Vielfacher von $\pi$ hervorgehen.

Um das Verhalten der Umkehrungsfunktion in der Umgebung eines solchen Punktes zu untersuchen, bedienen wir uns der Reihenumkehrung. Wir können zunächst setzen:

$$8) \qquad w = \operatorname{arc\,tg} Z = \frac{\pi}{2} + \int\limits_{\infty}^{Z} \frac{dZ}{1+Z^2}.$$

Für hinlänglich große Werte von $Z$ können wir unter dem Integralzeichen nach fallenden Potenzen von $Z$ entwickeln und dann integrieren; das gibt:[1]

$$9) \qquad w - \frac{\pi}{2} = \int\limits_{\infty}^{Z} \left(\frac{1}{Z^2} - \frac{1}{Z^4} + \frac{1}{Z^6} - + \ldots\right) dZ$$
$$= -\frac{1}{Z} + \frac{1}{3Z^3} - \frac{1}{5Z^5} + - + \ldots$$

Durch Umkehrung dieser Entwicklung erhalten wir zunächst $1/Z$ dargestellt durch eine Reihe, die nach Potenzen von $w - \pi/2$ mit positiven ganzzahligen Exponenten fortschreitet und mit einem Glied

$$10) \qquad -\left(w - \frac{\pi}{2}\right)$$

beginnt; Reihendivision (A. A. § 77) ergibt dann für $Z$ selbst eine Entwicklung nach Potenzen von $w - \pi/2$ mit steigenden ganzzahligen Exponenten, deren erstes Glied

$$11) \qquad \frac{-1}{w - \frac{\pi}{2}}$$

ist. Wir haben damit den Satz:

[1] Man beachte, daß diese Entwicklung nicht für alle $Z$, für die sie konvergiert, den Hauptwert von $\operatorname{arc\,tg} Z$ liefert, sondern nur für solche, deren reeller Teil positiv ist.

VII. *Die Umkehrung der Funktion arc tg Z hat den Punkt $w = \pi/2$, und ebenso alle Punkte*

12) $$w = \frac{(2k+1)\pi}{2}$$

*für beliebige ganzzahlige $k$, zu einfachen Polen; ihr Residuum ist in jedem dieser Punkte gleich $-1$.*

Alle diese Eigenschaften der Umkehrungsfunktion von $\operatorname{arc\,tg} Z$ kommen nun auch der Funktion

13) $$\operatorname{tg} w = \cot\left(\frac{\pi}{2} - w\right)$$

zu, wie aus den in § 52 angeführten Eigenschaften der Funktion cot leicht abzuleiten ist. In der Tat ist bereits in § 53 erwähnt, daß das Integral (5) die Umkehrung dieser Funktion $\operatorname{tg} w$ vorstellt. Es war aber, namentlich im Hinblick auf kompliziertere Fälle, von Wichtigkeit, daß wir uns direkt davon überzeugten, daß wir in der Tat auch *alle* Auflösungen der Gleichung $\operatorname{tg} w = Z$ durch das Integral (5) darstellen können, wenn wir nur seinen Integrationsweg ganz willkürlich lassen.

Übrigens sei noch erwähnt, daß die Gleichung

14) $$\operatorname{arc\,tg} Z = \frac{1}{2i}\log\frac{1+iZ}{1-iZ} \quad \text{oder} \quad \log z = 2i \operatorname{arc\,tg}\frac{i-iz}{1+z}$$

mit den Eulerschen Relationen § 40, II im Einklang ist; in der Tat, setzen wir:

15) $$Z = \operatorname{tg} w,$$

so erhalten wir:

16) $$\frac{1}{2i}\log\frac{1+iZ}{1-iZ} = \frac{1}{2i}\log\frac{\cos w + i\sin w}{\cos w - i\sin w} = \frac{1}{2i}\log e^{2iw} = w,$$

wie es sein muß.

## § 58. Die Quadratwurzel.

Mit Hilfe der Funktion Logarithmus gelingt es uns nun auch, die am Ende des ersten Abschnitts zurückgeschobene Frage nach der Bedeutung der Wurzeln komplexer Größen, d. h. der Umkehrung der in § 18 untersuchten Funktion $z^n$, zu erledigen. Es würden dazu zwar schon die Sätze III und IX des § 18 ausreichen; man beachte aber, daß wir diese Sätze damals nur auf Grund der Darstellung einer komplexen Zahl durch absoluten Betrag und Arcus gewonnen haben, die mit der Bestimmung ihres Logarithmus äquivalent ist, soweit der hier wesentliche Punkt der Vieldeutigkeit in

Betracht kommt. Man kann ja freilich jene Sätze, wenn man erst den Fundamentalsatz der Algebra hat, auch rein algebraisch ableiten; aber das ist viel umständlicher.[1] Überhaupt ist eine algebraische Funktion nicht notwendig an und für sich einfacher als eine transzendente. In diesem Paragraphen wollen wir nun die Funktion „Quadratwurzel“ mit Hilfe der Funktion Logarithmus, bzw. der Exponentialfunktion untersuchen, als einfachstes Beispiel dafür, wie man in die Natur einer zwischen zwei Variabeln bestehenden algebraischen Abhängigkeit dadurch Einblick erhält, daß man sie beide als eindeutige transzendente Funktionen einer Hilfsvariabeln darstellt.

Wir definieren zunächst:

I. *Unter der Quadratwurzel aus einer komplexen Größe $z$:*

1) $$s = \sqrt{z}$$

*verstehen wir eine komplexe Größe $s$, die der Gleichung:*

2) $$s^2 = z$$

*genügt.*

Bestimmen wir nun eine Hilfsgröße $\eta$ durch die Bedingung:

3) $$z = e^{\eta},$$

d. h. setzen wir $\eta$ gleich einem der Werte der uns schon bekannten Funktion $\log z$, so können wir folgendermaßen auch $s$ als eindeutige Funktion von $\eta$ ausdrücken. Da die Gleichung (2) bestehen soll, muß auch jeder Wert des Logarithmus der einen Seite gleich einem Wert des Logarithmus der andern Seite sein; es folgt also:

4) $$\eta = \text{einem der Werte von } \log(s^2).$$

Diese Werte zerfallen aber (§ 56, VIII) in zwei Klassen: die einen sind $= 2\log s$, die andern unterscheiden sich von diesen um ungerade Vielfache von $2\pi i$. Es folgt also, daß jeder Wert von $\log s$ sich entweder in der Form:

$$\frac{\eta}{2} + k \cdot 2\pi i, \qquad k = 0, \quad \pm 1, \quad \pm 2, \quad \ldots$$

oder in der Form:

$$\frac{\eta}{2} + \frac{1}{2}(2k+1) \cdot 2\pi i, \quad k = 0, \quad \pm 1, \quad \pm 2, \quad \ldots$$

darstellen lassen muß. Wir können beide in die eine Form:

$$\frac{\eta}{2} + k\pi i, \qquad k = 0, \quad \pm 1, \quad \pm 2, \quad \ldots$$

zusammenfassen und erhalten so das Resultat:

[1] Vgl. z. B. H. Weber, Lehrbuch der Algebra, Bd. I (Braunschweig 1895) S. 107.

II. *Wird der gegebene Wert von $z$ auf die Form (3) gebracht, so muß jeder zugehörige Wert von $s$ unter der Form:*

5) $$s = e^{\frac{\eta}{2} + k\pi i}$$

*enthalten sein, in der $k$ irgend eine ganze Zahl bedeutet.*

Umgekehrt folgt aus den Gleichungen (11), (12) von § 40:

III. *Wie auch die ganze Zahl $k$ in (5) gewählt werden mag, immer liefert diese Formel einen Wert von $s$, der die Gleichung (2) erfüllt, also n. Def. als ein Wert von $\sqrt{z}$ zu bezeichnen ist.*

Wir können das übrigens auch noch anders fassen. Wir haben oben unter $\eta$ einen bestimmten der Werte von $\log z$ verstanden; alle andern sind dann in der Form $\eta + 2k\pi i$, $k$ ganzzahlig, enthalten. Wir erhalten also gerade alle die Werte (5), wenn wir in:

6) $$s = e^{\frac{\eta}{2}} = e^{\frac{1}{2}\log z}$$

unter $\eta$ nicht mehr einen bestimmten, sondern einen beliebigen der Werte von $\log z$ verstehen. Demnach können wir die Sätze II und III auch so aussprechen:

IV. *Wir erhalten alle Paare zusammengehörender Werte $s$, $z$, welche die Gleichung (2) befriedigen, wenn wir:*

7) $$s = e^{\frac{\eta}{2}}, \quad z = e^{\eta}$$

*setzen und $\eta$ als unabhängige Variable behandeln.*

V. *Nehmen wir für $\log z$ in (6) den Hauptwert, so erhalten wir einen bestimmten Wert von $s$; wir nennen ihn den Hauptwert der Quadratwurzel. Er ist dadurch charakterisiert, daß sein Arcus $\psi$ den Bedingungen:*

8) $$-\frac{\pi}{2} < \psi \leqq \frac{\pi}{2}$$

*genügt, m. a. W., daß sein reeller Bestandteil nicht negativ ist.*[1]

Da wir den Logarithmus als eine unendlich vieldeutige Funktion erkannt haben, so könnte es nach der Darstellung (6) zunächst scheinen, als ob auch die Quadratwurzel unendlich vieler Werte fähig wäre. Aber das ist nicht der Fall. Alle Werte des Logarithmus entstehen nämlich aus dem Hauptwert durch Addition von $2k\pi i$, wo $k$ eine beliebige ganze Zahl bedeutet. Ist diese ganze Zahl gerade, so erhält man aus (6) denselben Wert $s = s_0$, wie

[1] Ist der reelle Bestandteil der Quadratwurzel Null, so ist der positiv imaginäre Wert der Hauptwert.

wenn man den Hauptwert des Logarithmus nimmt; ist sie ungerade, so erhält man $s = s_0 e^{\pi i} = - s_0$. Es gibt folglich für die Quadratwurzel außer dem Hauptwert nur noch einen Nebenwert; anders ausgedrückt:

VI. *Zu jedem (von 0 und $\infty$ verschiedenen) Wert der komplexen Größe z gehören zwei und nur zwei Werte von s, welche der Gleichung* (2) *Genüge leisten.*

## § 59. Die RIEMANNsche Fläche der Quadratwurzel.

Infolge des letzten Satzes bedarf es, um die Quadratwurzel zu einer eindeutigen Funktion des Ortes auf einer Fläche zu machen, nicht der unendlich vielblättrigen Schraubenfläche des Logarithmus, sondern es genügt eine *zweiblättrige Fläche*, die aus zwei Umgängen jener Schraube besteht (Fig. 28). Dabei ist zu beachten, daß der „zweite Wert" des Logarithmus (im Sinne der Definition § 54, IV) wieder den Hauptwert der Quadratwurzel liefert. Wo also bei der Fläche des Logarithmus das zweite Blatt in das dritte überging, muß bei der Fläche der Quadratwurzel an das zweite Blatt wieder das erste sich anschließen, wenn anders jedem stetigen Zusammenhang der Funktionswerte ein stetiger Zusammenhang der Flächenteile entsprechen soll. Das kann man sich aber im Raume nicht anders vorstellen, als in der Weise, daß man *die Schlußkante des zweiten Blattes den unter ihr liegenden Flächenteil durchdringen* läßt, damit sie die wieder unter diesem liegende Anfangskante des ersten Blattes erreichen und sich mit ihr verschmelzen kann (Fig. 29).

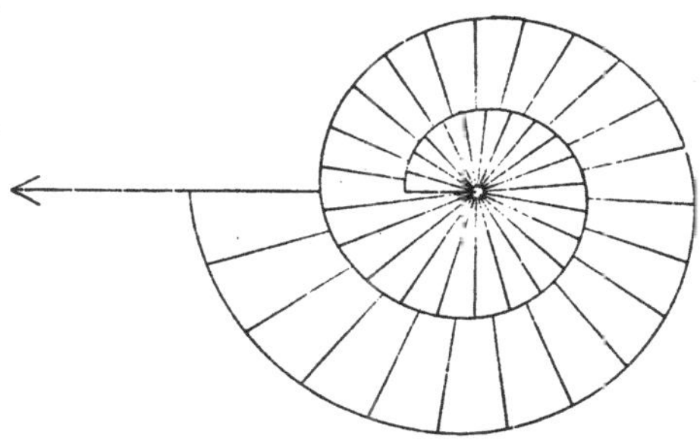

Fig. 28.

Man macht sich von einer solchen Fläche am leichtesten ein Bild, wenn man sie allmählich entstehen läßt. Man denke sich in der Ebene einen im Nullpunkt beginnenden unbegrenzten Radius, der von einer bestimmten Anfangslage (etwa $\varphi = -\pi$) aus sich in positivem Sinne um den Nullpunkt dreht und durch diese seine Bewegung ein Flächenstück beschreibt. Wenn er in die Anfangslage zurückgelangt ist, hat die erzeugte Fläche zwei dicht nebeneinander liegende Ränder. Diese sollen aber nun nicht miteinander verschmelzen, sondern der vorschreitende Rand soll sich über den festen wegschieben und seine drehende Bewegung im selben Sinne wie bisher weiter fortsetzen, indem er dabei das fortwährend sich ausdehnende Flächenstück hinter sich herschleppt. Wir lassen diesen vorschreitenden Rand noch einen zweiten Umlauf machen, dann aber das unter ihm liegende Flächenstück durchsetzen und sich mit dem noch tiefer liegenden Anfangsrand vereinigen.

Fig. 30 stellt einen senkrecht zur Halbachse der negativ reellen Zahlen geführten Schnitt durch die Fläche dar; sie zeigt, wie längs derselben der linke Teil des I. Blattes mit dem rechten des II., der rechte des I. mit dem linken des II. zusammenhängt.

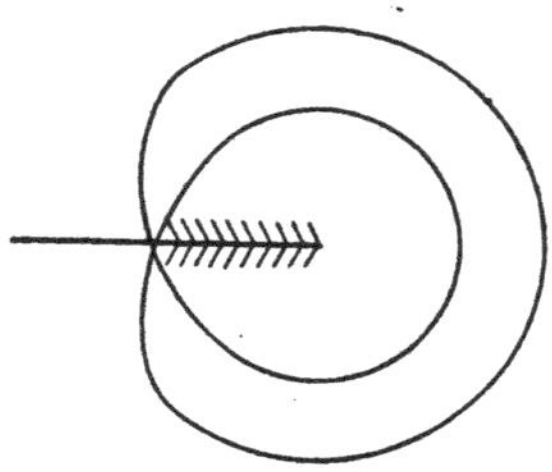

Fig. 29.

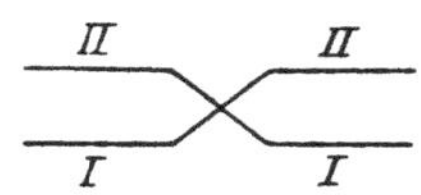


Fig. 30.

Der Nullpunkt, um den herum die beiden Blätter miteinander zusammenhängen, so daß man bei seiner Umkreisung aus einem Blatt in das andere gelangt, heißt ein *Verzweigungspunkt* der Fläche (vgl. § 55, II), und zwar ein einfacher, oder ein solcher von der ersten Ordnung. Ebenso ist der Punkt $\infty$ einfacher Verzweigungspunkt. Die Linie, längs welcher die beiden Blätter sich durchsetzen, heißt *Übergangslinie.*

*Auf dieser Fläche ist nun die Quadratwurzel eine eindeutige Funktion des Ortes;* jedem ihrer Punkte ist nicht nur ein bestimmter Wert von $z$, sondern auch ein bestimmter Wert von $s = \sqrt{z}$ zugewiesen. Dabei ist $s$ auch eine *stetige* Funktion des Ortes auf der Fläche; durchläuft ein Punkt einen auf der Fläche selbst (nicht etwa bloß in der Projektion auf die $z$-Ebene) geschlossenen Weg in stetigem Fortschreiten, so ändern sich auch die zugehörigen Werte der Quadratwurzel stetig. *Umgekehrt entspricht auch jedem Wertepaar* $(z, s)$, *das der Gleichung* § 58, (2) *genügt, nur ein Punkt der Fläche.* Damit das ausnahmslos gilt, müssen wir noch festsetzen: *der Verzweigungspunkt zählt nur für einen Punkt der Fläche,* entsprechend dem Wertepaar (0, 0). *Jeder andere Punkt der Übergangslinie dagegen repräsentiert zwei Punkte der Fläche,* von denen der eine dem einen, der andere dem anderen der sich in der Übergangslinie durchsetzenden Flächenteile angehört.

Es ist von Wichtigkeit, daß man sich darüber klar ist, was an dieser geometrischen Darstellung des Zusammenhanges der Funktionswerte durch die RIEMANNsche Fläche wesentlich und was unwesentlich ist. Wesentlich sind die Verzweigungspunkte $z = 0$ und $z = \infty$; sie ändern, hieße von der Funktion $s = \sqrt{z}$ zu einer andern Funktion übergehen, nicht bloß dem geometrischen Bild eine andere Gestalt erteilen. Dagegen ist die Gestalt der Übergangslinie ganz unwesentlich; sie muß nur die Punkte 0 und $\infty$ verbinden. Daß sie gerade mit der Achse der negativ reellen Zahlen zusammenfällt, ist nur eine Konsequenz des Willküraktes, durch den wir § 54, I den Hauptwert des Arcus und damit des Logarithmus definiert haben. Wir könnten irgend eine andere willkürliche Festsetzung treffen, um ein erstes Blatt unserer Fläche zu definieren. Geometrisch wird sich eine solche Festsetzung immer so formulieren: Man ziehe eine bestimmte, sich nicht durchsetzende Linie von 0 nach $\infty$; alsdann wähle man für einen bestimmten, nicht auf dieser Linie liegenden Punkt $z_0$ einen der beiden zugehörigen Werte von $s$: $s_0$, und nehme in jedem andern Punkte $z_1$ denjenigen Wert von $s$, den man erhält, wenn man $z$ von $z_0$ aus einen die Linie nicht schneidenden Weg beschreiben und dabei $s$ von $s_0$ aus sich stetig ändern läßt. Nehmen wir dann zwei solche Blätter und verbinden sie längs der Übergangslinie kreuzweise, so erhalten wir ebenfalls eine Fläche, auf der $\sqrt{z}$ eine eindeutige und stetige Funktion des Ortes ist.

Wollen wir dieser Willkürlichkeit der Übergangslinie in unserem geometrischen Bilde Rechnung tragen, so müssen wir uns *die Blätter in der Weise gegeneinander beweglich denken, daß die Übergangslinie unbeschadet des Zusammenhangs verschoben werden kann.* Freilich setzt das voraus, daß der eine Flächenteil sich teilweise durch den andern hindurchschiebt, ohne daß dieser zerreißt; aber wir haben auch gar nicht nötig, den Blättern die Eigenschaft der Undurchdringlichkeit beizulegen, da sie ja geometrische und nicht physikaliche Gebilde sind. Überhaupt ist die Übergangslinie nur ein notwendiges Übel; es findet in ihr ebensowenig ein stetiger Übergang von einem der zu demselben Argumentwerte gehörenden Funktionswerte zum andern statt, wie in andern Stellen der Fläche (mit Ausnahme der Verzweigungspunkte). Wir wollen, um dem Rechnung zu tragen, folgendes festsetzen — und zwar ein für allemal, da uns ähnliche Verhältnisse noch öfter begegnen werden:

*Zwischen zwei Flächenteilen, die sich in einer Linie durchsetzen, soll längs dieser Linie kein Zusammenhang angenommen werden; ein Punkt, der sich auf einer derartigen Fläche bewegt, soll, wenn er an eine solche Linie kommt, niemals auf den anderen Flächenteil übergehen dürfen.*

(In Fig. 30 bilden die linke Hälfte des unteren und die rechte des oberen „*Blattes*“ den einen, die rechte Hälfte des unteren und die linke des oberen den andern der beiden „*Flächenteile*“, von welchen in vorstehendem Satze die Rede ist.)

## § 60. Zusammenhangsverhältnisse dieser Fläche.

Man begegnet häufig der Aufgabe, die allgemeinen Sätze des IV. Abschnitts über eindeutige Funktionen von $z$ auf solche Funktionen zu übertragen, welche auf irgend einer andern RIEMANNschen Fläche als der Ebene, bzw. der Kugel eindeutige Funktionen des Ortes sind. Nun beruhten jene Sätze auf dem fundamentalen CAUCHYschen Integralsatz von § 36, und dieser wieder auf der Ersetzung eines über eine geschlossene Kurve erstreckten Integrals durch eine Summe von Integralen um hinlänglich kleine Flächenstücke. Sollen daher jene Sätze auf irgend eine andere Fläche übertragen werden, so wird jedesmal vor allem die Vorfrage entschieden werden müssen, ob auch auf dieser Fläche jede geschlossene Kurve für sich allein ein Flächenstück vollständig begrenzt; es ist das nämlich, wie wir sehen werden, keineswegs bei allen Flächen der Fall.

Die Frage ist, wie man sieht, eine *qualitative*; sie hat mit den Maßverhältnissen der Fläche nichts zu tun, sondern ist für alle Flächen in derselben Weise zu beantworten, die durch stetige Umformung (Biegung und Dehnung) ohne Zerreißung ineinander übergeführt werden können. Sie gehört also einem Abschnitte der Geometrie an, den man als *Analysis situs* oder *Topologie* zu bezeichnen pflegt und der überhaupt von denjenigen Eigenschaften geometrischer Gebilde handelt, welche allen Gebilden gemeinsam sind, die durch Biegung und Dehnung ohne Zerreißung ineinander übergeführt werden können. Man kann in ihm noch den Unterschied machen, ob man nur solche Umformungen in Betracht ziehen will, bei welchen die Gebilde auch als undurchdringlich angesehen werden, oder ob man ihnen die Eigenschaft der Undurchdringlichkeit absprechen will. Für unsere Zwecke ist es nach den Auseinandersetzungen des vorigen Paragraphen durchaus erforderlich, daß wir uns auf den zweiten Standpunkt stellen. Dann können wir unsere Fläche folgendermaßen in eine Kugel umformen:[1]

[1] Eine große Anzahl von Figuren zur Erläuterung solcher Umformungsprozesse findet man in dem Schriftchen von FR. HOFMANN: Methodik der stetigen Deformation zweiblättriger RIEMANNscher Flächen, Halle 1888.

Wir beginnen damit, das wir das innere Blatt immer weiter durch die Übergangslinie herausziehen (Fig. 31, *a*). Das können wir so lange fortsetzen, bis überhaupt der ganze innere kugelförmige Sack herausgezogen ist; es erscheint dann an der Stelle, an der die Übergangslinie sich befunden hatte, eine scharfe Kante (*b*). Diese glätten wir ab (*c*) und haben schließlich eine Kugel in der Hand (*d*).

Wir können uns diesen Umformungsprozeß übrigens auch noch etwas anders zurechtlegen. Wir können uns zunächst die innere Kugel mehr und mehr abgeplattet denken, bis sie zuletzt in eine doppelt bedeckte ebene Kreisscheibe übergeht. Dann können wir uns vorstellen, daß wir die beiden Blätter dieser Scheibe durcheinander durchschlagen, so daß eine Kugel mit einer sackförmigen

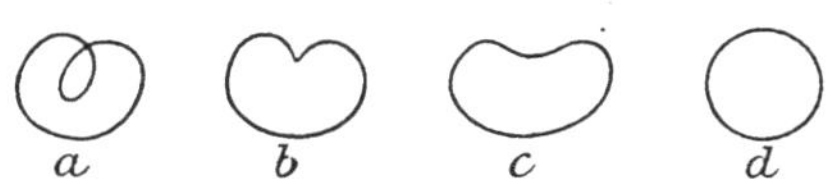

Fig. 31.

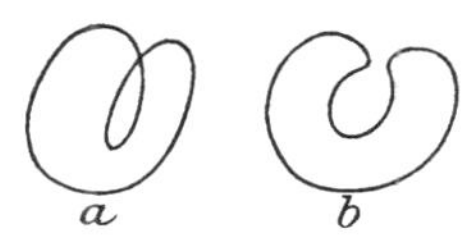

Fig. 32.

Einstülpung entsteht (Fig. 32, *b*). Lassen wir diese Einstülpung sich immer mehr abflachen, so haben wir schließlich ebenfalls eine Kugel.

Übrigens brauchen wir die Frage nach der Möglichkeit einer *stetigen* Umformung einer Fläche in eine andere gar nicht in erster Linie zu betonen. Worauf es schließlich ankommt, damit zwei Flächen für die von uns vorzunehmenden Untersuchungen äquivalent sind, das ist nur: die Flächen müssen sich so aufeinander beziehen lassen, daß jedem stetigen Weg auf der einen ein stetiger Weg auf der andern entspricht. Denn dann wird auch jeder geschlossenen Linie der einen, die einen Flächenteil vollständig abgrenzt, eine geschlossene Linie der andern von derselben Eigenschaft entsprechen (sonst würde nämlich einem stetigen Weg auf der zweiten Fläche, der zwei Punkte auf verschiedenen Seiten dieser Linie verbindet, kein ebensolcher Weg auf der andern Fläche entsprechen können, gegen die Voraussetzung). Eine solche Zuordnung zweier Flächen zueinander wird aber auch erreicht sein, wenn der folgende Prozeß zum Ziele führt.

Man zerschneide die vorgelegte Fläche in irgendwelche Stücke, trage aber vorher dafür Sorge, daß an den neu entstehenden Rändern vermerkt wird, in welcher Weise sie zusammengehören. Dann deformiere man jedes der entstandenen Stücke für sich, ohne Zerreißung und ohne Verschmelzung vorher getrennter Teile. Hierauf lege man die deformierten Stücke wieder so nebeneinander, daß sie mit solchen Teilen ihrer Ränder paarweise aneinander stoßen, welche auch ursprünglich zusammen gehörten. Endlich vereinige man diese Ränder wieder.

In unserem Falle kann das nun folgendermaßen geschehen. Wir bezeichnen zunächst das rechte (d. h. auf der Seite der positiven $y$ gelegene) Ufer der Übergangslinie in jedem Blatte durch Schraffierung (Fig. 33, $a$). Dann führen wir längs der Übergangslinie einen Schnitt durch beide Blätter, so erscheint jedes Blatt als eine mit einem Einschnitt versehene Kugel, resp. Ebene — die letztere Vorstellung ist hier die bequemere. Indem wir die beiden Ufer des Einschnittes um den Nullpunkt nach entgegengesetzten Richtungen hin auseinanderdrehen, pressen wir die Fläche zusammen; wir setzen das so lange fort, bis der Winkel im Nullpunkt, der $2\pi$ betrug, auf $\pi$ reduziert ist. Ebenso verfahren wir mit dem andern Blatte. Sind die Blätter beide so weit umgeformt, so können wir sie in der Ebene glatt nebeneinander legen; und zwar tun wir das so, daß wir den glatten Rand jedes Blattes an den schraffierten des andern legen, wie es ursprünglich der Fall war. (Dabei können wir ev. durch geeignete Streckung der Ränder auch dafür noch sorgen, daß gerade solche Punkte der Ränder nebeneinander zu liegen kommen, die auch ursprünglich nebeneinander lagen.) Schließlich vereinigen wir diese Ränder wieder; dann haben wir eine schlichte Ebene, bzw. Kugel vor uns. (Fig. 33, $c$.)

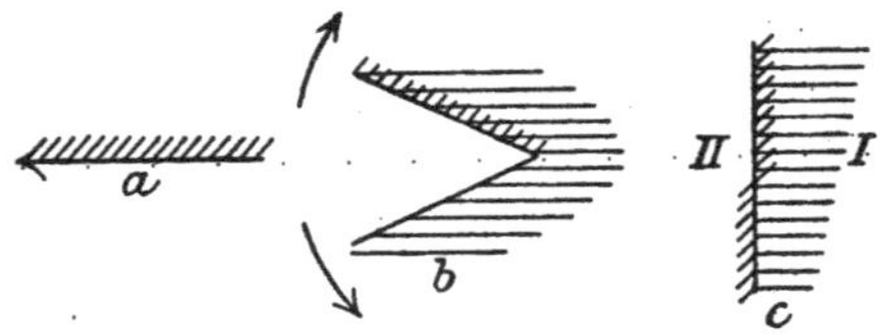

Fig. 33.

Wir gelangen also bei allen diesen Umformungsmethoden übereinstimmend zu dem Satze:

*Die zweiblättrige* RIEMANN*sche Fläche mit zwei Verzweigungspunkten hat dieselben Zusammenhangsverhältnisse wie die Kugel.*

## § 60a. Rationale Funktionen von $z$ und $s = \sqrt{z}$.

Wenn wir irgend eine algebraische Funktion von $z$ — sie möge etwa $s$ heißen — eingehender untersuchen wollen, so ist es zweckmäßig, mit ihr zugleich alle diejenigen Funktionen in Betracht zu ziehen, die sich rational durch $z$ und $s$ ausdrücken lassen. Jede solche Funktion hat in jedem Punkte der RIEMANNschen Fläche, auf der $s$ eindeutig ist, ebenfalls nur einen bestimmten Wert, den man erhält, wenn man in ihrem Ausdruck dem $s$ gerade denjenigen Wert beilegt, der für diesen Punkt der Fläche gilt.

In unserem Falle $s = \sqrt{z}$ ist nun $z = s^2$ eine eindeutige Funktion von $s$; wir können also jede rationale Funktion von $s$ und $z$ sofort in eine rationale Funktion der einen Variabeln $s$ verwandeln. Aber wenn zwischen $z$ und $s$ eine kompliziertere algebraische Gleichung besteht, so ist es, wie hier ohne Beweis angeführt sein möge, im allgemeinen nicht möglich, eine Hilfsvariable anzugeben, von der sich $z$ und $s$ beide als rationale Funktionen darstellen ließen; wir wollen daher auch im vorliegenden einfachen Falle von der Möglichkeit einer solchen Reduktion keinen Gebrauch machen, sondern die rationalen Funktionen von $z$ und $s$ direkt als solche untersuchen.

Wir können jede solche Funktion auf eine gewisse einfache Normalform bringen. Zunächst können wir sie als Quotienten zweier rationaler ganzer Funktionen von $z$ und $s$ darstellen; dann können wir im Zähler und im Nenner alle höheren Potenzen von $s$ durch Benutzung der Gleichungen

1) $$s^2 = z, \quad s^3 = s z, \quad s^4 = z^2, \quad s^5 = s z^2, \quad \ldots$$

beseitigen und den Bruch somit auf die Form bringen:

2) $$\frac{g_1(z) + s g_2(z)}{g_3(z) + s g_4(z)},$$

in der die $g$ rationale ganze Funktionen von $z$ allein bedeuten. Multipliziert man dann noch im Zähler und Nenner mit $g_3(z) - s g_4(z)$, so erhält man die Form

3) $$\frac{g_1 g_3 - z g_2 g_4 + s(g_2 g_3 - g_1 g_4)}{g_3^2 - z g_4^2}$$

oder auch

4) $$r_1(z) + s r_2(z),$$

in der jetzt $r_1$ und $r_2$ rationale (gebrochene) Funktionen von $z$ allein bedeuten. *Auf diese Form läßt sich also jede rationale Funktion von z und unserem s bringen.*

Bei diesen Umformungen können eventuell gemeinsame Nullstellen von Zähler und Nenner beseitigt oder neue solche Nullstellen eingeführt sein; das ist dann ebenso aufzufassen wie in § 20.

Will man nur ausdrücken, daß eine Variable $\sigma$ rationale Funktion von $z$ und $s$ sei, so wird man schreiben:

5) $$\sigma = R(z, s).$$

Dem einen der beiden Punkte, die auf der Riemannschen Fläche über einem Punkt $z$ der Ebene liegen, kommt dann der Funktionswert $R(z, s)$, dem andern der Funktionswert $R(z, -s)$ zu; wenn nämlich ein bestimmter der beiden zu dem gegebenen $z$ gehörenden

Werte von $\sqrt{z}$ mit $s$ bezeichnet ist. Diese Schreibweise ist etwas schleppend; man schreibt deshalb häufig einfach $\sigma = f(z)$ und verabredet dabei, daß das Zeichen $z$ stets einen bestimmten Punkt der Fläche bedeuten soll, gleichgültig, welchen von den beiden, die zu demselben Wert der komplexen Variabeln $z$ gehören; der andere kann dann etwa mit $\bar{z}$ bezeichnet werden (abweichend von der in § 11 benutzten Bedeutung dieses Zeichens).

Ist umgekehrt eine Funktion der komplexen Variabeln $z$ so definiert, daß zu jedem Werte von $z$ zwei Werte dieser Funktion gehören, und daß diese Werte sich so auf die beiden Blätter unserer zweiblättrigen RIEMANNschen Fläche verteilen lassen, daß jedem Punkte der Fläche nur ein solcher Wert zugehört, und daß dabei unendlich benachbarten Punkten der Fläche auch unendlich wenig verschiedene Funktionswerte zugehören, so nennen wir eine solche Funktion auf unserer RIEMANNschen Fläche eindeutig. Aber nicht jede auf unserer RIEMANNschen Fläche eindeutige Funktion ist eine rationale Funktion von $z$ und $s$; ebensowenig wie jede eindeutige Funktion von $z$ allein eine rationale Funktion von $z$ war. Bei den Funktionen von $z$ allein hatten wir in § 44 Sätze kennen gelernt, die uns Kriterien dafür angaben, ob eine vorgelegte Funktion eine rationale Funktion von $z$ ist: wir konnten aus dem Verhalten der Funktion in der Umgebung jedes einzelnen Punktes auf ihre Natur im ganzen schließen. Das war uns gelungen auf Grund der CAUCHYschen Integralsätze; wollen wir entsprechendes auch für die Funktionen unserer Fläche erreichen, so müssen wir jene CAUCHYschen Sätze auf Funktionen, die nicht in der $z$-Ebene, sondern erst auf unserer Fläche eindeutig definiert sind, übertragen.

## § 61. Übertragung der CAUCHYschen Sätze auf Funktionen, die auf der RIEMANNschen Fläche von $\sqrt{z}$ eindeutig sind.

Wollen wir diese Aufgabe in Angriff nehmen, so müssen wir uns erst darüber einigen, auf welche Weise wir die Termini, wie regulär, Pol, wesentlich singulärer Punkt, auf unsere Fläche übertragen wollen; denn die früheren Definitionen dieser Namen bezogen sich nur auf Funktionen, die auf der $z$-Ebene selbst eindeutig waren.

Für ein Gebiet der Fläche, das keinen Verzweigungspunkt enthält, hat das gar keine Schwierigkeit. Wir können jedes solche Gebiet aus Stücken zusammensetzen, von denen jedes ganz in einem Blatte der Fläche liegt, und dann auf jedes solche Stück die früheren Definitionen und Sätze unmittelbar übertragen.

Anders verhält es sich mit der Umgebung eines Verzweigungspunktes: für den Verzweigungspunkt selbst versagen die früheren Definitionen. Aber wir können die Umgebung des Verzweigungspunktes durch die Substitution[1]):

1) $$z = t^2, \quad dz = 2t\,dt$$

auf die Umgebung des Nullpunktes einer Hilfsebene umkehrbar eindeutig abbilden und alle zu untersuchenden Funktionen in diese Hilfsebene übertragen. Es hat sich dabei als zweckmäßig herausgestellt, alle Definitionen so zu fassen, daß sie für das Bild in der Hilfsebene auf die früheren Definitionen zurückkommen. Demgemäß definieren wir vor allem:

I. *Eine Funktion $f(z)$ von $z$ soll in der Umgebung des Verzweigungspunktes 0 „auf der Riemannschen Fläche regulär" heißen, wenn sie durch die Substitution (1) in eine Funktion $\varphi(t)$ der Hilfsvariabeln $t$ übergeführt wird, die in der Umgebung des Nullpunktes der $t$-Ebene im Sinne der früheren Definition regulär ist.*

Dabei ist zu beachten: für eine nur auf der Fläche, nicht zugleich in der $z$-Ebene reguläre Funktion gilt nicht mehr, daß sie überall eine bestimmte endliche Ableitung nach $z$ hat. Das zeigt schon das Beispiel der Funktion $s = \sqrt{z}$ selbst, deren Ableitung:

2) $$\frac{ds}{dz} = \frac{1}{2\sqrt{z}}$$

für $z = 0$ nicht mehr endlich ist.

Erhalten wir ferner bei Vornahme der Substitution (1) eine Funktion von $t$, die in allen Punkten einer gewissen Umgebung des Nullpunktes, diesen selbst ausgenommen, regulär ist, so definieren wir:

II. *Je nachdem diese Funktion von $t$ im Nullpunkt einen Pol (außerwesentlich singulären Punkt) oder einen wesentlich singulären Punkt aufweist, sagen wir auch, der Verzweigungspunkt sei für die vorgelegte Funktion ein Pol oder ein wesentlich singulärer Punkt.*

Dabei empfiehlt es sich noch zu verabreden:

---

[1]) Da die Umkehrung der Funktion $s = \sqrt{z}$, durch die wir unsere Riemannsche Fläche definiert hatten, eine eindeutige Funktion von $s$ ist, so können wir *hier* das $s$ selbst als Hilfsvariable verwenden und erhalten dann nicht nur die Umgebung des Verzweigungspunktes, sondern die ganze Fläche eindeutig auf die $t$-Ebene abgebildet. Aber bei komplizierteren algebraischen Funktionen wird es, wie schon in § 60a erwähnt, im allgemeinen nicht möglich sein, eine Hilfsvariable zu finden, die das leistet, man wird sich mit einer Abbildung der Umgebung des Verzweigungspunktes begnügen müssen und dann für jeden Verzweigungspunkt eine besondere Hilfsvariable gebrauchen.

III. *Im Falle eines Poles im Verzweigungspunkt soll die Ordnung des Unendlichwerdens der Funktion an $t$, nicht an $z$ gemessen werden;* so daß also z. B. der Funktion $1/z$, wenn sie als Funktion der Fläche betrachtet wird, im Nullpunkt ein Pol zweiter Ordnung zugeschrieben wird.

Entsprechend wollen wir auch von einer Funktion, die im Verzweigungspunkt regulär ist, sagen: sie wird dort von der $m^{ten}$ Ordnung Null, wenn die Funktion, in die sie durch die Substitution (1) übergeht, im Nullpunkt von der $m^{ten}$ Ordnung Null wird. Wir drücken das auch wohl so aus:

IV. *In der Umgebung des Verzweigungspunktes betrachten wir nicht $z$ selbst, sondern $\sqrt{z}$ als unendlich kleine Größe erster Ordnung.*

Bei der damit festgelegten Terminologie gilt nun vor allem der Satz:

V. *Das Integral*

$$\int f(z)\,dz \tag{3}$$

*erstreckt um irgend eine Kurve auf der Fläche, die einen Teil von ihr vollständig begrenzt, ist gleich Null, wenn die Funktion $f(z)$ in diesem Teil regulär ist.*

Denn wenn dieser Teil keinen Verzweigungspunkt in seinem Innern enthält, so können wir ihn in eine Anzahl Stücke zerlegen, deren jedes ganz in einem Blatt der Fläche verläuft. Für jedes solche Stück gilt dann der frühere Beweis; und wenn wir nachher die Stücke wieder zusammenfügen, so fallen, wie in § 29 (Fig. 15), die über die Zerlegungslinien erstreckten Integrale fort, und es bleibt nur das über die gegebene Kurve genommene Integral übrig.

Wenn aber das Integral über eine Kurve zu erstrecken ist, die den Verzweigungspunkt im Nullpunkt einschließt, so bilden wir die Umgebung des Verzweigungspunktes durch die Substitution (1) auf die Umgebung des Nullpunktes einer $t$-Ebene ab; das Integral (3) geht dabei über in $2\int \varphi(t)\,t\,dt$. Eine Kurve die diesen Verzweigungspunkt auf der Fläche vollständig umschließt, projiziert sich auf die $z$-Ebene in eine Kurve, die dort den Verzweigungspunkt zweimal umwindet; diese Linie bildet sich ab auf eine Kurve der $t$-Ebene, die den Nullpunkt gerade einmal vollständig umwindet; im Innern dieser Kurve ist nach Voraussetzung die Funktion $\varphi(t)$, also auch die Funktion $t\varphi(t)$ regulär; das Integral in der $t$-Ebene ist also Null, und dieses Resultat überträgt sich auf das gegebene Integral auf der Fläche.

Die Umgebung des im Unendlichen gelegenen Verzweigungspunktes können wir analog mit Hilfe der Substitution $z = t^{-2}$ behandeln.

Haben wir endlich mit einem Gebiete zu tun, das einen oder beide Verzweigungspunkte in seinem Innern enthält, so zerlegen wir es in die Umgebungen der Verzweigungspunkte und in Stücke, deren jedes ganz in einem Blatt der Fläche liegt; dann gilt der Satz für alle diese einzelnen Stücke, und beim Zusammenfügen fallen wieder die Integrale über die Zwischengrenzen weg.

Wollen wir weiter vom Cauchyschen Integralsatz zur Cauchy-Taylorschen Reihenentwicklung gelangen, so hat das wieder gar keine Schwierigkeit, solange wir den Verzweigungspunkten fern bleiben. Insbesondere wird, wenn $a$ ein von 0 und $\infty$ verschiedener Wert ist, die binomische Entwicklung:

$$4)\quad \sqrt{z} = \sqrt{a}\left\{1 + \tfrac{1}{2}\frac{z-a}{a} - \tfrac{1}{8}\left(\frac{z-a}{a}\right)^2 + \tfrac{1}{16}\left(\frac{z-a}{a}\right)^3 - + - \dots\right\}$$

konvergieren, solange $z$ innerhalb eines Kreises liegt, der durch den Verzweigungspunkt hindurchgeht; analytisch ausgedrückt, solange (vgl. Fig. 34)

$$5)\quad |z-a| < |a|$$

ist (vgl. den entsprechenden Satz für reelle Variable, A. A. § 70), und zwar wird diese Entwicklung den einen oder den andern Zweig der Funktion liefern, je nachdem man für den vor der Klammer stehenden Faktor $\sqrt{a}$ den einen oder den andern Wert nimmt (in der Klammer stehen nur eindeutige Funktionen von $z$ selbst.)[1]

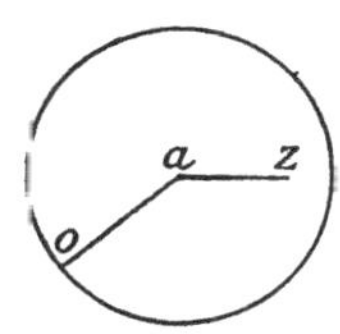

Fig. 34.

Wollten wir aber weiter die früheren Schlüsse auf das Integral

$$6)\quad \frac{1}{2\pi i}\int \frac{f(z)\,dz}{z-\zeta},$$

genommen um einen (zweimal durchlaufenen) Kreis vom Radius $r$ um den Verzweigungspunkt, anwenden und dabei unter $\zeta$ einen Wert verstehen, dessen absoluter Betrag kleiner als $r$ ist, so hätten wir zu berücksichtigen, daß jetzt die zu integrierende Funktion im Innern des Bereiches, der von der Integrationskurve begrenzt wird, nicht nur in einem Punkte unendlich wird, sondern in zweien, nämlich in den beiden Punkten $\zeta$ und $\bar{\zeta}$ der Fläche, die, zu demselben Argumentwert gehörend, übereinander liegen. Infolgedessen würde

[1] Man schließe nur nicht etwa, daß die Reihe (4) stets den Hauptwert von $z$ liefern müsse, wenn für $\sqrt{a}$ der Hauptwert genommen wird; das ist nur so lange der Fall, als die gerade Verbindungslinie von $a$ und $z$ die Halbachse der negativ reellen Zahlen nicht trifft.

das Integral — und die aus ihm durch Entwicklung nach Potenzen von $\zeta$ hervorgehende Reihe — weder den einen noch den andern der beiden Werte $f(\zeta)$ und $f(\overline{\zeta})$ liefern, die die Funktion $f(z)$ in diesen beiden Punkten annimmt, sondern ihre Summe $f(\zeta) + f(\overline{\zeta})$. Wollen wir für die Umgebung des Verzweigungspunktes eine Entwicklung des einen oder andern dieser beiden Werte selbst haben, so müssen wir auch hier die Substitution (1) vornehmen und dann nicht das Integral (6), sondern das Integral

$$7) \qquad \frac{1}{2\pi i}\int \frac{\varphi(t)\,dt}{t-\tau}$$

untersuchen, unter $\tau$ den Wert von $t$ verstanden, der zu $z = \zeta$ gehört. Wir gewinnen so die Entwicklung von $\varphi(\tau)$ nach Potenzen von $\tau$ mit ganzzahligen positiven Exponenten; drücken wir dann $\tau$ durch $\zeta$ aus und schreiben für $\zeta$ wieder $z$, so erhalten wir den Satz:

VI. *Eine in der Umgebung des Verzweigungspunktes $z = 0$ auf der* Riemann*schen Fläche von $s = \sqrt{z}$ reguläre Funktion läßt sich in eine für hinlänglich kleine $z$ konvergente Reihe entwickeln, die nach Potenzen von $\sqrt{z}$ mit positiven ganzzahligen Exponenten fortschreitet — also nach Potenzen von $z$ selbst mit positiven Exponenten, die ganzzahlige Vielfache von $1/2$ sind.*

Da diese Reihe dadurch entstanden ist, daß man in der zuerst erhaltenen Reihe $t$ durch $\sqrt{z}$ ersetzt hat, so sieht man, daß in allen ihren Gliedern dieser Wurzelgröße derselbe Wert beizulegen, bzw. daß unter $z^{m/2}$ die $m^{\text{te}}$ Potenz des gewählten Wertes von $\sqrt{z}$ zu verstehen ist. Je nachdem man dabei den einen oder den andern der beiden Werte von $\sqrt{z}$ nimmt, erhält man den einen oder den andern der beiden Werte der Funktion in den Punkten, die, in den beiden Blättern der Fläche gerade übereinander liegend, demselben Wert von $z$ zugehören.

Was den Konvergenzbereich dieser Reihe betrifft, so ist er stets durch einen Kreis begrenzt; denn ein Kreis um den Nullpunkt der $t$-Ebene wird bei der Substitution (1) in einen Kreis um den Nullpunkt der $z$-Ebene abgebildet.

In derselben Weise läßt sich auch der Laurentsche Satz (§ 47) auf Funktionen übertragen, die auf unserer Fläche in der Umgebung des Verzweigungspunktes, diesen selbst ausgenommen, regulär sind. Man erhält Reihen, die nach Potenzen von $\sqrt{z}$ mit positiven und negativen ganzzahligen Exponenten fortschreiten. Je nachdem die Funktion im Verzweigungspunkt einen Pol oder einen wesentlich singulären Punkt hat, enthält ihre Entwicklung eine endliche oder eine unendliche Anzahl von Gliedern mit negativen Exponenten.

Für die Umgebung des im Unendlichen gelegenen Verzweigungspunktes unserer Fläche gelten ganz analoge Schlüsse. Wir können sie durch die Substitution

$$8)\qquad z = \frac{1}{t^2}, \quad dz = \frac{-2\,dt}{t^3}$$

auf die Umgebung des Nullpunktes einer einfachen Hilfsebene abbilden; und wir werden dann auch hier zweckmäßigerweise $t$ als unendlich kleine Größe erster Ordnung ansehen, an der die Ordnung des Null- oder Unendlichwerdens anderer Funktionen gemessen wird. So wird $z$ selbst als im Unendlichen unendlich groß von der zweiten Ordnung anzusehen sein.

Auch Satz XIII von § 46 gilt für jede Kurve, die auf unserer zweiblättrigen Fläche ein Gebiet vollständig begrenzt, innerhalb dessen die Funktion $u + iv$ auf der Fläche regulär ist. Infolgedessen können wir den an diesen Satz sich anschließenden zweiten Beweis des Satzes IV von § 44 auch auf unsere Fläche übertragen und folglich den Satz aussprechen:

VII. *Eine auf unserer zweiblättrigen Fläche überall reguläre Funktion ist notwendig eine Konstante.*

Wollten wir dann die Schlüsse weiter übertragen, die uns in § 44 vom Satz IV zu den Sätzen V und VI geführt haben, so müßten wir zuerst Funktionen zu bilden suchen, die auf der Fläche überall regulär sind, einen einzelnen Pol ausgenommen, für den die Glieder mit negativen Exponenten in der für seine Umgebung gültigen Reihenentwicklung vorgeschrieben sein müßten. Das ist für unsere Fläche in der Tat noch möglich, aber nicht mehr für die Flächen, die zu komplizierteren Irrationalitäten gehören; wir wollen deshalb auch hier zur Übertragung dieser Sätze einen andern Weg einschlagen, der sich bei beliebigen Irrationalitäten verfolgen läßt.

Wir betrachten zu diesem Zwecke, wenn $f(z)$ die zu untersuchende, auf unserer Fläche eindeutige Funktion ist, indem wir eine schon (S. 204) eingeführte Bezeichnung wieder aufnehmen, die Summe:

$$9)\qquad f(z) + f(\bar{z}).$$

Diese ist jedenfalls auf unserer Riemannschen Fläche eindeutig; wir können aber darüber hinaus noch behaupten, daß sie auch auf der schlichten Ebene eindeutig sein muß. Denn lassen wir $z$ einen geschlossenen Weg in der Ebene beschreiben, dem auch auf der Fläche ein geschlossener Weg entspricht, so kehrt der Punkt $z$ auf der Fläche nach $z$ zurück und der Punkt $\bar{z}$ nach $\bar{z}$. Lassen wir aber den Punkt $z$ einen nur in der Ebene, nicht auch auf der Fläche geschlossenen Weg beschreiben, so kommt $z$ nicht nach $z$ zurück, sondern eben nach $\bar{z}$. Gehen wir auf demselben Weg mit $\bar{z}$ aus, so müssen wir nach $z$ kommen; denn nach einem der beiden Punkte $z$ oder $\bar{z}$ müssen wir notwendig gelangen, und nach $\bar{z}$ zurück können wir nicht kommen, wie man erkennt, wenn man den Weg rückwärts durchläuft: er kann dann nicht von $\bar{z}$ zugleich nach $z$ und nach $\bar{z}$ führen.

In beiden Fällen kehrt die Summe (9) zu ihrem Anfangswert zurück; sie ist also eine eindeutige Funktion von $z$. In der Tat fallen aus ihrer Entwicklung für die Umgebung eines Verzweigungspunktes die Glieder mit ungeraden Potenzen von $t$ heraus, indem diese Glieder in der Entwicklung von $f(z)$ gerade die entgegengesetzten Koeffizienten haben, wie in der von $f(\bar{z})$.

Setzen wir ferner voraus, daß $f(z)$ bis auf Pole regulär sei, so gilt gleiches auch von $f(\bar{z})$, also auch für die Summe (9); also ist diese Summe dann eine rationale Funktion von $z$ allein:

10) $$f(z) + f(\bar{z}) = r_1(z).$$

Wenden wir dieselben Schlüsse, die hier auf die Funktion $f(z)$ angewendet waren, auf das Produkt $s\,f(z)$ an, so erhalten wir eine zweite Gleichung

11) $$s\,f(z) - s\,f(\bar{z}) = r_2(z),$$

in der auch $r_2(z)$ eine rationale Funktion von $z$ allein bedeutet. Aus beiden Gleichungen folgt:

12) $$f(z) = \tfrac{1}{2} r_1(z) + \frac{r_2(z)}{2s}.$$

Damit ist der Satz bewiesen:

VIII. *Eine auf unsrer Fläche mit Ausnahme einzelner Pole reguläre Funktion ist eine rationale Funktion von $z$ und $s$.*

Wollen wir auch den Satz von den Residuen auf Gebiete unserer zweiblättrigen Fläche übertragen, welche Verzweigungspunkte in ihrem Innern enthalten, so haben wir zu beachten, daß $f(z)\,dz$ bei der Substitution (1) nicht einfach in $\varphi(t)\,dt$ übergeht, sondern in $2\varphi(t)\,t\,dt$; und bei der Substitution (8) in $-2\varphi(t)\,t^{-3}\,dt$. Daraus folgt:

IX. *Der Satz von der Summe der Residuen (§ 45, III) gilt auch für Funktionen auf unserer zweiblättrigen Fläche, wenn als Residuum für den im Endlichen liegenden Verzweigungspunkt der doppelte Koeffizient von $t^{-2}$, also von $z^{-1}$, für den im Unendlichen liegenden der mit entgegengesetztem Vorzeichen genommene doppelte Koeffizient von $t^2$, also wieder von $z^{-1}$, in der zugehörigen Entwicklung angesehen wird.*

X. *Dagegen treten keine solche Modifikationen auf, wenn wir die*

*Sätze IV, V, VI von § 46 auf unsere Fläche übertragen wollen;* es ist nämlich sowohl bei der Substitution (1) als bei der Substitution (8) einfach:

13) $$\frac{f'(z)}{f(z)}dz = \frac{\varphi'(t)}{\varphi(t)}dt,$$

und wir hatten schon verabredet, daß wir die Ordnungszahlen der Funktionen in den Verzweigungspunkten an den Hilfsvariabeln messen wollten.

## § 62. Die Funktionen $\sqrt{(z-a)/(z-b)}$ und $\sqrt{(z-a)(z-b)}$.

Auf die in den letzten Paragraphen ausführlich behandelte Funktion $\sqrt{z}$ läßt sich die scheinbar allgemeinere Funktion

1) $$s = \sqrt{\frac{z-a}{z-b}}$$

durch die umkehrbar eindeutige Substitution

2) $$z' = \frac{z-a}{z-b}, \quad z = \frac{bz'-a}{z'-1}$$

zurückführen, die uns von den §§ 14—16 her geläufig ist. Breiten wir über einer $z'$-Kugel die Fläche der Funktion:

3) $$s = \sqrt{z'}$$

aus und führen dann diese Kugel samt der über ihr ausgebreiteten Fläche durch die Substitution (2) in die $z$-Kugel und eine über dieser zweiblättrig ausgebreitete Fläche über, so ist diese letztere Fläche geeignet, den Verlauf und die Verzweigung der Funktion (1) geometrisch darzustellen, da diese Funktion auf ihr eine eindeutige und stetige Funktion des Ortes ist. Den Verzweigungspunkten $z' = 0$ und $z' = \infty$ der ersteren Fläche entsprechen auf der letzteren Verzweigungspunkte bei $z = a$ und $z = b$; der Halbachse der negativ reellen Zahlen nach § 14, IV ein diese beiden Punkte verbindender Kreisbogen, der auch durch den Punkt $z = \frac{1}{2}(a+b)$ (entsprechend $z' = -1$) geht, d. h. die gerade Verbindungslinie $\overline{ab}$.

Auf der so konstruierten Fläche ist nun auch die Funktion:

4) $$\sigma = \sqrt{(z-a)(z-b)}$$

eindeutig, wie man erkennt, wenn man sie auf die Form bringt:

5) $$\sigma = (z-b)s.$$

Diese Form zeigt, daß $\sigma$ eine rationale Funktion von $z$ und $s$ ist; umgekehrt ist auch:

6) $$s = \frac{\sigma}{z-b}$$

eine rationale Funktion von $z$ und $\sigma$. Man drückt das wohl auch so aus:

I. $\sqrt{(z-a)/(z-b)}$ *und* $\sqrt{(z-a)(z-b)}$ *sind Irrationalitäten derselben Klasse.*

Wir können natürlich die RIEMANNsche Fläche von $\sigma$ auch direkt konstruieren, ohne auf $s$ zurückzugehen. Zu diesem Zwecke gehen wir von der Bemerkung aus, daß die Gleichung:

$$\sqrt{z_1 z_2} = \sqrt{z_1}\sqrt{z_2} \tag{7}$$

in dem § 56, VII erläuterten Sinne eine *vollständige* Gleichung zwischen mehrwertigen Funktionen ist, daß nämlich jeder Wert der rechten Seite einem Wert der linken gleich ist und umgekehrt; es folgt das einfach daraus, daß für gegebene $z_1$, $z_2$ jede Seite zwei und nur zwei Werte hat (nicht etwa die rechte Seite vier Werte). Infolgedessen können wir die Wertänderung von $\sqrt{(z-a)(z-b)}$ bei stetiger Änderung von $z$ übersehen, wenn wir die Änderung der beiden Faktoren $\sqrt{z-a}$ und $\sqrt{z-b}$ einzeln verfolgen. Das ist aber einfach die in den §§ 58—61 behandelte Frage, nur daß an Stelle des Nullpunktes der Punkt $a$, bzw. $b$ tritt: $\sqrt{z-a}$ ändert sein Zeichen, wenn $z$ den Punkt $a$ umkreist, $\sqrt{z-b}$, wenn $z$ den Punkt $b$ umkreist. Das Produkt ändert also sein Zeichen oder bleibt ungeändert, je nachdem der Weg von $z$ die beiden Punkte $a$ und $b$ zusammengezählt eine gerade oder eine ungerade Anzahl Male umkreist. Wir können Wege, für welche diese Anzahl ungerade ist, verhindern, wenn wir $a$ mit $b$ durch eine Linie verbinden und dem Punkt $z$ verbieten, diese Linie zu überschreiten; denn dann kann er nur noch solche Wege beschreiben, welche den einen dieser beiden Punkte ebensooft umwinden wie den andern. Schneiden wir also die Ebene längs dieser Linie ein, so ist dadurch auf der eingeschnittenen Ebene ein Zweig der Funktion eindeutig definiert; nehmen wir zwei Exemplare der in dieser Weise eingeschnittenen Ebene (bzw. Kugel) und heften sie längs des Einschnittes kreuzweise aneinander, so erhalten wir eine RIEMANNsche Fläche, auf der die zu untersuchende Funktion eine zugleich eindeutige und stetige Funktion des Ortes ist — genau dieselbe Fläche, die wir oben auf anderm Wege erhalten haben.

(Nicht unerwähnt bleibe, daß der Punkt $z = \infty$ *kein* Verzweigungspunkt der Fläche ist; umkreist man ihn, so ändert zwar jeder der Faktoren sein Zeichen, aber eben deswegen ändert die Funktion selbst das ihrige nicht. Die Entwicklung der Funktion lautet für die Umgebung des Punktes $z = \infty$ im einen Blatte:

8) $$\sigma = z - \frac{a+b}{2} - \frac{a^2 - 2ab + b^2}{8z} + \ldots,$$

im andern:

9) $$\sigma = -z + \frac{a+b}{2} + \frac{a^2 - 2ab + b^2}{8z} - \ldots.)$$

## § 62a. Rationale Funktionen von $z$ und $\sigma = \sqrt{(z-a)(z-b)}$.

Aus der Gleichung (1) von § 62 ergibt sich durch Auflösung nach $z$:

1) $$z = \frac{b s^2 - a}{s^2 - 1}.$$

Es ist also $z$ eine rationale Funktion von $s$, und es läßt sich folglich auch hier wie in § 60a jede rationale Funktion von $z$ und $s$ auch als eine rationale Funktion von $s$ allein ausdrücken. Mit Berücksichtigung der Gleichung (5) von § 62 ergibt sich daraus, daß auch jede rationale Funktion von $\sigma$ und $z$ als rationale Funktion der einen Variabeln $s$ allein angesehen oder, wie man wohl zu sagen pflegt, „durch Einführung von $s$ rational gemacht" werden kann. Wir wollen aber doch diese rationalen Funktionen auch direkt untersuchen, ohne von der Möglichkeit dieser Reduktion, die bei komplizierteren algebraischen Funktionen nicht mehr vorhanden ist, Gebrauch zu machen.

Wie in § 60a können wir jede rationale Funktion von $z$ und $\sigma$ zunächst auf die Form bringen:

2) $$R(z, \sigma) = \frac{g_0(z) + \sigma g_1(z)}{g_2(z)};$$

dabei bedeuten $g_0, g_1, g_2$ rationale ganze Funktionen von $z$ allein, von denen wir annehmen dürfen, daß sie keinen allen dreien gemeinsamen Teiler besitzen.

Wir wollen zusehen, wie sich eine solche Funktion in der Umgebung irgend eines Punktes der Riemannschen Fläche von $\sigma$ verhalten mag. Sei zunächst $A . z = z_0$ ein gewöhnlicher Punkt der Fläche, d. h. nicht unendlich fern und kein Verzweigungspunkt, $\sigma_0$ der zugehörige Wert von $\sigma$. Dann können wir $\sigma$ nach dem binomischen Satz in eine Reihe entwickeln, die nach Potenzen von

3) $$t = z - z_0$$

fortschreitet und in einer genügend kleinen Umgebung von $z_0$ konvergiert:

4) $$\sigma = \sigma_0 \left\{1 + \tfrac{1}{2} t \left(\frac{1}{z_0 - a} + \frac{1}{z_0 - b}\right) + \ldots\right\}.$$

Entwickeln wir ebenso $g_0(z)$, $g_1(z)$, $g_2(z)$ nach Potenzen von $t$, setzen alles ein und ordnen, so erscheint $R$ dargestellt als Quotient zweier Potenzreihen:

5)
$$R = \frac{\alpha_0 + \alpha_1 t + \alpha_2 t^2 + \dots}{\beta_0 + \beta_1 t + \beta_2 t^2 + \dots}.$$

Nun haben wir folgende Fälle zu unterscheiden:

1. Ist $\beta_0 \neq 0$, so ist $R$ eine in der Umgebung von $t = 0$ reguläre Funktion von $t$, also auch von $z$.

2. Ist $\beta_0 = 0$, aber $\alpha_0 \neq 0$, so sei $\beta_k$ der erste Koeffizient im Nenner, der von Null verschieden ist. Dann ist $R$ gleich $t^{-k}$ mal einer Funktion, die bei $t = 0$ regulär ist; wir sagen in diesem Fall: die Funktion $R$ hat bei $z = z_0$, $\sigma = \sigma_0$ einen Pol $k^{\text{ter}}$ Ordnung.

3. Sind $\alpha_0$ und $\beta_0$ beide gleich Null, so erscheint $R$ bei $t = 0$ zunächst in unbestimmter Form. Wir können aber diese Unbestimmtheit, wie in § 20, dadurch beseitigen, daß wir mit einer geeigneten Potenz von $t$ im Zähler und im Nenner dividieren; dadurch werden wir auf einen der bereits erledigten Fälle (1) und (2) zurückgeführt.

Sei ***B.*** das Verhalten von $R$ in der Umgebung eines Verzweigungspunktes, etwa $z = a$, zu untersuchen. Hier setzen wir:

6)
$$z - a = t^2, \quad \sqrt{z - a} = t;$$

dadurch wird die Umgebung des Verzweigungspunktes in beiden Blättern der Fläche abgebildet auf die einfache Umgebung des Nullpunktes in der schlichten $t$-Ebene. Die Abbildung ist bestimmt, sobald für einen Wert von $z$ in der betrachteten Umgebung das Vorzeichen der Wurzel in (6) fixiert ist. Zu zwei entgegengesetzt gleichen Werten von $t$ gehören Punkte der Fläche, die in den beiden Blättern gerade übereinander liegen.

Es wird dann

7)
$$\sigma = t\sqrt{a - b}\left\{1 + \tfrac{1}{2}\frac{t}{a - b} + \dots\right\},$$

und infolgedessen läßt sich $R$ auch für diesen Fall als Quotient zweier Potenzreihen darstellen, die nach Potenzen der hier benutzten Hilfsvariabeln $t$ mit ganzzahligen Exponenten fortschreiten. Daran lassen sich dann ganz entsprechende Schlüsse knüpfen; und es erweist sich, wie in § 61, als zweckmäßig, eine Funktion $R(z, \sigma)$ als im Verzweigungspunkte regulär zu bezeichnen, wenn sie dort eine reguläre Funktion von $t$ ist, und im andern Falle die Ordnung ihres Unendlichwerdens durch den Exponenten von $t$ (nicht durch den von $z - a$ selbst) zu messen.

*C.* Um das Verhalten von $R(z, \sigma)$ für unendlich große Werte von $z$ zu untersuchen, setzen wir:

8) $$z = t^{-1}.$$

Wir erhalten dann die beiden Entwicklungen (8) und (9) von § 62, entsprechend den beiden unendlich fernen Punkten der RIEMANNschen Fläche; zu jedem dieser Punkte gehört eine Entwicklung von $R$ nach Potenzen von $t$, und wir messen auch hier wieder die Ordnung des Unendlichwerdens an dem niedrigsten auftretenden Exponenten von $t$. Es werden also z. B. $z$ und $\sigma$ selbst in beiden Blättern der Fläche von der ersten Ordnung unendlich groß.

Das Resultat der Untersuchung ist also:

I. *Eine rationale Funktion von $z$ und $\sigma$ ist auf der RIEMANNschen Fläche von $\sigma$ bis auf einzelne Pole überall regulär.*

(Daß der Pole nur eine endliche Anzahl sein kann, ergibt sich daraus, daß solche nur da auftreten können, aber nicht notwendig müssen, wo $g_2(z) = 0$ ist.)

Die Umkehrung des Satzes (I) wird wie in § 61 bewiesen.

Ein gewisses Interesse bieten die Fragen, ob es rationale Funktionen von $z$ und $\sigma$ gibt, die nur in einem Punkte der Fläche unendlich werden, und in diesem nur von der ersten Ordnung; und ob dieser Punkt noch willkürlich gewählt werden kann. Diese Fragen ließen sich durch „Rationalmachen" sofort beantworten; wir wollen sie aber direkt angreifen. Doch wollen wir zur Erleichterung der Rechnung annehmen, es sei $a = 1$, $b = -1$; auf diesen Fall können wir ja den allgemeineren vermöge einer umkehrbar eindeutigen Transformation der $z$-Ebene nach § 15, II sofort reduzieren.

Soll eine rationale Funktion von $z$ und $\sigma = \sqrt{z^2 - 1}$ gesucht werden, die nur in einem von den Verzweigungspunkten verschiedenen endlichen Punkt $z = \alpha$ unendlich groß wird, und zwar nur in einem Blatte und nur von der ersten Ordnung, so ergibt sich zunächst, daß in der Darstellung (2) der Nenner $g_2(z)$ keine andern Primfaktoren haben darf, als $z - \alpha$. Denn wäre er durch $z - \beta$ teilbar, so würde die Funktion $R$ für $z = \beta$ in dem einen oder dem andern Punkte der Fläche unendlich groß werden, wenn nicht auch der Zähler für beide Werte von $\sigma$ Null würde. Das könnte aber, da $\sigma$ nach Voraussetzung für $z = \beta$ nicht Null wird, nur eintreten, wenn $g_0(z)$ und $g_1(z)$ dort Null würden, also beide durch $z - \beta$ teilbar wären. Dann hätten aber $g_0, g_1, g_2$ alle drei den gemeinsamen Teiler $z - \beta$, gegen die Voraussetzungen.

In derselben Weise kann gezeigt werden, daß $g_2(z)$ durch keine höhere als die erste Potenz von $z - \alpha$ teilbar sein darf, wenn die Funktion $R$ in keinem der beiden Blätter der Fläche bei $z = \alpha$ von höherer als der ersten Ordnung unendlich werden soll.

Wir können also, da ein konstanter Faktor in den Zähler gezogen werden kann, $g_2(z) = z - \alpha$ nehmen.

Zu $z = \alpha$ gehören zwei Werte von $\sigma$; bezeichnen wir mit $\sigma_\alpha$ einen bestimmten von ihnen, so ist der andere $- \sigma_\alpha$. Soll nun $R$ für $(\alpha, \sigma_\alpha)$, aber nicht für $(\alpha, - \sigma_\alpha)$ unendlich groß werden, so muß der Zähler von (2) für $(\alpha, - \sigma_\alpha)$ Null sein, also

9) $$g_0(\alpha) - \sigma_\alpha g_1(\alpha) = 0 .$$

Das ist eine lineare homogene Gleichung zwischen den Koeffizienten von $g_0$ und $g_1$. Ist sie erfüllt, so wird $R$ auch wirklich im Punkte $(z = \alpha, \sigma = - \sigma_\alpha)$ nicht mehr unendlich groß; wie die Anwendung des zu Beginn dieses Paragraphen gelehrten Verfahrens zeigt.

Endlich müssen wir noch dafür sorgen, daß unsere Funktion im Unendlichen in beiden Blättern endlich bleibt. Der Nenner wird dort von der ersten Ordnung unendlich; wir müssen also dafür sorgen, daß der Zähler nicht von höherer Ordnung unendlich wird. Es dürfen demnach, wenn $\sigma$ die eine, $- \sigma$ die andere der beiden Entwicklungen § 62 (8), (9) vorstellt, $g_0 + \sigma g_1$ und $g_0 - \sigma g_1$ nicht von höherer als der ersten Ordnung unendlich werden. Addition und Subtraktion ergibt, daß $g_0$ und $\sigma g_1$ nicht von höherer Ordnung als der ersten unendlich groß werden dürfen; also $g_1$ überhaupt nicht. D. h. es muß $g_0$ eine lineare Funktion von $z$, $g_1$ eine Konstante sein; wir mögen etwa setzen:

10) $$g_0 = (A z + B) \sigma_\alpha, \quad g_1 = C .$$

Zwischen den drei damit eingeführten Konstanten muß wegen (9) noch die Relation bestehen:

11) $$A \alpha + B - C = 0 ;$$

wir können mit ihrer Hilfe eine von ihnen durch die beiden andern ausdrücken. So gelangen wir zu dem Resultat:

II. *Jede rationale Funktion von $z$ und $\sigma$, die nur in dem einen Punkt $(z = \alpha, \sigma = \sigma_\alpha)$ der Fläche und in diesem nur von der ersten Ordnung unendlich groß wird, hat die Form:*

12) $$\frac{(A z + B) \sigma_\alpha + (A \alpha + B) \sigma}{z - \alpha} .$$

*Umgekehrt hat jede Funktion dieser Form die verlangte Eigenschaft;* abgesehen natürlich von dem trivialen Fall, daß $A\alpha + B = 0$ ist, wo sie sich auf eine Konstante reduziert.

Wollen wir ferner eine Funktion bilden, die nur in dem Verzweigungspunkt $z = -1$ und in diesem nur von der ersten Ordnung unendlich groß wird, so können wir uns zunächst wie im vorigen Fall davon überzeugen, daß wir $g_2(z) = z + 1$ nehmen müssen. Diese Funktion wird aber im Verzweigungspunkt von der zweiten Ordnung Null; wir müssen also dafür sorgen, daß der Zähler dort von der ersten Ordnung Null wird. Das verlangt, daß $g_0(z)$ durch $z + 1$ teilbar sei; berücksichtigen wir wie vorhin das Verhalten im Unendlichen, so sehen wir:

III. *Jede rationale Funktion von $z$ und $\sigma$, die nur im Verzweigungspunkt $z = 1$ und dort nur von der ersten Ordnung unendlich groß wird, hat die Form:*

13)
$$\frac{A(z+1) + C\sigma}{z+1};$$

*oder wenn wir mit $\sqrt{z+1}$ kürzen, die Form:*

14)
$$A + C\sqrt{\frac{z-1}{z+1}}.$$

Sollen wir endlich eine Funktion bilden, die nur im Unendlichen, aber dort nur in einem Blatte und nur von der ersten Ordnung unendlich groß werden soll, so zeigen zunächst entsprechende Schlüsse, wie in den beiden ersten Fällen, daß $g_2(z)$ sich auf eine Konstante reduzieren und daß $g_0(z)$ eine lineare Funktion, $g_1(z)$ auch eine Konstante sein muß. Soll dann etwa $R$ nur unendlich werden, wenn wir für $\sigma$ die Entwicklung § 62, (8), aber nicht wenn wir die Entwicklung § 62, (9) benutzen, so muß zwischen den Konstanten noch eine lineare Gleichung bestehen.

So kommen wir zu dem Satz:

IV. *Jede rationale Funktion von $z$ und $\sigma$, die nur im Unendlichen und dort nur in einem Blatte und nur von der ersten Ordnung unendlich groß wird, hat die Form:*

15)
$$A(z + \sigma) + B.$$

Über die in den Formen (12), (14), (15) noch disponiblen Konstanten können wir noch so verfügen, daß die betreffende Funktion auch in einem vorgegebenen Punkte Null wird. Von besonderem Interesse sind die Funktion:

16)
$$s = \sqrt{\frac{z-1}{z+1}},$$

die in einem Verzweigungspunkte Null, im andern unendlich wird; die Funktion

17) $$u = z + \sigma,$$

die im Unendlichen in einem Blatte Null, im andern unendlich wird; dann auch die Funktion

18) $$\lambda = \frac{1 + i\sigma}{z},$$

die bei $z = 0$ in einem Blatt Null, im andern unendlich wird. Die erste ist nichts anderes als die in § 62 mit $s$ bezeichnete Funktion.

Jede der betrachteten Funktionen hat nach dem Satze § 46, VI, der auch hier gilt (vgl. § 61, X), die Eigenschaft, daß sie überhaupt jeden Wert auf der Fläche einmal und nur einmal annimmt. Daraus folgt, daß jede von ihnen eine eindeutige analytische Funktion von jeder andern ist, die jeden Wert einmal und nur einmal annimmt Daraus geht weiter hervor, daß jede dieser Funktionen eine lineare gebrochene Funktion von jeder andern ist. Z. B. ist:

19) $$u = \frac{1+s}{1-s}, \quad s = \frac{u-1}{u+1}, \quad \lambda = \frac{1-is}{1+is} = i\frac{1-iu}{1+iu}.$$

Ferner ergibt sich, daß überhaupt jede Funktion der Fläche eine eindeutige Funktion von jeder dieser Hilfsvariablen ist. Damit sind wir auf denjenigen Ausgangspunkt zurückgekehrt, den wir zu Anfang absichtlich nicht benutzt haben.

## § 62b. Integrale rationaler Funktionen von $z$ und der Quadratwurzel aus einer rationalen ganzen Funktion zweiten Grades von $z$.

Da sich alle rationalen Funktionen von $z$ und unserem $\sigma$ auch als rationale Funktionen einer Hilfsvariabeln darstellen lassen, so läßt sich auch jedes Integral einer solchen Funktion in ein Integral einer rationalen Funktion überführen und also durch rationale Funktionen und Logarithmen von solchen ausdrücken. Als Hilfsvariable kann dabei jede der im vorigen Paragraphen zuletzt betrachteten Funktionen dienen, die auf der Fläche jeden Wert einmal und nur einmal annehmen. In den Elementen der Integralrechnung bevorzügt man die drei Funktionen, die in § 62a mit (16), (17), (18) bezeichnet sind; das geschieht mit Rücksicht auf möglichste Bequemlichkeit der Rechnung.

Wir wollen aber doch diese Integrale rationaler Funktionen von $z$ und $\sigma$ auch direkt auf der Fläche betrachten. Aus § 61, IX geht zunächst hervor:

I. *Ein solches Integral ist eine eindeutige Funktion seiner oberen Grenze, solange der Integrationsweg ganz in einem einfach zusammenhängenden Teil der Fläche verläuft, der keinen Punkt enthält, in dem das Residuum der Funktion von Null verschieden ist.*

Umkreist aber der Integrationsweg einen solchen Punkt in positivem Sinne, so erhält man einen neuen Wert des Integrals, der um $2\pi i$ mal dem betreffenden Residuum größer ist als der vorher betrachtete. Es folgt also:

II. *Lassen wir den Integrationsweg bei einem solchen Integral ganz beliebig, so erhalten wir eine unendlich vieldeutige Funktion; alle ihre Werte gehen aus einem von ihnen durch Addition ganzzahliger Vielfacher gewisser „Periodizitätsmoduln" hervor. Jeder dieser Periodizitätsmoduln ist gleich $2\pi i$ mal einem Residuum der zu integrierenden Funktion.*

Wir klassifizieren nun die Integrale nach Art und Zahl ihrer Unstetigkeitsstellen. Dabei ist vor allem zu beachten: in jedem endlichen Punkte, in dem die zu integrierende Funktion endlich ist, ist auch das Integral endlich; in jedem endlichen Punkte, der kein Verzweigungspunkt ist und in dem die Funktion unendlich wird, wird auch das Integral unendlich; aber in einem Verzweigungspunkt kann das Integral auch dann endlich bleiben, wenn die zu integrierende Funktion unendlich wird. Denn nehmen wir die Substitution § 62 a, (6) vor, so wird:

1) $$dz = 2\,t\,dt.$$

Führen wir also $t$ als Integrationsvariable ein, so erhalten wir noch einen Faktor $t$ mehr unter dem Integralzeichen, und das Integral bleibt endlich, wenn nur die zu integrierende Funktion nicht von höherer als der ersten Ordnung unendlich wird. — In einem unendlich fernen Punkte bleibt, wie eine entsprechende Überlegung zeigt, das Integral endlich, wenn die zu integrierende Funktion von höherer als der ersten Ordnung Null wird.

Wir fragen nun zunächst, ob es etwa Integrale rationaler Funktionen von $z$ und $\sigma$ gibt, die nirgends unendlich werden. (Der Satz § 44, IV würde dem nicht entgegenstehen, da er nur von eindeutigen analytischen Funktionen von $z$ selbst handelt). Sollte $\int R(z, \sigma)\,dz$ überall endlich bleiben, so müßte $R(z, \sigma)$

überall endlich sein, ausgenommen die Verzweigungspunkte, wo es von der ersten Ordnung unendlich werden dürfte;

und im Unendlichen in beiden Blättern von höherer als der ersten Ordnung Null werden.

Das Produkt

$$\sigma \, . \, R(z, \sigma) \tag{2}$$

müßte also überall endlich sein und im unendlichen Null werden. Aber aus § 62a geht hervor, daß es keine rationale Funktion von $z$ und $\sigma$ gibt, die überall endlich wäre. Also folgt:

III. *Auf der* RIEMANN*schen Fläche von* $\sigma = \sqrt{z^2 - 1}$ *gibt es kein überall endliches Integral.*

Fragen wir weiter nach Integralen, die nur logarithmische Unstetigkeiten haben. Da die Summe der Residuen auf der ganzen Fläche gleich Null sein muß (der Beweis des Satzes § 45, VI läßt sich ungeändert auf den hier vorliegenden Fall übertragen), so muß ein solches Integral mindestens zwei Unstetigkeitspunkte aufweisen; wir wollen versuchen ein solches zu bilden, das nur in zwei gewöhnlichen Punkten $(z_1, \sigma_1)$ und $(z_2, \sigma_2)$ der Fläche solche besitzt. Soll $\int R(z, \sigma)\, dz$ ein solches Integral sein, so muß die Funktion $R$ folgende Eigenschaften haben:

sie muß überall endlich sein, ausgenommen in den beiden genannten Punkten und in den Verzweigungspunkten, wo sie von der ersten Ordnung unendlich werden darf;

sie muß im Unendlichen in beiden Blättern von höherer als der ersten Ordnung Null werden.

Das Produkt $\sigma R$ muß also folgende Eigenschaften haben:

es muß im Endlichen überall endlich sein, außer in den beiden Punkten $(z_1, \sigma_1)$ und $(z_2, \sigma_2)$, wo es von der ersten Ordnung unendlich werden darf;

es muß im Unendlichen Null werden.

Eine solche Funktion können wir als Summe von zwei Funktionen darstellen, von denen jede in einem der genannten Punkte unendlich und beide im Unendlichen in demselben Blatte Null werden; also nach § 62a, (12) zunächst in der Form:

$$A\left\{1 - \frac{\sigma + \sigma_1}{z - z_1}\right\} + B\left\{1 - \frac{\sigma + \sigma_2}{z - z_2}\right\}; \tag{3}$$

und nun können wir die Konstanten $A$, $B$ noch so bestimmen, daß die Summe auch im andern Blatt im Unendlichen Null wird. Dann erhalten wir

$$A \int \left\{\frac{\sigma + \sigma_1}{z - z_1} - \frac{\sigma + \sigma_2}{z - z_2}\right\} \frac{dz}{\sigma} \tag{4}$$

als die gesuchte Form eines Integrals mit nur zwei logarithmischen Unstetigkeitspunkten.

Über die Konstante $A$ können wir dabei noch so verfügen, daß das Residuum in einem Unstetigkeitspunkte gleich $+ 1$, im andern gleich $- 1$ wird; dazu müssen wir $A = \frac{1}{2}$ nehmen.

Führen wir dann die in § 62a, (17) mit $u$ bezeichnete Funktion als Integrationsvariable ein und bezeichnen mit $u_1$, $u_2$ die Werte, die diese Funktion in den beiden Punkten $(z_1, \sigma_1)$ und $(z_2, \sigma_2)$ annimmt, so erhalten wir:

$$5)\qquad \int\left\{\frac{1}{u - u_1} - \frac{1}{u - u_2}\right\} du = \log\frac{u - u_1}{u - u_2} + C.$$

Aus diesem Integral können wir dadurch, daß wir die beiden Punkte $(z_1, \sigma_1)$ und $(z_2, \sigma_2)$ zusammenfallen lassen und dann mit $u_1 - u_2$ dividieren, ein anderes erhalten, das nur an einer Stelle, an dieser aber algebraisch von der ersten Ordnung unendlich groß wird, nämlich:

$$\int\frac{du}{(u - u_1)^2} = -\frac{1}{u - u_1} + C.$$

Wiederholung dieses Prozesses führt dann zu Integralen, die an einer vorgeschriebenen Stelle von der zweiten, dritten, usw. Ordnung unendlich groß werden, mit vorgeschriebenen Koeffizienten.

Bei diesen Entwicklungen ist vorausgesetzt, daß die singulären Punkte von den Verzweigungspunkten verschieden sind und im Endlichen liegen: doch würde eine entsprechende Behandlung der damit ausgeschlossenen Fälle keine prinzipielle Schwierigkeit bieten. Wir brauchen aber darauf um so weniger einzugehen, als wir ja doch auch die ganze Untersuchung hier (nicht bei komplizierteren algebraischen Irrationalitäten) so führen könnten, daß wir gleich zu Beginn durch Einführung von $u$ als unabhängige Veränderliche rational machten.

Das allgemeinste Integral einer rationalen Funktion von $z$ und $\sigma$ kann dann dargestellt werden als eine Summe von Integralen der betrachteten speziellen Formen, mit geeigneten numerischen Koeffizienten. Das folgt daraus, daß die Differenz zweier Integrale, die in derselben Weise unendlich werden, ein Integral ist, das nirgends unendlich wird, und also nach III. eine Konstante.

## § 62c. Die Funktion $z = w + i\sqrt{1 - w^2}$.

Die Auflösung einer quadratischen Gleichung mit komplexen Koeffizienten kann, nachdem die Quadratwurzel aus einer komplexen Größe definiert ist, ebenso geschehen, wie es in den Elementen der Algebra für die quadratischen Gleichungen mit reellen Koeffizienten gelehrt wird. So ergibt z. B. die Auflösung der in § 21a diskutierten Gleichung:

1) $$w = \tfrac{1}{2}(z + z^{-1})$$

oder:

2) $$z^2 - 2zw + 1 = 0$$

nach $z$ die Funktion:

3) $$z = w + \sqrt{w^2 - 1}.$$

Für reelle $w$, deren absoluter Betrag kleiner als 1 ist, wird diese Funktion komplex; wir wollen das dadurch evident machen, daß wir schreiben

4) $$z = w + i\sqrt{1 - w^2},$$

müssen uns freilich dabei erinnern, daß nicht für alle $w$ der Hauptwert der Quadratwurzel in (3) auch den Hauptwert der Quadratwurzel in (4) liefert.

Die dieser Funktion zugehörige RIEMANNsche Fläche über der $w$-Ebene besteht, wie sich durch Spezialisierung aus den Resultaten von § 62 ergibt, aus zwei Blättern, die in den beiden Verzweigungspunkten $w = +1$ und $w = -1$ zusammenhängen. Diese beiden Verzweigungspunkte sind durch einen Schnitt zu verbinden; wir legen ihn vielleicht am zweckmäßigsten so, daß er von ihnen beiden längs der Achse der reellen $w$ ins Unendliche läuft. Der Nullpunkt liegt dann nicht auf dem Schnitt; wir können die beiden Blätter der Fläche dadurch unterscheiden, daß wir angeben, welchen Wert $w$ im Nullpunkt jedes der beiden Blätter haben soll. Wir mögen etwa dasjenige Blatt, in welchem $z = i$ für $w = 0$ ist, das erste, dasjenige, in welchem $z = -i$ für $w = 0$ ist, das zweite nennen. Die Werte von $z$ in den übrigen Punkten beider Blätter ergeben sich dann durch stetige Fortsetzung; namentlich wird für die Umgebung des Nullpunkts im ersten Blatt der Hauptwert der Quadratwurzel in (4), im zweiten Blatt der entgegengesetzte Wert zu nehmen sein. Aber man kann keineswegs hier schon schließen, daß dasselbe auch für die ganze Ausdehnung beider Blätter gilt.

Die Untersuchung unserer Funktion ist uns nun sehr dadurch erleichtert, daß ihre Umkehrung eine eindeutige Funktion von $z$ ist, und daß wir diese umgekehrte Funktion in § 21a bereits ausführlich untersucht haben. Wir brauchen nur die von dort bereits bekannten Resultate durch das inzwischen eingeführte Hilfsmittel der RIEMANNschen Fläche noch anschaulicher zu machen.

Zunächst ist zu sehen, daß den Punkten des Verzweigungsschnittes reelle $z$ entsprechen; und zwar jedem solchen Werte von $w$ zwei Werte von $z$, von denen immer der eine innerhalb, der andere außerhalb des Einheitskreises liegt, da das Produkt der

Wurzeln der Gleichung (2) gleich 1 ist. Den Verzweigungspunkten selbst entspricht nur je ein $z$: dem $w = +1$ das $z = +1$, dem $w = -1$ das $z = -1$. Umgekehrt entspricht jedem reellen $z$ ein Punkt des Verzweigungsschnittes. Das eine Blatt unserer Fläche entspricht also der positiven, das andere der negativen Halbebene der $z$. Welches welcher, darüber kann hier nicht mehr willkürlich verfügt werden, da wir vorhin schon eine Verfügung getroffen haben; da im Nullpunkt des ersten Blattes das $z$ den Wert $+i$ haben soll, so muß dieses Blatt der positiven Halbebene entsprechen, das andere dann der negativen. Damit ist festgelegt, wie sich die beiden Buchstaben, die in der Figur 13h je einem Bereiche zugewiesen sind, auf die beiden Blätter verteilen; wir erhalten die beiden folgenden Figuren, neben die zu leichterem Vergleich die Fig. 13e noch einmal abgedruckt ist.

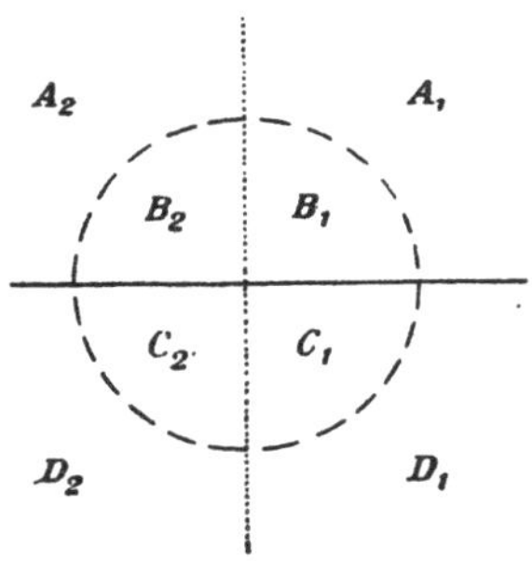

Fig. 13e. $z$-Ebene.

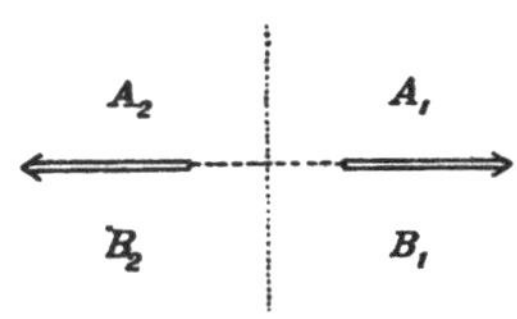

Fig. 35a. Erstes Blatt über der $w$-Ebene.

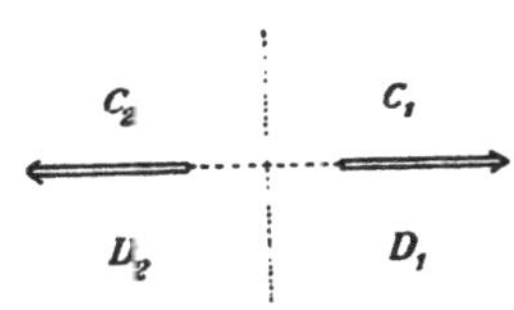

Fig. 35b. Zweites Blatt über der $w$-Ebene.

Beachtenswert sind die Verhältnisse in der Umgebung des unendlich fernen Punktes in den beiden Blättern der $w$-Ebene: entwickeln wir die Wurzelgröße nach fallenden Potenzen von $w$, so erhalten wir:

$$5)\quad \sqrt{w^2-1} = w\sqrt{1-\frac{1}{w^2}} = \pm w\left\{1-\frac{1}{2w^2}+\frac{1}{8w^4}-+-\ldots\right\},$$

also wird der eine Wert von $z$ gleich

$$6)\quad \frac{1}{2w}-\frac{1}{8w^3}+-\ldots,$$

der andere gleich:

$$7)\quad 2w-\frac{1}{2w}+\frac{1}{8w^3}-+\ldots$$

Der erste wird im Unendlichen Null, der andere unendlich; wie die Figuren zeigen, gilt die erste Entwicklung für denjenigen „Flächenteil“ (vgl. den Schluß von § 59), der aus der unteren Halbebene des ersten Blattes und der oberen des zweiten besteht, der andere für den andern.

Hätten wir den Verzweigungsschnitt statt längs der beiden äußeren Stücke der Achse der reellen $z$ längs der kürzesten Verbindungslinie der Verzweigungspunkte gezogen, so würden die Gebiete $A_1$, $A_2$, $D_1$, $D_2$ das eine, die Gebiete $B_1$, $B_2$, $C_1$, $C_2$ das andere Blatt der Fläche gebildet haben; dann hätte also das eine Blatt dem Inneren, das andere dem Äußeren des Einheitskreises der $z$-Ebene entsprochen.

Wollen wir noch mehr ins einzelne gehen, so würden wir zweckmäßigerweise vor allem in die Figuren die Kreise und Halbgeraden einerseits, die konfokalen Ellipsen und Hyperbeln andererseits eintragen, von denen S. 70 die Rede war.

Nach § 62 muß sich $z$ rational durch

8) $$s = \sqrt{\frac{w-1}{w+1}}$$

ausdrücken lassen; in der Tat findet man:

9) $$z = \frac{1-s}{1+s}.$$

Das ist eine gebrochene Funktion ersten Grades; es läßt sich also auch umgekehrt $s$ rational durch $z$ ausdrücken:

10) $$s = \frac{1-z}{1+z},$$

und man könnte statt $z$ auch $s$ als diejenige Funktion der Fläche wählen, durch die man alle andern Funktionen der Fläche rational ausdrückt. In der Tat ergibt sich z. B.

11) $$\sqrt{1-w^2} = \frac{2is}{1-s^2} = i\frac{1-z^2}{2z}.$$

Damit läßt sich auch die vorhin zurückgeschobene Frage leicht beantworten, welchem Gebiete unserer Fläche der Hauptwert dieser Quadratwurzel zukommt. Diese Gebiete müssen durch die Linie oder die Linien begrenzt sein, längs deren die Quadratwurzel rein imaginär wird. Das tritt längs der Achse der reellen $z$ ein, und längs keiner andern Linie; ihr entspricht der Verzweigungsschnitt über der $w$-Ebene. Also gehört der Hauptwert dem ganzen ersten Blatt zu.

Wir können uns übrigens jetzt, wo wir im Besitze der Exponential- und trigonometrischen Funktionen komplexen Arguments sind, die Beziehung zwischen $z$ und $w$ auch durch Einführung anderer Hilfsvariablen verständlich machen, als der $Z$ und $W$, die wir in § 21a benutzt hatten. Setzen wir etwa

12) $$w = \cos\eta,$$

so ergibt sich aus § 40 (4) und (16):

13) $$z = e^{\eta}.$$

In der Tat entsprechen vermöge dieser Gleichungen den konzentrischen Kreisen um den Nullpunkt der $z$-Ebene und den Halbstrahlen vom Nullpunkt aus in der $\eta$-Ebene nach § 42, III Parallele zu den Achsen, diesen nach § 42, IV die konfokalen Ellipsen und Hyperbeln.

## § 62 d. Die Funktion Arcus sinus $w$.

Wollen wir wie für reelle Variable die Funktion Arcus sinus $w$ durch das Integral

1) $$J = \arcsin w = \int_0^w \frac{d\omega}{\sqrt{1-\omega^2}}$$

definieren, so müssen wir noch zwei nähere Angaben hinzufügen: wir müssen über den zu wählenden Integrationsweg und über den der Quadratwurzel beizulegenden Wert etwas festsetzen.

In ersterer Beziehung wollen wir verabreden, daß wir den Integrationsweg ganz willkürlich lassen wollen; nur wollen wir vermeiden, ihn durch einen der Verzweigungspunkte hindurch zu legen, da das auf Schwierigkeiten führen würde. Dagegen braucht der Fall nicht ausgeschlossen zu werden, daß die obere Grenze des Integrals in einen dieser Werte hineinrückt; indem wie bei reellen Variablen gezeigt werden kann, daß sich das Integral dabei einer bestimmten endlichen Grenze nähert. Wir werden nicht annehmen dürfen, daß der Wert des Integrals vom Integrationsweg ganz unabhängig sei; das Zeichen $\arcsin w$ ist also durch die Gleichung (1) vieldeutig definiert, wir wollen aber alle die Werte, die es der Definition gemäß annimmt, als zu einer und derselben vieldeutigen Funktion von $w$ gehörig betrachten.

Was das der Wurzel beizulegende Vorzeichen betrifft, so können wir es für die untere Grenze der Integration beliebig wählen; und wir wollen verabreden, daß dort der Wurzel der Wert $+1$ beigelegt werden soll. Damit ist aber ihr Wert für den ganzen weiteren Integrationsweg festgelegt, wenn wir noch fordern, daß sie sich längs des Integrationswegs stetig ändern soll. Ein Zweifel könnte nur eintreten, wenn der Integrationsweg durch einen der Punkte $\omega = +1$ oder $\omega = -1$ hindurchführte; das aber haben wir bereits ausgeschlossen. Wir werden am einfachsten angeben können, welcher Wert der Quadratwurzel in jedem Punkt des Integrationsweges zuzuschreiben ist, wenn wir uns der im vorigen Paragraphen bereits eingeführten RIEMANNschen Fläche bedienen, auf der diese Quadratwurzel eine eindeutige und im allgemeinen stetige Funktion des Ortes ist, und den Integrationsweg auf sie übertragen: in jedem seiner Punkte ist dann derjenige Wert der Wurzeln zu nehmen, der diesem Punkte der Fläche zugehört.

Nach diesen Festsetzungen können wir an die Beantwortung der Frage gehen, ob das Integral sich etwa durch bereits eingeführte Funktionen ausdrücken läßt. Das gelingt in der Tat, wenn wir vermöge der Gleichungen des vorigen Paragraphen die dort definierte Funktion $z$ von $w$, bzw. $\zeta$ von $\omega$ als Integrationsvariable einführen; es geht dann über in:

2) $$i\int_i^z \frac{d\zeta}{\zeta} = i(\log z - \log i) = i \log(-iz) = i\log(-iw + \sqrt{1-w^2}).$$

(Als untere Grenze ist dabei $z = + i$, nicht $z = - i$ zu nehmen, da nur der erstere, nicht der letztere Wert demjenigen der beiden über dem Nullpunkt der $w$-Ebene gelegenen Flächenpunkte zukommt, in dem die Quadratwurzel den Wert $+ 1$ hat, der ihr nach der vorhin getroffenen Verabredung an der unteren Grenze beizulegen ist.)

Um dann zu untersuchen, welcher Wert des Logarithmus für einen vorgeschriebenen Integrationsweg zu nehmen ist, oder wie wir umgekehrt den Integrationsweg zu nehmen haben, wenn wir einen bestimmten Wert des Logarithmus, z. B. seinen Hauptwert, bekommen wollen, müssen wir nur zusehen, wie die Wege in der $z$-Ebene und auf der Fläche über der $w$-Ebene einander zugeordnet sind. Das aber ist aus den Figuren des vorigen Paragraphen ohne Schwierigkeit zu entnehmen.

Beschränken wir den Integrationsweg von $w$ zunächst auf das erste Blatt, so bleibt der von $z$ oberhalb der Achse der reellen $z$, also der von $(-iz)$ rechts von der Achse der rein imaginären $(-iz)$, dem Logarithmus von $(-iz)$ ist der Hauptwert beizulegen. Wir wollen den zugehörigen Wert auch als den Hauptwert des Arcus sinus im ersten Blatt der RIEMANNschen Fläche bezeichnen: sein reeller Bestandteil liegt zwischen $-\frac{\pi}{2}$ und $+\frac{\pi}{2}$. Insbesondere durchläuft er stetig wachsend die reellen Werte von $-\frac{\pi}{2}$ bis $+\frac{\pi}{2}$, wenn $w$ stetig wachsend die reellen Werte von $-1$ bis $+1$ durchläuft.

Überschreiten wir dann etwa den rechts gelegenen Teil des Verzweigungsschnittes, um von $A_1$ nach $D_1$ oder von $B_1$ nach $C_1$ zu gelangen, so entspricht dem in der $z$-Ebene eine Überschreitung der Halbachse der positiv reellen $z$, also in der Ebene der $(-iz)$ eine

Überschreitung der Halbachse der negativ rein imaginären $(-iz)$. Bleiben wir dann im zweiten Blatt, ohne aufs neue einen Querschnitt zu überschreiten, so bleibt der imaginäre Bestandteil des Logarithmus zwischen $-\pi i/2$ und $-3\pi i/2$, also der reelle Bestandteil des Arcus sinus zwischen $\pi/2$ und $3\pi/2$. Wir mögen diesen Wert etwa als „Hauptwert des Arcus sinus im zweiten Blatt der RIEMANNschen Fläche" bezeichnen.

Zwei Punkten der Fläche, die in den beiden Blättern übereinander liegen, entsprechen zwei Werte von $z$, deren Produkt gleich 1 ist, also zwei Werte von $(-iz)$, deren Produkt gleich $-1$ ist. Die Summe eines Logarithmus des ersten und eines Logarithmus des zweiten ist ein ungerades Vielfaches von $\pi i$; die Summe der beiden Hauptwerte des Arcus sinus genau gleich $\pi$.

Überschreiten wir aber, vom ersten Blatte kommend, den links gelegenen Teil des Verzweigungsschnittes, so zeigt eine ganz parallel gehende Überlegung, daß dem in der Ebene der $(-iz)$ eine Überschreitung der Halbachse der positiv rein imaginären $(-iz)$ entspricht, und daß wir also auf diese Weise zu einem weiteren Wert des Arcus sinus gelangen, dessen reeller Bestandteil zwischen den Grenzen $-\pi/2$ und $-3\pi/2$ liegt.

Kehren wir, nachdem wir aus dem ersten Blatte über den rechts gelegenen Teil des Verzweigungsschnittes ins zweite Blatt gelangt sind, über den links gelegenen Teil desselben wieder ins erste zurück, so entspricht dem, daß wir in der Ebene der $(-iz)$ zuerst aus der rechts gelegenen Halbebene über die Halbachse der negativ rein imaginären Zahlen in die links gelegene und von da über die Halbachse der positiv rein imaginären Zahlen wieder in die rechts gelegene zurückgelangen. Das ist aber eine Umkreisung des Nullpunktes dieser Ebene im negativen Sinne; sie bedingt eine Vermehrung des Logarithmus um $-2\pi i$, also eine Vermehrung des Arcus sinus um $2\pi$.

Eine solche geschlossene Kurve auf der Fläche kann durch stetige Umformung in eine Kurve transformiert werden, die in dem einen „Flächenteile" den unendlich fernen Punkt umgibt. In der Tat ist das Residuum der zu integrierenden Funktion von $\omega$ im unendlich fernen Punkt im einen Flächenteil $+1$, im andern $-1$; der Wert des Integrals genommen um eine Kurve, die den einen oder anderen dieser Punkte im positiven Sinne umkreist, also $\pm 2\pi i$.

Aus den bisher betrachteten Wegen und ihren Umkehrungen läßt sich nun der allgemeinste Weg auf der Fläche zusammensetzen. Wir können also die Resultate folgendermaßen resumieren:

*Die durch die Gleichung (1) definierte Funktion Arcus sinus w ist eine unendlich vieldeutige Funktion. Ihre Werte zerfallen in zwei Reihen, entsprechend den beiden Werten der Quadratwurzel. In jeder dieser Reihen gehen alle Werte aus dem Hauptwert durch Addition oder Subtraktion beliebiger ganzzahliger Vielfacher von $2\pi$ hervor. Zwischen dem Hauptwert der ersten Reihe und dem der zweiten besteht die Beziehung, daß ihre Summe beständig gleich $\pi$ ist.*

Führen wir durch Gleichung (12) von § 62c das $\eta$ als Integrationsvariable ein, so finden wir, daß ein Wert unseres Integrals gleich $\pi/2 - \eta$ ist. Dadurch ist dann die Verbindung mit den Eulerschen Relationen von § 40 auch hier hergestellt. Indessen würde auch diese Betrachtungsweise zu ihrer vollständigen Durchführung eine Diskussion der verschiedenen Integrationswege erfordern. Auf jeden Fall aber erkennt man, daß das Integral (1) in der Tat die vollständige Umkehrung der Funktion Sinus darstellt, in dem Sinne, daß es alle Lösungen der Gleichung $\sin J = w$, und nur diese zu Werten hat.

## § 63. Die Funktion $\sqrt[n]{z}$.

Nach der in den letzten Paragraphen ausführlich vorgenommenen Untersuchung des speziellen Falls der Quadratwurzel wird uns der allgemeine Fall der $n^{\text{ten}}$ Wurzel aus $z$ keine Schwierigkeit mehr bereiten. Wir definieren wieder:

I. *Unter der $n^{\text{ten}}$ Wurzel einer komplexen Größe $z$:*

1) $$s = \sqrt[n]{z}$$

*($n$ eine positive ganze Zahl) verstehen wir eine komplexe Größe $s$, die der Gleichung:*

2) $$s^n = z$$

*genügt.*

Führen wir wie § 58:

3) $$\eta = \log z$$

als unabhängige Veränderliche ein, so finden wir wie dort:

II. *Wir erhalten alle Paare zusammengehöriger Werte von $z$ und $s$, welche die Gleichung (2) befriedigen, wenn wir:*

4) $$z = e^{\eta}, \qquad s = e^{\eta/n}$$

*setzen und $\eta$ als unabhängige Variable betrachten.*

III. *Nehmen wir für log z in (3) den Hauptwert* $\eta_0$, *so erhalten wir aus (4) den „Hauptwert* $s_0$ *der* $n^{ten}$ *Wurzel"; er ist dadurch charakterisiert, daß sein Arcus* $\psi$ *den Bedingungen:*

5) $$-\frac{\pi}{n} < \psi \leqq \frac{\pi}{n}$$

*genügt.*

Aus dem Hauptwert des Logarithmus entstehen alle andern Werte desselben durch Addition von $2k\pi i$, wo $k$ eine ganze Zahl bedeutet. Ist $\varkappa$ der kleinste positive Rest dieser ganzen Zahl nach dem Zahlenmodul $n$, so erhält man, wenn man in (4) $\eta = \eta_0 + 2k\pi i$ setzt:

6) $$s = \varepsilon^{\varkappa} s_0;$$

darin bedeutet $\varepsilon$ (vgl. § 18, 3) die bestimmte komplexe Größe:

7) $$\varepsilon = e^{\frac{2\pi i}{n}} = \cos\frac{2\pi}{n} + i\sin\frac{2\pi}{n}.$$

Die $n$ Potenzen dieser Größe:

$$\varepsilon^0 = 1, \quad \varepsilon^1, \quad \varepsilon^2, \ldots, \quad \varepsilon^{n-1}$$

sind alle voneinander verschieden; denn wäre etwa:

$$\varepsilon^{\varkappa} = \varepsilon^{\lambda},$$

so würde folgen:

$$\varepsilon^{\varkappa-\lambda} = 1,$$

was nicht der Fall ist. Es gibt folglich für die $n^{te}$ Wurzel außer dem Hauptwert noch $n - 1$ Nebenwerte; wir können sagen:

IV. *Zu jedem von 0 und* $\infty$ *verschiedenen Werte der komplexen Größe z gehören n und nur n verschiedene Werte von s, welche der Gleichung* (2) *Genüge leisten.*

Infolgedessen braucht man, um die $n^{te}$ Wurzel zu einer eindeutigen Funktion des Ortes auf einer Fläche zu machen, von der unendlichvielblättrigen Fläche des Logarithmus nur $n$ Blätter. Soll die Funktion auch stetig auf der Fläche sein, so muß sich an das $n^{te}$ Blatt das erste wieder anschließen; damit das geschehen kann, muß die Schlußkante des $n^{ten}$ Blattes die sämtlichen unter ihr liegenden Flächenteile durchdringen, um die zu unterst liegende Anfangskante des ersten Blattes erreichen und sich mit ihr verschmelzen zu können.

Man wird sich auch von dieser Fläche am ehesten eine Vorstellung machen, wenn man sie sich allmählich entstehend denkt. Das geschieht wie § 59 im speziellen Falle $n = 2$; man hat nur den beweglichen Radius, statt zwei, $n$ Umgänge ausführen und erst nach dem $n^{\text{ten}}$ die unter ihm liegenden Flächenteile durchsetzen und sich mit dem Anfangsrand vereinigen zu lassen.

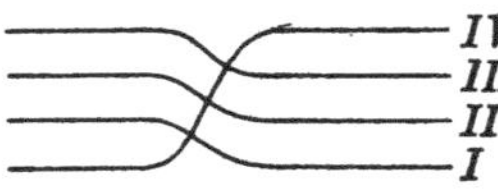


Fig. 36.

Fig. 36 stellt einen senkrecht zur Halbachse der negativ reellen Zahlen geführten Schnitt durch die Fläche (für $n = 4$) dar, vom Nullpunkt aus gesehen. Der Nullpunkt ist ein Verzweigungspunkt der Fläche, und zwar ein $(n - 1)$-facher; geht man von der Ebene zur Kugel über, so erscheint auch der Punkt $\infty$ als $(n - 1)$-facher Verzweigungspunkt.

V. *Was die Zusammenhangsverhältnisse dieser Fläche betrifft, so sind sie auch im allgemeinen Falle eines beliebigen n dieselben wie die der Kugel.* Man kann das nach jeder der in § 60 besprochenen Methoden erkennen. Will man eine stetige Umformung haben, so muß man sich zuerst das innerste Blatt aus dem zweiten von innen herausgezogen denken, dann die aus der Umformung dieser beiden Blätter entstehende Kugel aus dem dritten usw. Läßt man vorläufige Zerschneidung unter der Bedingung nachheriger Wiedervereinigung zu, so forme man jedes einzelne Blatt in der § 60 a. E. angegebenen Weise so lange um, bis der Winkel im Nullpunkt auf $\frac{2\pi}{n}$ reduziert ist, und lege die Blätter dann nebeneinander.

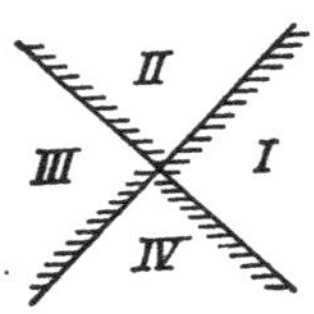


Fig. 37.

Es bedarf kaum mehr der Erwähnung daß man die Beziehung der so eingeteilten Kugel auf die $n$-blättrige Fläche auch als eine konforme, eben durch die Gleichung $s^n = z$ vermittelte, sich vorstellen kann.

Die auf dieser Fläche mit Ausnahme einzelner Pole regulären Funktionen sind rationale Funktionen von $s = \sqrt[n]{z}$ und lassen sich wie § 60a behandeln.

Der nur scheinbar allgemeinere Fall der Funktion

$$\sqrt[n]{\frac{z-a}{z-b}}$$

läßt sich, wie in § 62 für $n = 2$ geschehen, auf $\sqrt{z}$ zurückführen. Dagegen gehört die Funktion

$$\sqrt[n]{(z-a)(z-b)} \quad (n > 2)$$

einer andern Klasse von Irrationalitäten an; sie hat, außer bei $a$ und $b$, auch noch im Unendlichen einen Verzweigungspunkt.

## § 64. Die Gleichung $s^2 = 1 - z^3$.

Als Beispiel einer etwas weniger einfachen algebraischen Beziehung möge noch die durch die Gleichung

$$1)\qquad s^2 = 1 - z^3$$

dargestellte Abhängigkeit zwischen $s$ und $z$ besprochen werden. Die Gleichung zeigt zunächst, daß $s$ eine zweiwertige Funktion von $z$ ist; die Faktorenzerlegung:

$$2)\qquad (1 - z^3) \equiv (1 - z)(\varepsilon - z)(\varepsilon^2 - z), \quad \varepsilon = e^{\frac{2\pi i}{3}}$$

läßt erkennen, daß $s$ sein Zeichen ändert, wenn $z$ einen der Punkte $1, \varepsilon, \varepsilon^2$ umkreist, daß also diese Punkte Verzweigungspunkte in der $z$-Ebene sind. Außerdem ist auch $z = \infty$ Verzweigungspunkt, wie die Entwicklung

$$i s = z^{\frac{3}{2}} - \tfrac{1}{2} z^{-\frac{3}{2}} + \ldots$$

zeigt. Wollen wir also einen eindeutigen Zweig von $\varepsilon$ abspalten, so müssen wir diese 4 Punkte so durch Einschnitte verbinden, daß es nicht mehr möglich ist, einen einzelnen derselben zu umkreisen, ohne einen Einschnitt zu überschreiten. Wir können das in symmetrischer Weise erreichen, wenn wir von den 3 Punkten aus geradlinige Einschnitte so ins Unendliche legen, daß sie rückwärts verlängert den Nullpunkt treffen. Solcher eingeschnittenen $z$-Ebenen müssen wir 2 Exemplare nehmen und sie längs der Einschnitte kreuzweise aneinander heften, um eine Fläche zu bekommen, auf der auch $s$ als einwertige und stetige Funktion des Ortes dargestellt werden kann.

Umgekehrt ist $z$ eine dreiwertige Funktion von $s$:

$$z = \sqrt[3]{(1 - s)(1 + s)}.$$

Umkreist $s$ einen der Punkte $+1$ oder $-1$ seiner Ebene in positivem Sinne, so tritt zu $z$ jedesmal $\varepsilon$ als Faktor; diese beiden Punkte sind also Verzweigungspunkte in der $s$-Ebene. Außerdem ist auch $s = \infty$ Verzweigungspunkt. Man wird also einen dieser drei Verzweigungspunkte durch Einschnitte mit den beiden andern zu verbinden haben; in symmetrischer Weise erreicht man das, wenn man die $s$-Ebene längs der Achse der reellen $s$, mit Ausnahme der Strecke zwischen $-1$ und $+1$, einschneidet. Von solchen eingeschnittenen $s$-Ebenen hat man dann 3 Exemplare längs der Einschnitte aneinander zu heften. Definiert man die Blätter dadurch, daß für $s = 0$ im ersten Blatt $z = 1$, im zweiten $z = \varepsilon$, im dritten $z = \varepsilon^2$ sein soll, so muß positive Umkreisung jedes der beiden im Endlichen gelegenen Verzweigungspunkte aus dem ersten Blatt ins zweite, aus diesem ins dritte, aus diesem wieder ins erste führen; man muß also längs $(\infty, -1)$ die positive Halbebene des $\left\{\begin{matrix}1\\2\\3\end{matrix}\right\}$ Blattes mit der negativen des $\left\{\begin{matrix}2\\3\\1\end{matrix}\right\}$ zusammenhängen lassen, dagegen längs $(1, \infty)$ die positive Halbebene des $\left\{\begin{matrix}1\\2\\3\end{matrix}\right\}$ Blattes mit der negativen des $\left\{\begin{matrix}3\\1\\2\end{matrix}\right\}$ Blattes. Vom Punkte $\infty$ gehen also zwei Übergangslinien aus, längs deren die Blätter in verschiedener Weise zusammenhängen; man bestätigt, daß man bei einmaligem Umlauf um diesen Punkt in positivem Sinne (d. h. so, daß er zur Linken liegt) aus dem ersten ins zweite Blatt gelangt, wie es sein muß. (Es gilt nämlich in der Umgebung von $s = \infty$ die Entwicklung:

$$z = -s^{\frac{2}{3}} + \tfrac{1}{3} s^{-\frac{4}{3}} + \ldots;$$

umkreist man $s = \infty$ in positivem Sinne, so tritt zu $s^{\frac{1}{3}}$ der Faktor $\varepsilon^2$, also zu jedem Glied der genannten Entwicklung der Faktor $\varepsilon$.)

Jene zweiblättrige Fläche über der $z$-Ebene und diese dreiblättrige Fläche über der $s$-Ebene sind nun durch die Gleichung (1) unkehrbar eindeutig und im allgemeinen (d. h. ausgenommen die Verzweigungspunkte beider Flächen und ihre Bilder) konform aufeinander abgebildet. Wollen wir diese Abbildung ins einzelne verfolgen, so müssen wir vor allem wissen, welche Linien jeder Fläche den Übergangslinien der andern Fläche entsprechen. Zu diesem Zwecke setzen wir:

$$z = x + iy, \quad s = u + iv$$

und trennen in Gleichung (1) Reelles und Imaginäres; wir erhalten so:

$$u^2 - v^2 = 1 - x^3 + 3xy^2 \tag{3}$$

$$2uv = -3x^2y + y^3. \tag{4}$$

Den Übergangslinien:

$$\begin{aligned} &y = 0, && x > 1 \\ &\left.\begin{aligned} y &= x\sqrt{3} \\ y &= -x\sqrt{3} \end{aligned}\right\}, && x < -\tfrac{1}{2} \end{aligned}$$

entspricht sonach die eine Linie $u = 0$ (in den 3 Blättern der Fläche über der $s$-Ebene); den Übergangslinien:

$$v = 0, \quad u < -1 \quad \text{und} \quad v = 0, \quad u > 1$$

entsprechen die Linien:

$$y = 0, \qquad x < 0$$

$$\left.\begin{array}{l} y = \phantom{-}x\sqrt{3} \\ y = -x\sqrt{3} \end{array}\right\}, \quad x > 0$$

(in beiden Blättern der Fläche über der $z$-Ebene). Ziehen wir diese

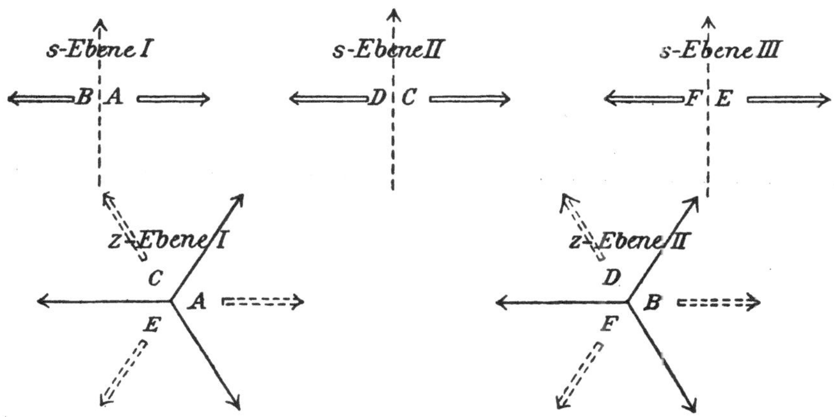


Fig. 38.

Linien auf den beiden Flächen, so zerfällt jede in sechs Teile; die Figg. 38 geben an, wie diese Teile einander zugeordnet sind. Um diese Zuordnung festzulegen, müssen wir (was oben noch nicht nötig war) auch die beiden Blätter der Fläche über der $z$-Ebene voneinander unterscheiden; etwa durch die Festsetzung, daß im Nullpunkt des ersten Blattes $s = 1$, in dem des zweiten $s = -1$ sein soll. Dann ist z. B. das Gebiet $A$ dadurch definiert, daß es die Punkte $(z = 0,\ s = 1)$ und $(z = 1,\ s = 0)$ enthält; $B$ enthält $(z = 0,\ s = -1)$ und $(z = 1,\ s = 0)$ usf.

Will man die Abbildung etwa des Gebietes $A_s$ auf das Gebiet $A_z$ noch näher untersuchen, so mag man aus den Formeln (3) und (4) noch entnehmen, daß folgende Linien beider Gebiete sich entsprechen:

$$u^2 - v^2 = 1, \quad u > 0, \quad v > 0 \ldots x + y\sqrt{3} = 0, \quad y < 0$$
$$u^2 - v^2 = 1, \quad u > 0, \quad v < 0 \ldots x - y\sqrt{3} = 0, \quad y > 0$$
$$v = 0, \quad 0 < u < 1 \quad \ldots \quad y = 0, \quad 0 < x < 1.$$

Man erhält dadurch je 4 Untergebiete, die einander so entsprechen, wie in der Fig. 39 angegeben.

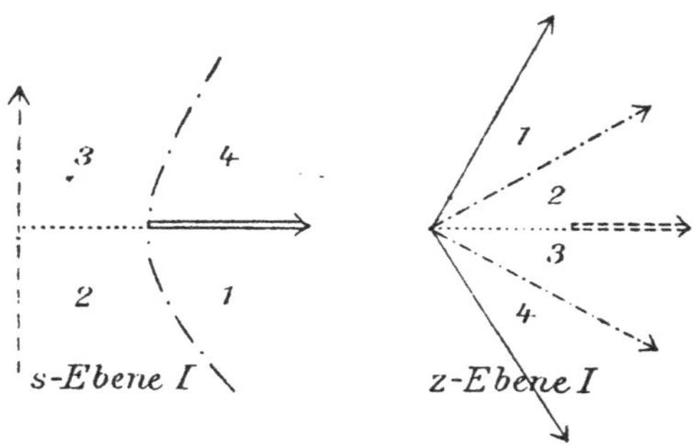


Fig. 39.

Wollte man noch weiter gehen, so würde es hier nicht zweckmäßig sein, nach den Kurven zu fragen, die den Parallelen zu den Achsen jeder andern Ebene entsprechen. Dagegen ist aus Gleichung (3) und (4) zu entnehmen, daß den Hyperbeln der $s$-Ebene:

$$u^2 - v^2 = C_1, \quad 2uv = C_2$$

Kurven der $z$-Ebene entsprechen, deren Eigenschaften sich aus ihren Gleichungen in Polarkoordinaten:

$$\varrho^3 \cos 3\varphi = 1 - C_1, \quad \varrho^3 \sin 3\varphi = -C_2$$

ergeben.

## § 65. Übergang von der Mittag-Lefflerschen Partialbruchzerlegung zur Weierstrassschen Produktentwicklung.

Haben wir eine Funktion der in § 51 betrachteten Art, deren sämtliche Pole einfach und deren sämtliche Residuen $= 1$ sind, die sich also durch eine Reihe der Form darstellen läßt:

$$1) \qquad \varphi(z) = \sum_{\nu=0}^{\infty} \left\{ \frac{1}{z - a_\nu} + a_{\nu 0} + a_{\nu 1} z + \ldots + a_{\nu k} z^k \right\},$$

so können wir (als Umkehrung des Satzes § 46, II) zeigen, daß diese Funktion die logarithmische Ableitung einer ganzen transzendenten Funktion $f(z)$, d. h. daß:

$$2) \qquad \varphi(z) = \frac{d \log f(z)}{dz} = \frac{f'(z)}{f(z)}$$

ist. Nach § 35, VI ist $\int_0^z \varphi(z)\, dz$ in jedem einfach zusammenhängenden

Bereich regulär, der keinen der Punkte $a_\nu$ in seinem Innern enthält; lassen wir $z$ einen der Punkte $a_\nu$ umkreisen, so vermehrt sich das Integral um $2\pi i$. Infolgedessen ist, wenn $b$ nicht zu den $a_\nu$ gehört:

$$\exp\left(\int\limits_b^z \varphi(z)\,dz\right)$$

eine in der ganzen Ebene, zunächst abgesehen von den Punkten $a_\nu$, reguläre Funktion; in der Umgebung von $a_\nu$ ist sie gleich dem Produkt aus $z - a_\nu$ in eine reguläre Funktion. Also kann sie dadurch zu einer in der ganzen Ebene regulären, d. h. ganzen transzendenten Funktion gemacht werden, daß man ihr in den Punkten $a_\nu$ den Wert Null zuschreibt. Von dieser ganzen transzendenten Funktion ist dann $\varphi(z)$ die logarithmische Ableitung.

Wegen ihrer gleichmäßigen Konvergenz dürfen wir die Reihe (1) auf einem beliebigen Wege, der nur keinen der Punkte $a_\nu$ enthält, gliedweise integrieren. Unbeschadet der Allgemeinheit[1] dürfen wir annehmen, Null gehöre nicht zu den $a_\nu$; dann können wir Null zur unteren Grenze der Integrale nehmen und erhalten so die ebenfalls unbedingt und in demselben Umfange wie (1) gleichmäßig konvergente Reihe:

$$3)\qquad \int\limits_0^z \varphi(z)\,dz = \sum_{\nu=1}^{\infty}\left\{\log\left(1-\frac{z}{a_\nu}\right) + a_{\nu 0}\,z + \dots + \frac{a_{\nu k}}{k+1}\,z^{k+1}\right\}.$$

Nun gilt der Hilfssatz:

$$4)\qquad \exp\left(\lim_{n=\infty} s_n\right) = \lim_{n=\infty}\left(\exp s_n\right),$$

(die Existenz des Grenzwertes $\lim\limits_{n=\infty} s_n$ vorausgesetzt), da die Exponentialfunktion eine stetige Funktion ihres Argumentes ist (A. A. § 50, 7); aus ihm, aus der Definition der unendlichen Reihe und des unendlichen Produkts folgt

$$5)\qquad \exp\left(\sum_{\nu=1}^{\infty} u_\nu\right) = \prod_{\nu=1}^{\infty} e^{u_\nu},$$

d. h.:

I. *Wenn die Reihe* $\sum\limits_{\nu=1}^{\infty} u_\nu$ *konvergiert, konvergiert auch das Produkt* $\prod\limits_{\nu=1}^{\infty} e^{u_\nu}$, *und zwar gegen einen von Null verschiedenen Grenzwert.*

[1] Gehört Null zu den $a_\nu$, so braucht man nur $\varphi(z) - \dfrac{1}{z}$ statt $\varphi(z)$ zu untersuchen.

Infolgedessen können wir aus Gleichung (3) die folgende ableiten;

$$6)\qquad f(z) = e^{\int\limits_0^z \varphi(z)\,dz} = \prod_{\nu=1}^{\infty} \left\{ \left(1 - \frac{z}{a_\nu}\right) e^{a_{\nu_0} z + \ldots + \frac{a_\nu k}{k+1} z^{k+1}} \right\}.$$

II. *Die ganze transzendente Funktion $f(z)$, die die Punkte $a_\nu$ zu einfachen Nullpunkten hat, läßt sich in der Gestalt des unendlichen Produkts (6) analytisch darstellen, vorausgesetzt, daß die Punkte $a_\nu$ der Bedingung des § 51 genügen und daß die Koeffizienten $a_{\nu\varrho}$ den dort gegebenen Regeln gemäß bestimmt werden.*

Ist nun irgend eine ganze transzendente Funktion $F(z)$ gegeben, welche die Punkte $a_\nu$ ebenfalls zu einfachen Nullpunkten hat, so wird der Quotient $F(z)/f(z)$ eine in der ganzen Ebene reguläre, also ganze transzendente Funktion $E(z)$ sein, die überdies nirgends Null wird. Der Logarithmus einer solchen Funktion ist auch noch in der ganzen Ebene regulär (vgl. § 38, X); es ist also:

$$7)\qquad E(z) = e^{g(z)},$$

wo $g(z)$ ebenfalls eine ganze transzendente Funktion bedeutet. Folglich gilt der Satz:

III. *Die allgemeinste ganze transzendente Funktion, welche die Punkte $a_\nu$ zu einfachen Nullpunkten hat, läßt sich in der Form darstellen:*

$$8)\qquad F(z) = f(z)\, e^{g(z)},$$

*in der $f(z)$ das Produkt (6), $g(z)$ irgend eine ganze transzendente Funktion bedeutet.*

Als Beispiel für Satz II mögen etwa die beiden *Produktentwicklungen des Sinus* angeführt werden, die sich aus den Partialbruchentwicklungen der Kotangente, § 52, (2) und (18), ergeben:

$$9)\qquad \sin(\pi z) = \pi z \Pi' \left\{ \left(1 - \frac{z}{\nu}\right) e^{\frac{z}{\nu}} \right\}$$

und

$$10)\qquad \sin \pi(a + z) = \sin(\pi a) \,.\, e^{\pi z \cot(\pi a)} \prod_{\nu=-\infty}^{+\infty} \left\{ \left(1 - \frac{z}{\nu - a}\right) e^{\frac{z}{\nu - a}} \right\};$$

speziell für $a = \frac{1}{2}$:

$$11)\qquad \cos \pi z = \prod_{\nu=-\infty}^{+\infty} \left\{ \left(1 - \frac{2z}{2\nu - 1}\right) e^{\frac{2z}{2\nu-1}} \right\}.$$

Der Akzent am Produktzeichen in (9) hat analoge Bedeutung wie früher der Akzent am Summenzeichen.

Faßt man in den Produkten (9) und (11) je zwei Faktoren zusammen, die zu entgegengesetzt gleichen Werten von $\nu$, bzw. $2\nu-1$ gehören, so erhält man die aus den Elementen bekannten Produktdarstellungen (A. A. § 83).

# SECHSTER ABSCHNITT.

## Allgemeine Funktionentheorie.

### § 66. Das Prinzip der analytischen Fortsetzung.

Wir haben im vorigen Abschnitt bereits eine Reihe mehrwertiger Funktionen einer komplexen Veränderlichen untersucht; wir haben aber noch gar nicht die Frage prinzipiell aufgeworfen und entschieden, unter welchen Umständen wir denn überhaupt, wenn jedem Werte einer komplexen Veränderlichen mehrere Werte einer andern zugeordnet sind, diese letzteren zusammen als eine mehrwertige Funktion (und nicht als verschiedene einwertige Funktionen) der ersteren ansehen wollen. Wir müssen dieser Frage jetzt näher treten; dazu beginnen wir mit folgender Überlegung:

Es sei in der Ebene (bzw. auf der Kugel) ein begrenzter Bereich $S$ und eine in diesem Bereiche reguläre Funktion von $z$ gegeben. Wir betrachten dann einen Bereich $S'$, von dem $S$ ein Teil ist, und fragen, ob eine Funktion existiert, welche innerhalb $S'$ überall eindeutig definiert und regulär ist, und welche innerhalb $S$ mit der zuerst gegebenen Funktion identisch ist. (Daß, wenn überhaupt eine, jedenfalls nur eine solche Funktion existieren kann, folgt aus Satz VII von § 39.)

I. *Ist es uns gelungen, eine solche Funktion zu finden, so sagen wir mit Weierstrass: wir haben die gegebene Funktion über ihren ursprünglichen Definitionsbereich hinaus analytisch fortgesetzt.*

Wir könnten die Frage, ob eine solche Funktion existiert, als eine Frage der Lehre von den linearen partiellen Differentialgleichungen auffassen. Der reelle und der imaginäre Bestandteil einer regulären Funktion komplexen Arguments genügen ja den Cauchy-Riemannschen Differentialgleichungen; die Aufgabe würde also auch so formuliert werden können: Die Werte zweier Funktionen $\bar{u}$, $\bar{v}$ längs einer Linie $L$ (eines Stückes der Grenze des ursprünglichen Bereiches $S$) sind vorgeschrieben; es wird verlangt, in der Umgebung dieser Linie zwei Funktionen $u$, $v$ anzugeben, welche den Differentialgleichungen:

$$\frac{\partial v}{\partial x} = -\frac{\partial u}{\partial y}, \quad \frac{\partial v}{\partial y} = \frac{\partial u}{\partial x}$$

genügen und längs dieser Linie sich bzw. auf $\bar{u}$, $\bar{v}$ reduzieren. Diese Formulierung der Aufgabe führt jedoch auf Schwierigkeiten, sobald genau angegeben werden soll, welcherlei Stetigkeitseigenschaften man einerseits von der Linie $L$ und den auf ihr vorgeschriebenen Werten voraussetzen muß, andererseits von den zu bestimmenden Funktionen fordern darf. Wir wollen deshalb die Frage nicht von dieser Seite her angreifen, sondern mit WEIERSTRASS an die Entwicklung der regulären Funktionen in Potenzreihen anknüpfen.

Sei in einem Bereiche $S$ eine reguläre Funktion $f(z)$ definiert; sei $a$ ein innerer Punkt dieses Bereiches. Die TAYLORsche Reihe:

$$1)\quad f(a) + (z-a)f'(a) + \frac{(z-a)^2}{1.2}f''(a) + \ldots + \frac{(z-a)^n}{n!}f^{(n)}(a) + \ldots$$

konvergiert dann (§ 37, III) jedenfalls innerhalb des größten Kreises $\Gamma$ um den Mittelpunkt $a$, der noch ganz dem Bereiche $S$ angehört, und zwar gegen $f(z)$. *Es kann aber sehr wohl sein, daß sie noch darüber hinaus innerhalb eines Kreises $\Gamma'$ mit demselben Mittelpunkt konvergiert.* Die Fläche dieses Kreises $\Gamma'$ hat mit dem gegebenen Bereiche $S$ jedenfalls einen kontinuierlichen Bereich $\Sigma$ gemein, von der die Fläche des Kreises $\Gamma$ ein Teil ist; sie kann möglicherweise (vgl. die Fig. 40) noch einen oder mehrere andere Bereiche $\Sigma'$ mit $S$ gemein haben, die mit $\Sigma$ nicht zusammenhängen; für diese gelten dann die zunächst folgenden Sätze nicht. Innerhalb $\Sigma$ aber ist der Wert der Reihe (1) nach § 38, V eine eindeutige reguläre Funktion von $z$, die vorläufig mit $\varphi(z)$ bezeichnet werden möge. Die Differenz

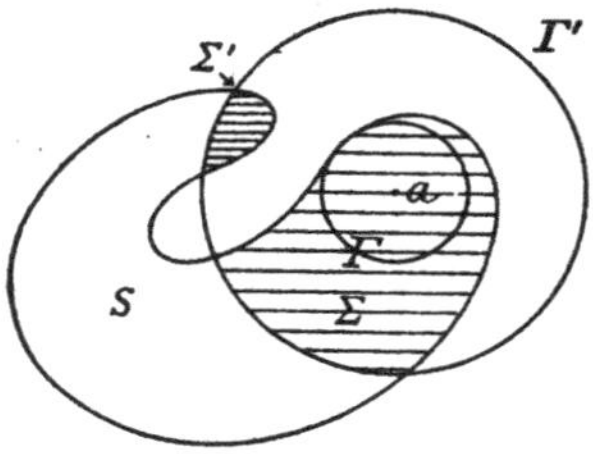

Fig. 40.

$$\varphi(z) - f(z)$$

ist also innerhalb $\Sigma$ überall regulär und in einem Teile von $\Sigma$, nämlich innerhalb $\Gamma$, überall $= 0$. Nach § 39, VII ist sie also im ganzen Bereiche $\Sigma$ Null; d. h. wir haben den Satz:

II. *Wenn die Reihe (1) auch noch in Punkten konvergiert, die nicht mehr dem ursprünglichen Definitionsbereiche der Funktion $f(z)$ angehören, so stimmen beide Funktionen in dem ganzen kontinuierlichen Bereiche $\Sigma$ überein, der zugleich den Definitionsbereichen der Funktion und der Reihe angehört und den Punkt $a$ enthält.*

Wir definieren nun:

III. *In allen nicht zu $\Sigma$ gehörenden Teilen ihres Konvergenzbezirkes $S_1$ stellt die Reihe (1) eine „analytische Fortsetzung" des* *gegebenen „Funktionselementes" $f(z)$ vor; der Definitionsbereich dieser Funktion, der ursprünglich auf $S$ beschränkt war, ist dadurch erweitert.*

IV. *Alle von einem gegebenen Funktionselement aus durch wiederholte analytische Fortsetzung erreichbaren Elemente konstituieren zusammen eine analytische Funktion.*

Es hat keine Schwierigkeit zu zeigen, daß die im vorigen Abschnitt speziell untersuchten mehrdeutigen Funktionen dieser Definition genügen. Einerseits können wir nämlich von einem Zweig aus durch analytische Fortsetzung zu jedem andern gelangen; andererseits kann uns analytische Fortsetzung auch nicht zu andern als den jedesmal berücksichtigten Werten führen. Das letztere ergibt sich aus folgendem allgemeinen Satz:

V. *Ist eine Funktion $f(z)$ in einem Bereiche $S$ regulär definiert, und erfüllt sie in allen Punkten dieses Bereiches eine Gleichung:*

$$G\left(z, f(z), f'(z)\right) = 0,$$

*unter $G$ eine rationale ganze Funktion verstanden, so gilt dieselbe Gleichung auch für alle analytischen Fortsetzungen von $f(z)$.*

Zum Beweise entwickle man $G$ nach Potenzen von $z - a$; da diese Entwicklung n. V. innerhalb $\Sigma$ überall Null ist, muß $G$ nach § 39, VII innerhalb $S_1$ überall Null sein.

Besonders einfach gestaltet sich die analytische Fortsetzung, wenn es sich um das Integral einer eindeutigen Funktion handelt. Ein solches ist zunächst als eindeutige Funktion der oberen Grenze definiert in einem einfach zusammenhängenden Bereich, der die untere Grenze, aber keinen singulären Punkt der zu integrierenden Funktion enthält; solange nämlich auch der Integrationsweg ganz in diesem Bereiche bleibt (§ 35, VI). Geht man dann mit dem Integrationsweg über diesen Bereich hinaus, so erhält man eine analytische Fortsetzung des zuerst definierten Funktionenelementes; und verschiedene solche Fortsetzungen führen zu verschiedenen Funktionswerten, wenn die betreffenden Integrationswege einen singulären Punkt zwischen sich einschließen, dessen Residuum von Null verschieden ist. In den Paragraphen 56, 57a, 62d haben wir Beispiele dafür kennen gelernt.

## § 67. Allgemeine Konstruktion der zu einer analytischen Funktion gehörenden RIEMANNschen Fläche.

Es sei wieder, wie im vorigen Paragraphen, in einem Bereiche $S_1$ ein Funktionselement $f(z)$ gegeben; man habe in einem Bereiche $S_2$, der mit $S_1$ einen kontinuierlichen Bereich $\Sigma_1$ gemein hat, eine

Fortsetzung $f_1(z)$ von $f(z)$ gefunden; dann eine zweite Fortsetzung $f_2(z)$ in einem Bereiche $S_3$, der mit $(S_1 + S_2 - \Sigma_1)$ einen kontinuierlichen Bereich $\Sigma_2$ gemein hat; dann eine dritte Fortsetzung usw.; endlich eine $n^{\text{te}}$ Fortsetzung in einem Bereiche $S_{n+1}$, der mit $(S_1 + S_2 - \Sigma_1 + S_3 - \Sigma_2 + - \ldots + S_n - \Sigma_{n-1})$ einen kontinuierlichen Bereich $\Sigma_n$ gemein hat. Es kann nun vorkommen, daß $S_{n+1}$ mit $S_1$ einen Bereich $\Sigma_{n+1}$ gemein hat, der mit $\Sigma_1$ nicht zusammenhängt. (Fig. 40 zeigte dies für $n = 1$, Fig. 41 zeigt es für $n = 5$.) In diesem Bereiche sind dann zwei Funktionselemente, $f$ und $f_n$, definiert; es ist kein Grund vorhanden, daß diese jedesmal identisch sein müßten. Wir haben daher hier zwei Fälle zu unterscheiden.

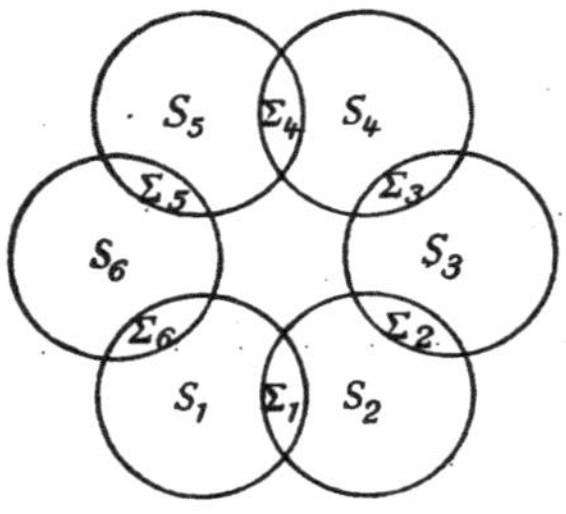


Fig. 41.

I. *Wenn alle Fortsetzungen, die von einem gegebenen Funktionselement aus mittelbar oder unmittelbar erreichbar sind, für dieselben Argumentwerte immer wieder dieselben Funktionswerte liefern, so sagt man: das ursprünglich gegebene Funktionselement erzeugt eine eindeutige analytische Funktion.*

Wenn das aber nicht der Fall ist, können wir uns die obwaltenden Verhältnisse durch folgende geometrische Vorstellung veranschaulichen. Wir denken uns den Definitionsbereich der Funktion schrittweise wachsend, indem wir dem ursprünglichen Bereiche $S_1$ der Reihe nach erst $S_2 - \Sigma_1$, dann $S_3 - \Sigma_2$ usw. hinzufügen. Wenn dann schließlich $S_{n+1} - \Sigma_n$ mit einem Teil $\Sigma_{n+1}$ über den vorher vorhandenen Bereich hinübergreift, wie in den Figg. 40 und 41, und wenn dort $f_n$ mit $f$ übereinstimmt, dann fügen wir nicht das ganze $S_{n+1} - \Sigma_n$, sondern nur $S_{n+1} - \Sigma_n - \Sigma_{n+1}$ bei, und beseitigen die Grenzlinie zwischen dem neu hinzugefügten Stück und $\Sigma_{n+1}$, so daß wir einen zweifach (ev. mehrfach) zusammenhängenden Bereich vor uns haben. *Dieser Bereich ist dann der augenblickliche Definitionsbereich der Funktion; sie ist in ihm eindeutig definiert.* Wenn aber $f_n$ in $\Sigma_{n+1}$ mit $f$ nicht übereinstimmt, dann fügen wir an den vorhandenen Bereich, den wir uns etwa als materielles ebenes Blatt denken mögen, das ganze $S_{n+1} - \Sigma_n$ an. Dieses angesetzte Stück wird dann über $S_1$ hinübergreifen, so daß der mit $\Sigma_{n+1}$ bezeichnete Teil der Ebene von unserem Bereiche doppelt, mit zwei „Blättern“ überdeckt wird. Wir halten diese beiden Blätter in Ge-

Fig. 42.

danken etwa durch einen kleinen Zwischenraum völlig voneinander getrennt. *Der augenblickliche Definitionsbereich der Funktion hat dann im einfachsten Falle die Gestalt eines ebenen krummlinig begrenzten Streifens, dessen Enden sich teilweise überdecken* (*Fig. 42*).

Je nach der Richtung, in welcher wir fortsetzen, kann natürlich bald der eine, bald der andere Fall eintreten. Indem wir aber bei jeder neuen Fortsetzung je nach dem eintretenden Falle in der angegebenen Weise verfahren, entsteht uns schließlich die ganze RIEMANNsche Fläche, die zu der von dem gegebenen Funktionselement erzeugten Funktion gehört. Wir können sagen:

II. *Im allgemeinen bildet die Gesamtheit der analytischen Fortsetzungen eines Funktionselementes eine vieldeutige Funktion von $z$, die aber als eindeutige Funktion des Ortes auf einer geeignet konstruierten* RIEMANN*schen Fläche angesehen werden kann.*

Natürlich kann es vorkommen, daß man nach einer Reihe von Fortsetzungen, die zu verschiedenen Funktionswerten für dasselbe $z$ geführt haben — z. B. nach einer Reihe von Umläufen des in Fig. 42 gezeichneten Bandes — wieder zu Werten, genauer gesagt zu Entwicklungen, gelangt, die vorher schon einmal da waren. In diesem Falle wird man das neu entstehende Blatt der RIEMANNschen Fläche mit einem der vorher schon gebildeten zur Verschmelzung bringen müssen. Das hat seine Schwierigkeit für die geometrische Anschauung, wenn die beiden betreffenden Blätter nicht unmittelbar übereinander liegen; man muß sich dann vorstellen, daß eines jener beiden Blätter die zwischenliegenden in Übergangslinien durchdringt, um sich mit dem andern vereinigen zu können. Die so entstehenden Übergangslinien sind aber für die Fläche nichts Wesentliches; sie lassen sich in der mannigfachsten Weise auf ihr verschieben, und es ist daran festzuhalten, daß zwei in einer Übergangslinie sich durchkreuzende Flächenteile als nicht in stetigem Zusammenhang miteinander stehend angesehen werden sollen. Wir haben das übrigens alles an den einzelnen im vorigen Abschnitt behandelten Funktionen kennen gelernt, so daß wir jetzt nicht weiter ausführlich darauf einzugehen brauchen. Nur eine Möglichkeit, von der uns bisher kein Beispiel begegnet ist, sei noch ausdrücklich erwähnt: Übergangslinien können sich auch in der mannigfaltigsten Weise durchkreuzen. Man wird das natürlich, wo es angeht, zu vermeiden suchen; aber es läßt sich nicht immer vermeiden.

Statt über der Ebene können wir die RIEMANNsche Fläche uns auch über der Kugel ausgebreitet denken. Dabei müssen wir die

Umgebung des unendlich fernen Punktes durch die Substitution:

$$z' = \frac{1}{z}$$

auf die Umgebung des Nullpunktes der $z'$-Ebene abbilden, wobei die vorgelegte Funktion $f(z)$ in eine Funktion $\varphi(z')$ übergeht, und nun diese Funktion $\varphi(z')$ in der $z'$-Ebene untersuchen. Kann der Nullpunkt der $z'$-Ebene durch analytische Fortsetzung der Funktion $\varphi(z')$ in dieser Ebene erreicht werden, so rechnen wir auch den Punkt $\infty$ der $z$-Kugel mit zum Definitionsbereich der Funktion $f(z)$ auf jener Kugel.

## § 68. Singuläre Punkte und natürliche Grenzen eindeutiger Funktionen.

Wenn die analytischen Fortsetzungen eines Funktionselements schließlich die ganze Kugel einfach überdecken, erzeugt das Funktionselement eine auf der ganzen Kugel eindeutige Funktion. Eine solche Funktion ist aber nach § 44, IV notwendig eine Konstante. Wir können also sagen:

I. *Der Definitionsbereich einer eindeutigen Funktion, die keine Konstante ist, kann niemals die ganze Kugel überdecken.*

Es bleiben dann eine Reihe weitere Möglichkeiten.

Einmal ist der Fall denkbar, daß ein oder mehrere Punkte vorhanden sind, die zwar auf der Grenze der Konvergenzbereiche gewisser Fortsetzungen, aber nicht im Innern irgend eines dieser Bereiche liegen. Betrachten wir zunächst den Unterfall, daß nur ein solcher Punkt vorhanden ist. Dann können wir also diesen Punkt selbst mit den Fortsetzungen der Funktion nicht erreichen, wohl aber jeden andern Punkt seiner Umgebung. Wir definieren:

II. *Ein Punkt von der Eigenschaft, daß er selbst von keiner Fortsetzung einer Funktion erreicht werden kann, wohl aber jeder andere Punkt einer Umgebung von ihm, heißt ein isolierter singulärer Punkt der Funktion.*

Die Untersuchung des Verhaltens einer Funktion in der Umgebung eines solchen Punktes haben wir bereits in den §§ 43, 47, 48 erledigt: wir rekapitulieren von dort das Resultat:

III. *Ein isolierter singulärer Punkt einer eindeutigen Funktion ist entweder ein Pol, d. h. ein Punkt, in dem die Funktion von einer angebbaren ganzzahligen Ordnung unendlich groß wird, oder ein wesentlich singulärer Punkt, in dessen Umgebung die Funktion jedem beliebigen Werte unendlich oft beliebig nahe kommt.*

Weiter ist der Fall denkbar, daß die Funktion unendlich viele Pole besitzt. Die Gesamtheit dieser Pole muß dann als unendliche Punktmenge nach § 25, XVI notwendig mindestens einen Häufungspunkt haben. Ein solcher Häufungspunkt kann nicht selbst dem Regularitätsbereich der Funktion angehören; denn dann müßte die Funktion auch noch in einer Umgebung von ihm regulär sein. Er kann auch kein Pol sein; denn auch um einen Pol läßt sich nach § 43, IV ein Kreis von so kleinem Radius beschreiben, daß in ihm kein weiterer singulärer Punkt der Funktion liegt. Wir sagen daher:

IV. *Auch einen Punkt, in dessen beliebig kleiner Umgebung zwar unendlich viele weitere Pole, aber kein anderer Ausnahmepunkt der Funktion liegen, bezeichnen wir als einen isolierten wesentlich singulären Punkt der Funktion, insofern er zwar nicht von Polen, wohl aber von andern wesentlich singulären Punkten der Funktion isoliert liegt, und rechnen ihn mit den wesentlich singulären Punkten von Satz III zur „ersten Art" solcher Punkte.*

Ohne Beweis sei erwähnt, daß auch für diese singulären Punkte der Satz gilt, daß die Funktion in jeder noch so kleinen Umgebung eines von ihnen jedem beliebigen Werte unendlich oft beliebig nahe kommt.

V. *Es können weiter unendlich viele wesentlich singuläre Punkte erster Art sich um einen solchen Punkt „zweiter Art" häufen, unendlich viele solche Punkte „zweiter Art" um einen solchen Punkt „dritter Art" usw.*

Wir verfolgen diese Möglichkeiten nicht weiter.

Wohl aber müssen wir noch mit ein paar Worten auf eine weitere Möglichkeit hinweisen. Es kann nämlich auch der Fall eintreten, daß alle Punkte einer Linie die Eigenschaft haben, daß sie niemals in das Innere des Konvergenzbereichs der Fortsetzung eines bestimmten Funktionselements fallen; und zwar ist dabei das Wort Linie in dem allgemeinsten, § 25, IX definierten Sinne zu verstehen. Eine solche Linie heißt dann eine singuläre Linie der Funktion. Ihre Punkte können zum Teil (zwar nicht im Innern, wohl aber) auf der Grenze von den Konvergenzbereichen analytischer Fortsetzungen des ursprünglich gegebenen Funktionselements liegen; es kann aber auch der Fall eintreten, daß ein solcher Punkt auch nicht auf der Grenze eines solchen Konvergenzbereichs liegt. Von manchen Schriftstellern werden nur die Punkte der ersteren, nicht die der zweiten Art als singuläre Punkte der Funktion bezeichnet.

Von besonderem Interesse ist noch der Fall, daß eine solche singuläre Linie geschlossen ist. Sie begrenzt dann ein Flächenstück, aus dem keine Fortsetzung der Funktion heraustreten kann; es ist auf Grund unserer bisherigen Verabredungen nicht möglich, den Definitionsbereich der Funktion über dieses Flächenstück hinaus zu erweitern; und es scheint auch zu nichts zu führen, wenn man eine solche Erweiterung etwa durch eine Abänderung bzw. Ergänzung dieser Verabredungen zu erreichen versuchen würde. Wir definieren vielmehr:

VI. *Eine geschlossene Linie singulärer Punkte einer Funktion ist für die Funktion eine natürliche Grenze.*

In den elementaren Teilen der Funktionentheorie treten solche Funktionen mit natürlichen Grenzen nicht auf; aber schon die Theorie der elliptischen Funktionen führt auf Beispiele von ihnen. Übrigens sind diese natürlichen Grenzen analytischer Funktionen durchaus zu unterscheiden von den künstlichen Schnitten, die wir gelegentlich benutzt haben, um die Gesamtheit der Werte einer mehrwertigen Funktion zum Zwecke vorläufiger Übersicht in einzelne Zweige zu zerlegen; über einen solchen künstlichen Schnitt hinüber geschieht die analytische Fortsetzung in einen andern Zweig.

## § 69. Singuläre Punkte und natürliche Grenzen mehrdeutiger Funktionen.

Haben wir es mit einer mehrdeutigen Funktion zu tun, so sind analoge Überlegungen, wie wir sie im vorigen Paragraphen auf der schlichten Ebene durchgeführt haben, auf der Riemannschen Fläche anzustellen, auf der die zu untersuchende mehrwertige Funktion eine eindeutige Funktion des Ortes ist. Man muß dann von singulären Punkten und Linien im einzelnen Blatt reden; die in den verschiedenen Blättern auftretenden solchen Punkte und Linien brauchen dabei keineswegs übereinander zu liegen. Insbesondere brauchen nicht alle Teile der $z$-Ebene von gleich vielen Blättern der Fläche überdeckt zu sein.

Außerdem aber treten bei mehrwertigen Funktionen noch singuläre Punkte einer andern Art auf: die *Verzweigungspunkte.* Beispiele von solchen sind uns bereits im vorigen Abschnitt wiederholt begegnet; allgemein erhalten wir sie bei unserer jetzigen Betrachtungsweise folgendermaßen: Sei ein Punkt $a$ und um diesen Punkt als Mittelpunkt ein Kreis von hinlänglich kleinem Radius gegeben; sei $b$ ein von $a$ verschiedener Punkt innerhalb dieses Kreises. Um $b$ sei ein Funktionselement gegeben; wir beschränken die Betrachtung auf solche Fortsetzungen dieses Elementes, zu welchen man gelangen kann, ohne aus dem Kreis herauszutreten. Dann ist der Fall möglich, daß *keine dieser Fortsetzungen den Punkt a erreicht, daß sie jeden andern Innenpunkt des Kreises erreichen, daß aber Fortsetzung längs eines kleineren zu dem ersten konzentrischen Kreises erst nach n Umläufen (n > 1) zu dem Ausgangselement zurückführt.* In diesem Falle hängen um $a$ herum $n$ Blätter unserer RIEMANNschen Fläche genau ebenso zusammen, wie es in § 63 bei Gelegenheit der Untersuchung der Funktion:

1) $$w = \sqrt[n]{z - a}$$

(zunächst für $a = 0$) geschildert worden ist. Bilden wir die innerhalb des erstgenannten Kreises gelegenen Stücke der $n$ Blätter durch diese Funktion auf die $w$-Ebene ab, so legen sich ihre Bilder dort glatt nebeneinander und bedecken die Umgebung des Nullpunktes einfach. Die zu untersuchende Funktion $f(z)$ geht dabei über in eine Funktion $\varphi(w)$ von $w$, deren in Betracht kommender Zweig an jeder Stelle der Umgebung des Nullpunktes, abgesehen von diesem selbst, sich regulär verhält und nach einmaliger Umkreisung des Nullpunktes in sich zurückläuft.

Kann man nun zeigen, daß der Wert von $f(z)$, wie nahe auch $z$ in irgend einer Richtung an $a$ heranrücken mag, unterhalb einer angebbaren Grenze bleibt, so bleibt auch $\varphi(w)$ bei beliebiger Annäherung von $w$ an den Nullpunkt unter dieser Grenze. Dann kann aber nach § 48, I der Nullpunkt nicht singulärer Punkt von $\varphi(w)$ sein, $\varphi(w)$ ist vielmehr im Nullpunkt regulär und läßt sich nach der MACLAURINschen Reihe entwickeln. Drücken wir in dieser wieder $w$ durch $z$ aus, so erhalten wir:

2) $$f(z) = a_0 + a_1 (z - a)^{\frac{1}{n}} + a_2 (z - a)^{\frac{2}{n}} + \ldots + a_m (z - a)^{\frac{m}{n}} + \ldots.$$

Dabei kann, wie aus der Ableitung hervorgeht, für $(z - a)^{\frac{1}{n}}$ irgend einer der Werte dieser $n$-deutigen Funktion gewählt werden; die Werte der folgenden Reihenglieder sind aber dann nicht mehr willkürlich, sondern es ist allgemein für $(z - a)^{\frac{m}{n}}$ die $m^{\text{te}}$ Potenz des gewählten Wertes von $(z - a)^{\frac{1}{n}}$ zu nehmen. Je nach dem Werte von $(z - a)^{\frac{1}{n}}$ stellt also die Reihe (2), für jeden in Betracht kommenden Wert von $z$, $n$ Funktionswerte vor; sie bilden zusammen die $n$ Zweige der Funktion $f(z)$, die um $a$ herum im Zyklus zusammenhängen. *Einen solchen Punkt nennt man einen Verzweigungs- oder Windungs-*

*punkt $(n-1)^{\text{ter}}$ Ordnung; man zieht ihn mit zu dem Bereiche, in dem die Funktion als definiert anzusehen ist, und schreibt ihr in ihm den Wert $a_0$ zu.*

Kann man aber nicht zeigen, daß $f(z)$ und $\varphi(w)$ in der Umgebung von $z = a$ bzw. $w = 0$ unterhalb einer endlichen Grenze bleiben, so kann man auf $\varphi(w)$ zwar nicht mehr die MACLAURINsche, aber doch noch die LAURENTsche Entwicklung anwenden. Man erhält also dann $f(z)$ entwickelt in eine Reihe nach Potenzen von $z - a$, deren Exponenten positive und negative Brüche mit dem Nenner $n$ sind. *Von einem solchen Punkt sagt man, daß er zugleich Verzweigungspunkt und singulärer Punkt sei*; und zwar Pol oder wesentlich singulärer Punkt, je nachdem die genannte Entwicklung nur eine endliche oder eine unendlich große Anzahl von Gliedern mit negativen Exponenten enthält.

Daß auch Verzweigungspunkte auftreten können, in denen unendlich viele Blätter zusammenhängen, davon haben wir bereits beim Logarithmus ein Beispiel kennen gelernt. Wir gehen aber auf solche Punkte hier nicht weiter ein; noch weniger auf Punkte, in deren Umgebung unendlich viele Verzweigungspunkte sich häufen.

Dagegen müssen wir noch auf eine Frage zurückkommen, die wir in § 34 verschoben hatten: nämlich wie es in der Umgebung eines Punktes, in dem $dw/dz = 0$ ist, mit der Konformität der durch eine reguläre Funktion vermittelten Abbildung steht. Unbeschadet der Allgemeinheit dürfen wir annehmen, der Punkt, um den es sich handelt, sei der Nullpunkt der $z$-Ebene, und ihm entspreche der Nullpunkt der $w$-Ebene; die Entwicklung von $w$ nach Potenzen von $z$ habe die Form:

3) $$w = a_n z^n + a_{n+1} z^{n+1} + \dots,$$

$n$ sei $> 1$, und $a_n$ sei nicht gleich Null. Führen wir dann eine Hilfsvariable $s$ durch die Gleichung ein:

4) $$w = s^n,$$

so erhalten wir:

5) $$s = \sqrt[n]{a_n}\, z \,.\left\{1 + \frac{a_{n+1}}{a_n} z + \dots\right\}^{\frac{1}{n}}.$$

Der Hauptwert der $\left(\frac{1}{n}\right)^{\text{ten}}$ Potenz der Klammergröße ist (vgl. § 61, I) in der Umgebung des Nullpunktes regulär; also ist $s$ in der Umgebung von $z = 0$ eine reguläre Funktion von $z$, deren Ableitung für $z = 0$ nicht Null (sondern $= \sqrt[n]{a_n}$) ist. Die Beziehung zwischen der $s$- und der $z$-Ebene ist also im Nullpunkt konform; andererseits sind wegen Gleichung (4) und § 18 die Winkel im Nullpunkt der $w$-Ebene $n$-mal so groß als die Winkel im Nullpunkte der $s$-Ebene. Also sind auch die Winkel im Nullpunkt der $w$-Ebene $n$-mal so groß als die entsprechenden Winkel im Nullpunkt der $z$-Ebene, m. a. W. wir haben den Satz:

*Sind in einem Punkte der z-Ebene die $n-1$ ersten Ableitungen einer dort regulären Funktion $= 0$, die $n^{te}$ aber von Null verschieden, so werden die Winkel in ihm beim Übergang zur w-Ebene ver-n-facht.*

Es ist dann nach § 46, X $z$ eine in der Umgebung von $s = 0$ reguläre Funktion von $s = w^{1/n}$, in deren Entwicklung der Koeffizient des ersten Gliedes von Null verschieden ist; $w = 0$ ist also ein Verzweigungspunkt $(n-1)^{ter}$ Ordnung für die Umkehrungsfunktion $z(w)$. Da diese Überlegung sich umkehren läßt, so folgt:

*Beginnt die Entwicklung einer Funktion $z(w)$ in der Umgebung eines $(n-1)$-fachen Verzweigungspunktes $\alpha$ nach einem konstanten Glied $a_0$ mit $(w-\alpha)^{1/n}$, so werden die Winkel in ihm beim Übergang von der w-Ebene zur z-Ebene auf den $n^{ten}$ Teil reduziert.*

Einer Linie der $w$-Ebene, die im Punkt $w = \alpha$ eine bestimmte Tangente hat, entspricht dann eine Linie der $z$-Ebene, die den Punkt $z = a_0$ zum $n$-fachen Punkt mit $n$ getrennten Tangenten hat; diese Tangenten bilden Winkel von $\pi/n$ miteinander.

## § 70. Analytische Funktionen von analytischen Funktionen.

Ist $z'$ eine analytische Funktion von $z$:

1) $$z' = \varphi(z)$$

und $w$ eine analytische Funktion von $z'$:

2) $$w = f(z'),$$

so entsteht die Frage, ob und in welchem Sinne:

3) $$w = F(z) = f[\varphi(z)]$$

analytische Funktion von $z$ ist.

Den einfachsten Fall haben wir bereits in § 38, X erledigt. Ist $\varphi$ in einem Bereiche $S$ der $z$-Ebene eindeutig und regulär, fallen ferner alle Werte von $\varphi$, welche zu Punkten dieses Bereiches gehören, in einen Bereich $S'$ der $z'$-Ebene, in welchem $f$ regulär ist, so ist auch $w$ in $S$ regulär.

Sind aber $\varphi$ oder $f$ oder beide mehrdeutige Funktionen, so entsteht die Frage: wenn man in (3) diesen beiden Funktionen alle ihre Werte beilegt, werden dann die Gesamtheit der so entstehenden

Werte von $w$ zu einer und derselben analytischen Funktion von $z$ gehören, oder vielleicht zu verschiedenen solchen Funktionen? und in beiden Fällen: wird diese Funktion (bzw. werden diese Funktionen) dadurch vollständig erhalten, oder gehören zu ihr (zu ihnen) außerdem noch andere Werte? Um diese Frage zu entscheiden, müssen wir die analytischen Fortsetzungen im einzelnen verfolgen; dabei wird es nach § 54, XII genügen, wenn wir uns auf geschlossene Wege beschränken.

Sei also $z_0$ ein Wert von $z$, für welchen die Funktion $\varphi$ einen Wert $z'_0$ (eventuell neben andern Werten) annehme. Für $z'_0$ sei die Funktion $f(z')$ definiert und ihr Wert, bzw. einer ihrer Werte, sei $w_0$. Mit $(z'_0)$, $(w_0)$ seien die bezüglichen Funktionselemente bezeichnet. Das Funktionszeichen $f(z')$ umfaßt dann außer $w_0$ alle die Werte, zu welchen man gelangen kann, indem man $z'$ in seiner Ebene beliebige geschlossene Wege durchlaufen läßt und $w$, mit $(w_0)$ beginnend, als Funktion von $z'$ analytisch fortsetzt; das Funktionszeichen $F(z)$ dagegen umfaßt die Werte, die man erhält, wenn man $z$ in seiner Ebene geschlossene Wege durchlaufen läßt und $w$ dabei als Funktion von $z$ fortsetzt. Die Frage nach der Identität oder Verschiedenheit beider Funktionen reduziert sich also auf die zwei folgenden:

I. Kann $z'$ auf allen Wegen von $z$ fortgesetzt werden, auf welchen $F(z)$ fortgesetzt werden kann? Das ist dann und nur dann *nicht* der Fall, wenn $\varphi(z)$ natürliche Grenzen hat, die für $F(z)$ keine sind.[1] Dann hat das Funktionszeichen $F(z)$ eine weitere Bedeutung als $f[\varphi(z)]$.

II. Kann jeder geschlossene Weg von $z'$ dadurch erhalten werden, daß man $z$ einen geeigneten geschlossenen Weg in seiner Ebene durchlaufen läßt? Das ist dann nicht der Fall, wenn die Umkehrung der Funktion $z' = \varphi(z)$, $z = \psi(z')$, nicht eindeutig ist. In diesem Fall kann die analytische Funktion $F(z)$ möglicherweise[2] nur einen Teil der Werte von $f[\varphi(z)]$ umfassen. Wir haben § 56 in $\log z^2$ ein Beispiel dafür kennen gelernt, $\sqrt[mp]{z^{np}}$ ist ein zweites.

Die übrigen Werte von $f[\varphi(z)]$ ordnen sich dann noch zu andern analytischen Funktionen $F_1(z)$, $F_2(z)$... zusammen, so daß

[1] Daß das vorkommen kann, zeigt das triviale Beispiel, daß $f$ die Umkehrung von $\varphi$, also $F(z) = z$ ist.

[2] Es braucht nicht notwendig der Fall zu sein; die betreffenden Werte von $F$ können vielleicht auch noch durch andere Umläufe von $z$ erreicht werden; $\sqrt[m]{z^n}$ für teilerfremde $m$, $n$ ist ein Beispiel dafür.

$f[\varphi(z)]$ in eine (endliche oder selbst unendliche) Anzahl solcher Funktionen zerfällt.

(Es können auch die Fälle (I) und (II) bei derselben Funktion eintreten; dann ist nur ein Teil der Werte von $f[\varphi(z)]$ mit einem Teil der Werte von $F(z)$ identisch.)

Noch verwickelter können die Verhältnisse werden, wenn $f$ nicht nur von einer, sondern von zwei (oder mehreren) Funktionen von $z$, $\varphi(z)$, $\chi(z)$ abhängt. Doch wollen wir auf Funktionen von mehreren komplexen Veränderlichen in diesem Buche nicht eingehen; nur soviel sei bemerkt, daß man in diesem Falle, um Werte von $F(z)$ zu erhalten, $\varphi$, $\chi$ *simultan* fortzusetzen hat, also nicht immer zwei beliebige Werte von $\varphi$ und $\chi$ verknüpfen darf.

## § 71. Das Prinzip der Spiegelung.

Die in § 67 entwickelte allgemeine Methode der analytischen Fortsetzung ist für wirkliche Verwendung zur Untersuchung spezieller Funktionen nicht geeignet. Man muß vielmehr bei solchen Untersuchungen auch zu speziellen Methoden seine Zuflucht nehmen; eine wichtige solche Methode soll in diesem und den folgenden Paragraphen auseinandergesetzt werden.

Fassen wir zunächst einen sehr speziellen Fall ins Auge. Eine Funktion $f(z)$ sei regulär definiert im Innern eines Bereiches $A$ der $z$-Ebene, zu dessen Begrenzung ein Stück der Achse der reellen Zahlen mit gehöre. Ist die Funktion auch auf diesem Stück der Achse regulär und reell und ist $z_0$ ein Punkt dieses Stückes, so hat ihre Entwicklung nach Potenzen von $z - z_0$ reelle Koeffizienten, nimmt also in je zwei konjugiert komplexen Punkten $z$ selbst konjugiert komplexe Werte an. Wir wollen nun aber nicht von vorneherein voraussetzen, daß die Funktion auf diesem Stücke oder auch nur einem Teile desselben regulär sei; wir nehmen nur an, daß, bei beliebiger Annäherung von $z$ an einen bestimmten Punkt $x$ des Stückes, $f(z)$ gegen einen bestimmten *reellen* Grenzwert $f(x)$ konvergiere, und daß diese Werte $f(x)$ zusammen mit den zu inneren Punkten von $A$ gehörenden Funktionswerten $f(z)$ eine stetige Funktion der reellen Veränderlichen $x$ und $y$ bilden.[1]

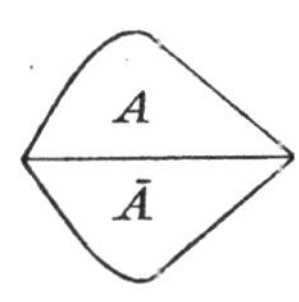


Fig. 43.

[1] Wir lassen unerörtert, ob etwa diese zweite Voraussetzung schon eine Folge der ersten sei; vgl. darüber P. Painlevé, Ann. de la fac. de Toulouse, t. II (1888) p. 19.

Suchen wir nun zu jedem Punkte $z$ des Bereiches $A$ den konjugierten Punkt $\bar{z}$, so bilden alle diese Punkte $\bar{z}$ einen Bereich $\bar{A}$, der das *Spiegelbild* von $A$ in bezug auf die Achse der reellen Zahlen ist. Weisen wir dann jedem Punkte $\bar{z}$ den konjugierten Wert zu dem Werte von $f(z)$ in $z$ zu, so definieren wir dadurch in $\bar{A}$ eine reguläre Funktion:

$$1)\qquad f_1(\bar{z}) = \overline{f(z)}.$$

Sei nun $\zeta$ ein Punkt im Innern von $A$, so ist nach dem Satze von CAUCHY[1]:

$$2)\qquad \frac{1}{2\pi i}\int\limits_{(A)} \frac{f(z)}{z-\zeta}\,dz = f(\zeta),$$

dagegen:

$$3)\qquad \frac{1}{2\pi i}\int\limits_{(\bar{A})} \frac{f_1(\bar{z})}{\bar{z}-\zeta}\,d\bar{z} = 0.$$

Wir addieren nun die linken und rechten Seiten dieser beiden Gleichungen. Die über das Stück der reellen Achse erstreckten Teile der beiden Integrale heben sich dabei weg, da längs dieses Stückes $z = \bar{z}$, $f(z) = f_1(\bar{z})$ ist und die Integrationsrichtung das eine Mal die entgegengesetzte ist, wie das andere Mal; es bleibt $f(\zeta)$ ausgedrückt durch ein um den Rand des Bereiches $(A + \bar{A})$ erstrecktes Integral

$$\frac{1}{2\pi i}\int\limits_{(A+\bar{A})} \frac{f_2(\mathfrak{z})}{\mathfrak{z}-\zeta}\,d\mathfrak{z},$$

wobei längs des zu $A$ gehörenden Teils der Begrenzung $\mathfrak{z} = z$, $f_2(\mathfrak{z}) = f(z)$, längs des zu $\bar{A}$ gehörenden $\mathfrak{z} = \bar{z}$, $f_2(\mathfrak{z}) = f_1(\bar{z})$ ist.[2] Dieses Integral hat genau die Form des CAUCHYschen Integrals; ein solches Integral stellt aber (vgl. den Zusatz zu § 36, I, sowie den ersten Beweis von § 50, I) eine im ganzen Bereiche reguläre Funktion dar, welche vorläufig mit $\varphi(\zeta)$ bezeichnet werden möge. Unsere Rechnung zeigt, daß im Bereiche $A: f(\zeta) = \varphi(\zeta)$ ist.

Ist dagegen $\zeta$ ein Punkt von $\bar{A}$, so ist:

$$4)\qquad \frac{1}{2\pi i}\int\limits_{(A)} \frac{f(z)}{z-\zeta}\,dz = 0,$$

$$5)\qquad \frac{1}{2\pi i}\int\limits_{(\bar{A})} \frac{f_1(\bar{z})}{\bar{z}-\zeta}\,d\bar{z} = f_1(\zeta).$$

---

[1] Um den Satz von CAUCHY hier anzuwenden, muß man ihn zunächst auf eine Kurve beziehen, die ganz im Innern von $A$ liegt, und von dieser dann erst mit Hilfe von § 29, III zur Begrenzung des Bereiches übergehen.

[2] Man beachte, daß die Bezeichnung der Integrationsvariabeln gleichgültig ist.

Verfährt man wie oben, so findet man, daß dieselbe reguläre Funktion $\varphi(\zeta)$ im Bereiche $\bar{A}$ mit $f_1(\zeta)$ identisch ist. Es gibt also eine im ganzen Bereiche $(A + \bar{A})$ reguläre Funktion, welche innerhalb $(A)$ mit $f(\zeta)$, innerhalb $(\bar{A})$ mit $f_1(\zeta)$ identisch ist; das sagt aber nichts anderes aus, als daß $f_1(\zeta)$ analytische Fortsetzung von $f(\zeta)$ ist. Somit haben wir den Satz:

I. *Unter den getroffenen Voraussetzungen ist die analytische Fortsetzung von $f(z)$ über das Stück der Achse hinüber stets möglich und geschieht dadurch, daß man konjugierten Argumentwerten konjugierte Funktionswerte zuordnet.*

Der Satz gestattet eine leichte Verallgemeinerung auf den Fall, daß statt der Achse eine andere Gerade der Ebene auftritt: man findet dann:

II. *Nimmt eine analytische Funktion auf einem Stücke einer Geraden reelle Werte an (in dem zu Beginn des Paragraphen definierten Sinn), so nimmt sie konjugiert komplexe Werte an in solchen Punkten, die Spiegelbilder voneinander bezüglich jener Geraden sind.*

## § 72. Konforme Abbildung eines geradlinig begrenzten Dreiecks auf eine Halbebene.

Die Sätze des vorigen Paragraphen kommen zur Anwendung, wenn die Aufgabe gestellt wird: ein geradlinig begrenztes Dreieck der $w$-Ebene konform auf eine Halbebene (bzw. Halbkugel) der $z$ abzubilden. Sei einmal die Möglichkeit der Lösung vorausgesetzt und mit:

$$1)\qquad z = \varphi(w)$$

die verlangte Abbildungsfunktion bezeichnet. In der Aufgabe liegt zunächst nur, daß diese Funktion innerhalb des Dreiecks regulär sein und bei Annäherung an dessen Grenzen stetig bleiben und reellen Grenzwerten zustreben muß. Aber diese Eigenschaften genügen, um gemäß § 71, II die Funktion über die Seiten des Dreiecks hinaus analytisch fortzusetzen über drei weitere Dreiecke, welche die Spiegelbilder des gegebenen in bezug auf seine Seiten sind. Derselbe Schluß kann dann auf jede Seite jedes der neuen Dreiecke angewendet werden usw., so daß man schließlich die ganze Riemannsche Fläche der Funktion $\varphi(w)$ aus lauter Dreiecken zusammensetzt, die zu dem gegebenen abwechselnd kongruent und symmetrisch sind. Dabei werden im allgemeinen die später gebildeten Dreiecke über vorher schon vorhandene, auch über das Ausgangs-

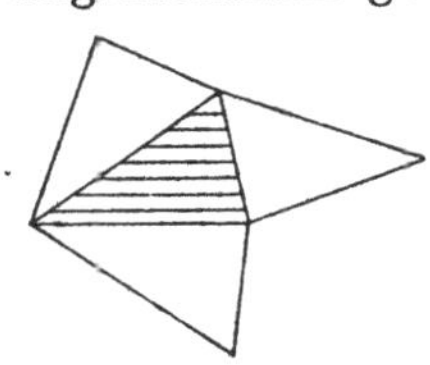

*w-Ebene.*
Fig. 44.

dreieck, hinübergreifen, und die entstehende RIEMANNsche Fläche wird im allgemeinen unendlich viele Blätter bekommen. Soll nur eine einblättrige Fläche entstehen, so ist dazu jedenfalls erforderlich, daß nicht schon an einer Ecke des Dreiecks ein Windungspunkt entsteht, daß also nach einer geraden Anzahl von Spiegelungen an den von einer solchen Ecke auslaufenden Dreiecksseiten das Ausgangsdreieck wieder erhalten wird. Dazu ist erforderlich und hinreichend, daß *jeder Winkel des Dreiecks ein aliquoter Teil von $\pi$ ist.*

Wenn diese Bedingung aber erfüllt ist, entsteht auch wirklich stets eine einfache Überdeckung der Ebene durch die abwechselnd kongruenten und symmetrischen Wiederholungen des Ausgangsdreiecks. Man prüft das am bequemsten an den einzelnen möglichen Fällen, deren nur eine geringe Anzahl ist. Denn sollen die Winkel eines Dreiecks bzw. $\pi/l$, $\pi/m$, $\pi/n$ sein, unter $l, m, n$ ganze Zahlen $> 1$ verstanden, so müssen diese ganzen Zahlen der Gleichung:

2) $$\frac{1}{l} + \frac{1}{m} + \frac{1}{n} = 1$$

genügen. Das ist einmal der Fall, wenn jede $= 3$ ist, das Dreieck also gleichseitig ist. Sind sie aber nicht alle $= 3$, so muß eine kleiner, also $= 2$ sein. Sei $l = 2$; dann muß $\frac{1}{m} + \frac{1}{n} = \frac{1}{2}$, das ist $(m-2)\ (n-2) = 4$ sein, also entweder $m = 4$, $n = 4$ oder $m = 3$, $n = 6$ ($m = 6$, $n = 3$ gibt nichts Neues). Wir sehen also:

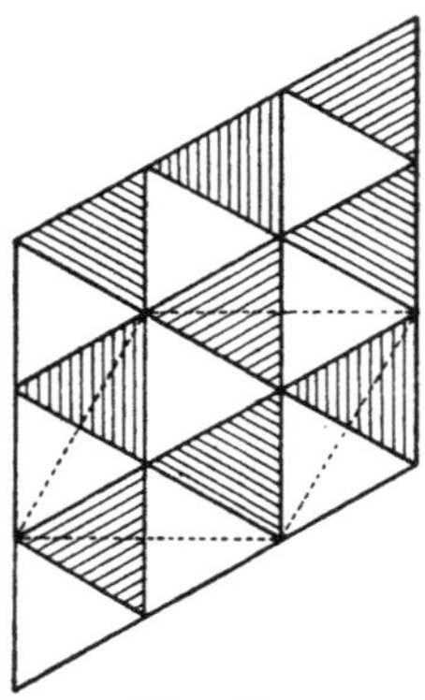

Fig. 45.

I. *Die konforme Abbildung der Fläche eines geradlinigen Dreiecks auf eine Halbebene kann jedenfalls nur in drei Fällen durch eine in der ganzen Ebene eindeutige Funktion vermittelt werden: wenn das Dreieck entweder gleichseitig, oder gleichschenklig-rechtwinklig, oder die Hälfte eines gleichseitigen Dreiecks ist.*

Nun sieht man, daß im ersten Falle 18, im zweiten 8, im dritten 12 solche abwechselnd kongruente und symmetrische Dreiecke ein Parallelogramm von der Art bilden, daß die weitere Fortsetzung immer wieder zu kongruenten[1] Parallelogrammen führt.[2]

[1] Kongruent auch in bezug auf die Lage der einzelnen Dreiecke in ihnen, die in den Figuren durch die Schraffierung sichtbar gemacht ist.

[2] Die Zahl 18 des ersten Falles kann auf 6 reduziert werden, wenn man das Parallelogramm aus Stücken verschiedener Dreiecke zusammensetzt. Das ist in Fig. 45 durch die punktierten Linien angedeutet.

Daß aber die Ebene durch kongruente Parallelogramme einfach und lückenlos überdeckt wird, folgt aus den Elementen.

Die Funktionen, welche die Abbildung vermitteln, kann man in jedem Fall (nicht bloß in den drei erwähnten Spezialfällen) durch folgende Überlegung erhalten:

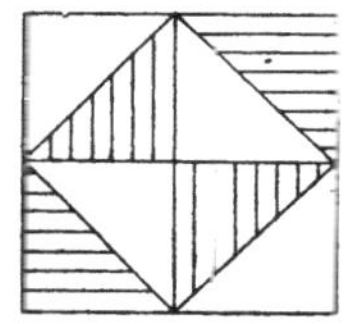

Fig. 46.

Sei $w = f(z)$ die Auflösung der Gleichung (1), so wird durch die Funktion $C_1 w + C_2$ bei beliebiger Wahl der Konstanten $C_1$, $C_2$ die Halbebene auf ein zu dem gegebenen ähnliches Dreieck abgebildet (vgl. § 10). Wir machen uns von der hierin liegenden Unbestimmtheit frei, wenn wir statt der Funktion $w$ die Funktion

$$3)\qquad \frac{d}{dz}\log\frac{dw}{dz}$$

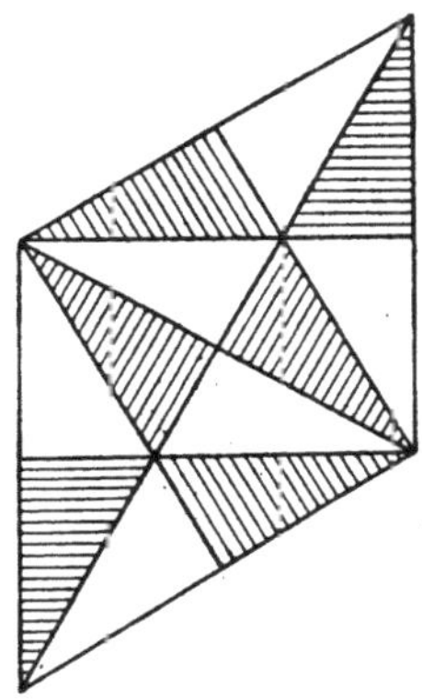

Fig. 47.

betrachten, die ungeändert bleibt, wenn man $C_1 w + C_2$ für $w$ setzt. Ferner dürfen wir unbeschadet der Allgemeinheit annehmen, daß den drei Ecken des Dreiecks der Reihe nach die Punkte 0, 1, $\infty$ der $z$-Kugel entsprechen; denn wir können das nach § 15 stets durch eine vorausgehende lineare Transformation der Variabeln $z$ erreichen. Dann muß $w$ eine Funktion von $z$ sein, welche in der Umgebung jedes Punktes der $z$-Kugel, mit Ausnahme der drei genannten Punkte, regulär ist und einen von Null verschiedenen Differentialquotienten (§ 34, VI) hat. Im Punkte $z = 0$ muß der Winkel $\pi$ der $z$-Halbebene auf den Winkel $\alpha\pi$ des Dreiecks der $w$-Ebene abgebildet werden; es muß also dort:

$$w - w_0 = z^{\alpha} f(z),$$

$$\frac{dw}{dz} = \alpha z^{\alpha-1} f_1(z),$$

$$4)\qquad \frac{d}{dz}\log\frac{dw}{dz} = \frac{\alpha-1}{z} + f_2(z)$$

sein, unter $f(z)$, $f_1(z)$, $f_2(z)$ in der Umgebung des Nullpunktes reguläre Funktionen verstanden. Ebenso wird gezeigt, daß in der Umgebung des Punktes 1:

$$5)\qquad \frac{d}{dz}\log\frac{dw}{dz} = \frac{\beta-1}{z-1} + \text{fct. reg.}$$

und in der Umgebung des Punktes $\infty$:

$$6)\qquad \frac{d}{dz}\log\frac{dw}{dz} = \frac{-\gamma-1}{z} + z^{-2}\,\text{fct. reg.}$$

ist. Die Funktion (3) hat also in den singulären Punkten 0 und 1 Pole erster Ordnung und ist sonst auf der ganzen Kugel regulär und im Unendlichen Null, sie ist also nach § 44, VI eine *rationale* Funktion, und zwar:

$$= \frac{\alpha - 1}{z} + \frac{\beta - 1}{z - 1}. \tag{7}$$

(Die Entwicklung dieser Funktion in der Umgebung von $z = \infty$ hat in der Tat die Form (6), da $\alpha + \beta + \gamma = 1$ ist.) Durch zweimalige Integration erhält man aus (7):

$$C_1 w + C_2 = \int^z \frac{dz}{z^{1-\alpha}(z-1)^{1-\beta}}$$

als Lösung der Aufgabe; die nähere Diskussion dieser Lösung würde uns über die uns gesteckten Grenzen hinausführen.

Der Grenzfall $\alpha = \frac{1}{2}$, $\beta = \frac{1}{2}$ (also $l = 2$, $m = 2$, $n = \infty$) führt, wenn $2z = \zeta + 1$ gesetzt wird, auf die in den §§ 42 und 62d untersuchte Abbildung eines Halbstreifens auf die Halbebene durch die Funktion $w = \arcsin \zeta$ zurück.

## § 73. Verallgemeinerung des Spiegelungsprinzips; Spiegelung an einem Kreis.

Der Satz von § 71 gestattet, wie H. A. Schwarz ausgeführt hat, eine sehr weitgehende Verallgemeinerung. Ist nämlich ein „regulärer Kurvenbogen" durch zwei Gleichungen:

$$x = \varphi(t), \quad y = \psi(t) \tag{1}$$

gegeben, in welchen $\varphi$, $\psi$ zunächst reelle reguläre Funktionen der (ev. auf ein bestimmtes Intervall beschränkten) reellen Variabeln $t$ bedeuten, so kann man dieser Variabeln nach § 38, I auch komplexe Werte $t$ beilegen, ohne daß die Reihen für $\varphi$ und $\psi$ aufhören zu konvergieren. Durch die Gleichung:

$$z = x + iy = \varphi(t) + i\psi(t) \tag{2}$$

wird dann ein Bereich der $t$-Ebene, der zu beiden Seiten eines bestimmten Stückes der Achse der reellen $t$ liegt, abgebildet auf einen Bereich der $z$-Ebene zu beiden Seiten des gegebenen regulären Kurvenbogens; und man kann den ersten Bereich so weit einschränken, daß der letztere sich nirgends selbst überdeckt (§ 46, X). Ordnen wir dann je zwei Punkte $z$ einander zu, welche konjugierten Werten von $t$ vermöge (2) entsprechen, so ist dadurch in dem letztgenannten Bereiche eine umkehrbare eindeutige paarweise Zuordnung der Punkte $z$ definiert.

I. *Diese Zuordnung ist nur abhängig von dem gegebenen Kurvenbogen selbst, unabhängig von der Art seiner Darstellung durch Gleichungen der Form (1).*

Ersetzen wir nämlich, um eine andere Darstellung desselben Kurvenbogens zu erhalten, in den Gleichungen (1) $t$ durch eine reelle reguläre Funktion einer andern reellen Variabeln $\tau$, und geben in dieser dann dem $\tau$ auch komplexe Werte, so gehören nach § 71 zu konjugiert komplexen Werten von $\tau$ auch konjugiert komplexe Werte von $t$. Infolgedessen sind wir berechtigt, die Definition aufzustellen:

II. *Wir nennen zwei solche Punkte der $z$-Ebene, welche konjugierten Punkten der $t$-Ebene entsprechen, Spiegelbilder voneinander bezüglich des gegebenen regulären Kurvenbogens.*

Damit ergibt sich aus dem speziellen Satz I von § 71 der allgemeinere:

III. *Sei eine Funktion $f(z)$ regulär definiert innerhalb eines Bereiches der $z$-Ebene, zu dessen Begrenzung ein regulärer Kurvenbogen:*

$$x = \varphi(t), \quad y = \psi(t)$$

*gehört; sei ferner bekannt, daß $f(z)$ bei beliebiger Annäherung von $z$ an einen bestimmten Punkt $t$ dieses Bogens gegen einen bestimmten reellen Grenzwert $\chi(t)$ konvergiere, und daß diese Grenzwerte zusammen mit den gegebenen Funktionswerten eine stetige Funktion von $x$ und $y$ bilden. Dann läßt sich die Funktion $f(z)$ über jenen Kurvenbogen hinaus analytisch fortsetzen, und zwar erhält sie dabei konjugiert komplexe Werte in Punkten, welche Spiegelbilder voneinander in bezug auf jenen Bogen sind.*

Ist der gegebene Kurvenbogen speziell ein Bogen des Einheitskreises, so kann man etwa:

$$\varphi(t) = \frac{1 - t^2}{1 + t^2}, \qquad \psi(t) = \frac{2t}{1 + t^2}$$

setzen; es wird dann:

$$x + iy = \frac{(1 + it)^2}{1 + t^2} = \frac{1 + it}{1 - it}$$

(vgl. § 15, 3). Geben wir hier dem $t$ zwei konjugierte Werte $u + iv$ und $u - iv$ und bezeichnen die zugehörigen Werte von $x + iy$ bzw. mit $x_1 + iy_1$ und $x_2 + iy_2$, so erhalten wir:

$$x_1 + iy_1 = \frac{1 - v + iu}{1 + v - iu},$$

$$x_2 + iy_2 = \frac{1 + v + iu}{1 - v - iu},$$

also:

$$x_2 - i y_2 = \frac{1 + v - i u}{1 - v + i u} = \frac{1}{x_1 + i y_1}.$$

Das ist aber [vgl. § 11, Gleichungen (7)] gerade die Beziehung zwischen zwei Punkten $(x_1\ y_1)$ und $(x_2\ y_2)$, die wir früher als Spiegelung am Einheitskreis bezeichnet hatten; wir können also sagen;

IV. *Die früher untersuchte Spiegelung am Einheitskreis ist ein spezieller Fall der unter (III) definierten Spiegelung an einem beliebigen regulären Kurvenbogen.*

## § 74. Konforme Abbildung eines Kreisbogendreiecks auf die Halbebene.

Ebenso wie wir den speziellen Satz von § 71 im § 72 dazu verwendet haben, die konforme Abbildung eines geradlinig begrenzten Dreiecks auf eine Halbebene zu untersuchen, erlaubt der allgemeinere Satz von § 73, dieselbe Aufgabe für ein von Kreisbogen begrenztes Dreieck in Angriff zu nehmen. Doch können wir hier noch weniger als dort die Aufgabe erschöpfend behandeln, müssen uns vielmehr auf die Hervorhebung einiger prinzipieller Punkte und die Durchführung eines leicht zugänglichen Beispieles beschränken.

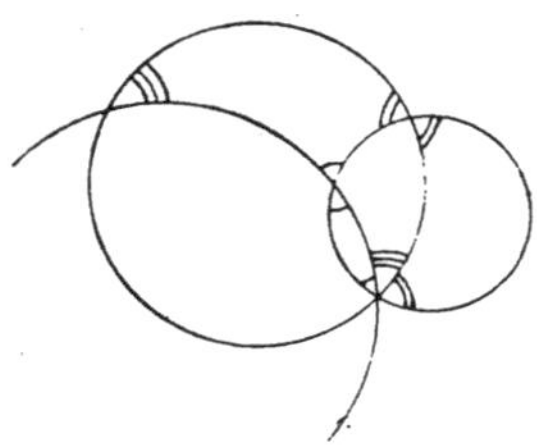
Fig. 48.

Soll die Umkehrung der Abbildungsfunktion eine eindeutige Funktion sein, so müssen auch in diesem Falle die Winkel des Dreiecks aliquote Teile von $\pi$ sein. Aber die Relation § 72, (2) ist jetzt nicht mehr notwendigerweise erfüllt; infolgedessen haben wir drei Fälle zu unterscheiden:

I. Ist $\frac{1}{l} + \frac{1}{m} + \frac{1}{n} = 1$, so beweist man geometrisch (vgl. Fig. 48), daß die drei Kreise, denen die das Dreieck begrenzenden Bogen angehören, sich in einem Punkte schneiden. Geht man durch lineare Transformationen von der $w$-Ebene zu einer $w'$-Ebene über, in welcher diesem Schnittpunkt der Punkt $w' = \infty$ entspricht, so entspricht dem gegebenen Dreieck der $w$-Ebene ein geradliniges Dreieck der $w'$-Ebene; wir sind damit auf den vorigen Fall zurückgeführt.

II. Ist $\frac{1}{l} + \frac{1}{m} + \frac{1}{n} > 1$, so übertragen wir das Dreieck zunächst durch stereographische Projektion auf die Kugel; dann läßt sich geometrisch zeigen, daß sich die Ebenen der drei Begrenzungskreise in einem Punkte *innerhalb* der Kugel schneiden. Wir können unter den in § 16 besprochenen Kollineationen des Raumes, die zu linearen Transformationen der Variabeln $w$ gehören, noch unendlich viele finden, die den genannten Schnittpunkt in den *Mittelpunkt* der Kugel überführen; nehmen wir irgend eine von diesen vor, so geht das vorgelegte Dreieck in ein „sphärisches Dreieck" (im gewöhnlichen Sinne dieses Wortes) über, das von drei *größten* Kreisen der Kugel begrenzt wird, und die im vorigen Paragraphen definierten Spiegelungen an den Seiten des Dreiecks werden (vgl. § 13, XI) zu Spiegelungen an den Ebenen dieser Seiten, im gewöhnlichen, optischen Sinne des Wortes Spiegelung. Zwei solche Spiegelungen nacheinander ausgeführt sind zusammen äquivalent einer Drehung um die Schnittlinie beider Ebenen durch das Doppelte des Winkels, den sie miteinander einschließen. *Daher muß die aus den abwechselnd symmetrischen und kongruenten Wiederholungen des Ausgangsdreiecks gebildete Figur die Eigenschaft haben, bei bestimmten Drehungen der Kugel um ihren Mittelpunkt in sich überzugehen.*

Der Ungleichung (II) kann übrigens nur auf folgende Arten durch ganzzahlige Werte von $l$, $m$, $n$ genügt werden:

1. $l = m = 2, \qquad n$ beliebig,
2. $l = 2,\ m = 3, \qquad n = 3,\ 4$ oder $5$;

wir wollen den Fall:

$$l = 2, \quad m = 3, \quad n = 3$$

eingehender untersuchen.

Der sphärische Exzeß eines Dreiecks mit den Winkeln $(\pi/2, \pi/3, \pi/3)$ beträgt:

$$1) \qquad \frac{\pi}{2} + \frac{\pi}{3} + \frac{\pi}{3} - \pi = \frac{\pi}{6};$$

sein Flächeninhalt ist demnach gleich dem 24. Teil der gesamten Kugeloberfläche. Wenn es also überhaupt möglich ist, durch abwechselnd symmetrische und kongruente Wiederholungen des genannten Dreiecks die ganze Kugel einfach und lückenlos zu überdecken, so wird man dazu gerade 24 solcher Dreiecke brauchen. Man erhält in der Tat eine solche Überdeckung der Kugel, wenn man jede Seitenfläche eines regelmäßigen Tetraeders durch ihre Mittellinien in sechs Dreiecke zerlegt und die entstehende Einteilung vom Mittelpunkt des Tetraeders aus auf die umbeschriebene Kugel projiziert. Soll nun ein solches Dreieck so auf eine Halbebene abgebildet werden, daß seinen Ecken bzw. die Punkte $z = 0,\ 1,\ \infty$ entsprechen, so muß die Funktion $z$ von $w$, welche die Abbildung leistet, folgende Eigenschaften haben (ihre Existenz immer vorausgesetzt):

1. Sie muß in allen Punkten $w$, welche nicht Ecken der Dreiecke sind, regulär sein und einen von Null verschiedenen Differentialquotienten haben.

2. In den Dreiecksecken $w_0$, welche dem Punkte $z = 0$ entsprechen, muß $w - w_0$ eine reguläre Funktion von $\sqrt{z}$ sein, da hier ein Winkel $\frac{\pi}{2}$ auf der $w$-Kugel einem Winkel $\pi$ der $z$-Kugel entspricht; also $z$ eine reguläre Funktion von $w$, die in $w_0$ einen Nullpunkt zweiter Ordnung hat.

3. In den Dreiecksecken $w_1$, welche dem Punkte $z = 1$ entsprechen, muß $w - w_1$ eine reguläre Funktion von $\sqrt{z-1}$ sein, also $z - 1$ eine reguläre Funktion von $w$, die in $w_1$ einen Nullpunkt dritter Ordnung hat.

4. In den Dreiecksecken $w_\infty$, welche dem Punkt $z = \infty$ entsprechen, muß $w - w_\infty$ eine reguläre Funktion von $z^{-1/3}$ sein, also $z$ eine Funktion von $w$, welche in $w_\infty$ einen dreifachen Pol hat.

Es ist demnach $z$ eine auf der ganzen $w$-Kugel mit Ausnahme einzelner Pole reguläre, d. h. nach § 44, VI eine *rationale* Funktion von $w$. Als solche ist sie durch die Eigenschaften (1), (3), (4) bereits bis auf einen konstanten Faktor bestimmt; können wir diesen so bestimmen, daß auch die Eigenschaft (2) statthat, so ist die Aufgabe gelöst.

Die Kantenmitten des Tetraeders sind Ecken eines regulären Oktaeders; wir können sie uns so gelegt denken, daß die ihnen auf der Kugel entsprechenden Punkte $w_0$ nach:

$$0, \infty, +1, +i, -1, -i$$

fallen, also (abgesehen von $w = \infty$) die Wurzeln der Gleichung:

$$f_1(w) \equiv w(w^4 - 1) = 0 \tag{2}$$

sind. Die Ecken und die Seitenmitten des Tetraeders geben dann auf der Kugel Punkte, deren Raumkoordinaten $\xi$, $\eta$, $\zeta - \frac{1}{2}$ (vgl. § 13) alle drei den absoluten Betrag $\frac{1}{2\sqrt{3}}$ haben; man kann etwa annehmen, daß die ersteren eine gerade, die letzteren eine ungerade Anzahl negativer Koordinaten haben. Dann werden die Argumente $w_1$ der ersteren [§ 13, (6)]:

$$\frac{1+i}{\sqrt{3}-1}, \quad -\frac{1+i}{\sqrt{3}-1}, \quad \frac{1-i}{\sqrt{3}+1}, \quad -\frac{1-i}{\sqrt{3}+1},$$

d. h. die Wurzeln der Gleichung:

3) $$f_2(w) \equiv w^4 - 2i\sqrt{3}\,w^2 + 1 = 0;$$

die Argumente $w_\infty$ der letzteren werden:

$$\frac{1-i}{\sqrt{3}-1}, \quad -\frac{1-i}{\sqrt{3}-1}, \quad \frac{1+i}{\sqrt{3}+1}, \quad -\frac{1+i}{\sqrt{3}+1},$$

d. h. die Wurzeln der Gleichung:

4) $$f_3(w) \equiv w^4 + 2i\sqrt{3}\,w^2 + 1 = 0.$$

Eine rationale Funktion $z - 1$ von $w$, welche den Bedingungen (1), (3), (4) genügt, ist also:

5) $$z - 1 = a\left(\frac{f_2(w)}{f_3(w)}\right)^3 = a\left(\frac{w^4 - 2i\sqrt{3}\,w^2 + 1}{w^4 + 2i\sqrt{3}\,w^2 + 1}\right)^3;$$

soll es möglich sein, auch der Bedingung (2) zu genügen, so müssen sich zwei Koeffizienten $a$, $b$ so bestimmen lassen, daß die Identität besteht:

$$f_3^3 + a f_2^3 = b f_1^2.$$

In der Tat findet man:

6) $$f_3^3 - f_2^3 = 6(w^4+1)^2 . 2i\sqrt{3}\,w^2 + 2 . (2i\sqrt{3}\,w^2)^3$$
$$= 12\sqrt{3}i\,w^2[(w^4+1)^2 - 4w^4] = 12\sqrt{3}i f_1^2.$$

*Die gesuchte Funktion, durch welche das vorgelegte Kreisbogendreieck auf die Halbebene abgebildet wird, ist also:*

7) $$z = 12\sqrt{3}i\frac{f_1^2}{f_3^3} = 1 - \frac{f_2^3}{f_3^3};$$

man überzeugt sich nämlich nachträglich leicht, daß diese Funktion auch in $w = \infty$ (was wir zunächst außer acht gelassen hatten) einen 2-fachen Nullpunkt hat.[1]

III. Der dritte Fall $\frac{1}{l} + \frac{1}{m} + \frac{1}{n} < 1$ führt auf transzendente automorphe Funktionen; wir können auf seine nähere Untersuchung nicht eingehen, halten vielmehr das Ziel dieser Einführung für erreicht, nachdem wir bis an die Schwelle desjenigen Gebietes gelangt sind, in dessen Erforschung die funktionentheoretische Arbeit gegenwärtig ihre dankbarsten Probleme findet.

[1] Vgl. über den Fall II F. Klein, Vorlesungen über das Ikosaeder, Leipzig 1884.

# Register.

Metzger & Wittig, Leipzig.

Bei Fragen zur Produktsicherheit wenden Sie sich bitte an:
If you have any questions regarding product safety,
please contact:

Walter de Gruyter GmbH
Genthiner Straße 13
10785 Berlin
productsafety@degruyterbrill.com